高等院校食品质量与安全专业通用教材

食品安全与质量管理

刘先德　主编

中国林业出版社

内容简介

本教材全面、系统地介绍了食品安全与质量管理的理论、方法和最新进展。本书共 8 章，汇集了国内外相关法规、研究成果和实践资料，内容全面、重点突出，尤其注重理论和实际相结合。本教材可以作为食品质量与安全专业、食品科学与工程专业、国际贸易专业以及各相关专业教材，尤其可以作为食品和农产品质量安全监督管理人员、食品生产企业质量管理人员以及从事食品安全和质量管理的生产、科研和管理者的参考资料。

图书在版编目（CIP）数据

食品安全与质量管理/刘先德主编. —北京：中国林业出版社，2010.2（2021.5 重印）
高等学校食品质量与安全专业通用教材
ISBN 978-7-5038-4983-1

Ⅰ. ①食… Ⅱ. ①刘… Ⅲ. ①食品卫生 – 高等学校 – 教材　②食品 – 质量管理 – 高等学校 – 教材　Ⅳ. ①R155.5　②TS207.7

中国版本图书馆 CIP 数据核字（2009）第 223961 号

中国林业出版社·教材建设与出版管理中心

责任编辑：高红岩
电话：83221489　　　　传真：83220109

出版发行	中国林业出版社（100009　北京市西城区德内大街刘海胡同 7 号） E-mail: jiaocaipublic@163.com　电话：(010) 83224477 网　址：http://www.cfph.com.cn
经　销	新华书店
印　刷	中农印务有限公司
版　次	2010 年 3 月第 1 版
印　次	2021 年 5 月第 2 次印刷
开　本	850mm×1168mm　1/16
印　张	14
字　数	303 千字
定　价	45.00 元

凡本书出现缺页、倒页、脱页等质量问题，请向出版社图书营销中心调换。

版权所有　侵权必究

高等学校食品质量与安全专业教材
编写指导委员会

顾　问: 陈君石(中国工程院院士,中国疾病预防控制中心营养与食品安全所研究员)

主　任: 罗云波(中国农业大学食品科学与营养工程学院院长,教授)

委　员: (按拼音排序)

陈绍军(福建农林大学副校长,教授)

韩北忠(中国农业大学食品科学与营养工程学院副院长,教授)

郝利平(山西农业大学食品科学院院长,教授)

何国庆(浙江大学生物系统工程与食品科学学院副院长,教授)

何计国(中国农业大学食品科学与营养工程学院,副教授)

霍军生(中国疾病预防控制中心营养与食品安全所,教授)

江连洲(东北农业大学食品学院院长,教授)

李百祥(哈尔滨医科大学公共卫生学院副院长,教授)

李洪军(西南大学食品科学学院院长,教授)

李　蓉(中国疾病预防控制中心营养与食品安全所,教授)

刘景圣(吉林农业大学食品科学与工程学院院长,教授)

刘先德(国家认证认可监督管理局注册管理部,副主任)

孟宪军(沈阳农业大学食品学院院长,教授)

石彦国(哈尔滨商业大学食品工程学院院长,教授)

王　玉(兰州大学公共卫生学院院长,教授)

夏延斌(湖南农业大学食品科技学院院长,教授)

徐海滨(中国疾病预防控制中心营养与食品安全所,教授)

徐景和(国家食品药品监督管理局,副主任)

《食品安全与质量管理》编写人员

主　编　刘先德
副主编　冯力更
编　者　（按拼音排序）
　　　　　陈恩成（国家认证认可监督管理委员会注册管理部）
　　　　　段启甲（天津出入境检验检疫局）
　　　　　冯力更（中国农业大学食品科学与营养工程学院）
　　　　　顾绍平（国家认证认可监督管理委员会注册管理部）
　　　　　何　军（深圳出入境检验检疫局）
　　　　　黄　斌（国家认证认可监督管理委员会注册管理部）
　　　　　孔繁明（山东出入境检验检疫局）
　　　　　李丽开（北京出入境检验检疫局）
　　　　　刘先德（国家认证认可监督管理委员会注册管理部）
　　　　　鲁　超（国家认证认可监督管理委员会注册管理部）
　　　　　吕　青（青岛出入境检验检疫局）
　　　　　吕志平（深圳出入境检验检疫局）
　　　　　罗赋毅（福建出入境检验检疫局）
　　　　　马立田（北京中大华远认证中心）
　　　　　庞　平（国家认证认可监督管理委员会注册管理部）
　　　　　秦　红（青岛出入境检验检疫局）
　　　　　生成选（青岛出入境检验检疫局）
　　　　　唐茂芝（国家认证认可监督管理委员会认证认可技
　　　　　　　　术研究所）
　　　　　王茂华（国家认证认可监督管理委员会注册管理部）
　　　　　杨志刚（国家认证认可监督管理委员会注册管理部）
　　　　　叶长缨（福州大学外国语学院）
　　　　　张　明（青岛出入境检验检疫局）

序

　　食品质量与安全关系到人民健康和国计民生、关系到国家和社会的繁荣与稳定，同时也关系到农业和食品工业的发展，因而受到全社会的关注。如何保障食品质量与安全是一个涉及科学、技术、法规、政策等方面的综合性问题，也是包括我国在内的世界各国共同需要面对和解决的问题。

　　随着全球经济一体化的发展，各国间的贸易往来日益增加，食品质量与安全问题已没有国界，世界上某一地区的食品质量与安全问题很可能会涉及其他国家，国际社会还普遍将食品质量与安全和国家间商品贸易制衡相关联。食品质量与安全已经成为影响我国农业和食品工业竞争力的关键因素，影响我国农业和农村经济产品结构和产业结构的战略性调整，影响我国与世界各国间的食品贸易的发展。

　　有鉴于此，世界卫生组织和联合国粮食与农业组织以及世界各国近年来均加强了食品安全工作，包括机构设置、强化或调整政策法规、监督管理和科技投入。2000年在日内瓦召开的第53届世界卫生大会首次通过了有关加强食品安全的决议，将食品安全列为世界卫生组织的工作重点和最优先解决的领域。近年来，各国政府纷纷采取措施，建立和完善食品安全管理体系和法律、法规。

　　我国的总体食品质量与安全状况良好，特别是1995年《中华人民共和国食品卫生法》实施以来，出台了一系列法规和标准，也建立了一批专业执法队伍，特别是近年来政府对食品安全的高度重视，至使总体食品合格率不断上升。然而，由于我国农业生产的高度分散和大量中小型食品生产加工企业的存在，加上随着市场经济的发展和食物链中新的危害不断出现，我国存在着不少亟待解决的不安全因素以及潜在的食源性危害。

　　在应对我国面临的食品质量与安全挑战中，关键的一环是能力建设，也就是专业人才的培养。近年来，不少高等院校都设立了食品质量与安全专业或食品安全专业，并度过了开始的困难时期。食品质量与安全专业是一个涉及食品、医学、卫生、营养、生产加工、政策监管等多方面的交叉学科，要在创业的基础上进一步发展和提高教学水平，需要对食品质量与安全专业的师资建设、课程设置和人才培养模式等方面不断探索，而其中编辑出版一套较高水平的食品质量与安全专业教材，对促进学科发展、改善教学效果、提高教学质量是很关键的。为此，中国林业出版社从2005年就组织了食品质量与安全专业教材的编辑出版工作。这套教材分为基础知识、检验技术、质量管理和法规与监管4个方面，共包括17本专业教材，内容涵盖了食品质量与安全专业要求的各个方面。

  本套教材的作者都是从事食品质量与安全领域工作多年的专家和学者。他们根据应用性、先进性和创造性的编写要求，结合该专业的学科特点及教学要求并融入了积累的教学和工作经验，编写完成了这套兼具科学性和实用性的教材。在此，我一方面要对各位付出辛勤劳动的编者表示敬意，也要对中国林业出版社表示祝贺。我衷心希望这套教材的出版能为我国食品质量与安全教育水平的提高产生积极的作用。

中国工程院院士
中国疾病预防控制中心研究员
2008年2月26日于北京

前　言

食物是伴随着人类生存和发展最基本的物质，它可提供人体维持生命、生长发育以及进行各种活动所需的能量和营养物质。人类对食物永不满足的需求，不断地促进了食物的生产和发展，随着社会技术的进步，食物的种类不断增加，生产技术也在不断发展；食物贸易的进行使得"食物"成为"食品"。现代食品工业不仅仅是农业或畜牧业的延续，它更具有制造业的性质，即人类可以利用现代科技生产和制造出满足人类需求的食品；现代食品的生产不仅限于一个单位、一个部门、或一个国家，而具有跨部门、跨地区、跨国界的商品经济属性；现代科学和技术的运用，如现代食品的自动化生产，适合市场的包装、运输、贮存等技术，以及现代生活方式的需求，促进了食品生产的社会化发展，也为国内外食品贸易提供了条件。

随着食品贸易的不断增长，消费者对于食品的安全问题也日益关注。食品与其他商品的最大区别在于其具有食用价值的同时，也隐含着一定的安全危害，而且其安全危害影响较之食用价值更为重要。近年来，世界上发生了一系列有关食品安全的恶性事件，如20世纪40~50年代，日本因工业废弃物造成食品污染，发生了震惊世界的"痛痛病"和"水俣病"；20世纪80年代上海发生了全世界最大的食源性甲肝暴发流行事件，30多万人感染甲肝，数十人死亡；比利时的二噁英事件、英国的疯牛病事件以及中国刚刚发生的"三鹿奶粉"事件等，这些都对食品贸易和公众健康产生了严重的不良影响。每一次食品安全事故，其实都反映出食品生产经营企业的质量安全管理体系存在问题。因此，如何保证食品安全和卫生，使食品安全的风险消除或控制在一个可接受的水平，是食品生产者、政府部门和消费者共同关心的问题。

食品既然是人类赖以生存和发展的需求，为什么又会危及人类的健康和生命安全呢？随着科学技术的发展和人类文明的进步，随着环境的恶化和资源的短缺，人们对工业污染物及药物残留通过食物链传递从而危害人体健康的认识也越来越清晰。食物在种植、养殖、生产、加工、运输、贮存以及消费的各个环节中存在着发生食品安全危害的潜在可能性，一旦食品安全危害未得到有效的控制或消除，就可能危及人类的健康和生命安全。食品安全危害（food safety hazards）是指损坏或危及食品安全的因子或因素。这些危害，包括生物的、化学的和物理的因素，给人体健康和生命安全带来了一定风险。一旦食品含有这些危害因素或者受到这些危害因素的污染,就会成为具有潜在危害的食品(potentially hazardous foods)。食品安全危害可能发生在食品链各个环节。在食品生产经营过程中,食品安全危害随时都可能发生,因而有效地预防、控制以及消除食品安全危害,就显得极为重要。在科学技术高度发达的今天,我们可以通过采取有效措施,将食品安全危害预防、控制到可接受的水平,要做到这一点,关键在于食品生产经营者、消费者以及食品安全管理者能否有效保证食品(食物)的种植、养殖、加工、包装、贮藏、运输、销售、消费等活动严格按照科学的方式进行,使食品"从农场到餐桌"(from farm to table)得到有效的控制。

为了适应高等院校食品安全与质量专业教学需要,本书以食品科学为基础,对食品安全与人体健康的关系、食品的安全卫生与质量控制等问题作了系统阐述。其基本任务是通过对食品生产、加工的管理和控制,保证食品的安全卫生和质量。在本书的编写过程中,得到国家认证认可监督管理委员会注册管理部有关人员,中国农业大学食品科学与营养工程学院,国家认监委认证认可技术研究所,北京、山东、福建、天津、深圳、青岛出入境检验检疫局和中大华远认证中心福州大学外国语学院以及中国林业出版社的大力支持。本书的编者都是多年从事食品,尤其是进出口食品安全与质量管理的专家、教师,有着丰富的政策、理论和实践经验。全书共分8章,由冯力更、唐茂芝、刘先德编写第1章;陈恩成、王茂华、刘先德、杨志刚编写第2章;冯力更、马立田、刘先德、李丽开编写第3章;吕志平、何军编写第4章;吕青、刘先德、顾绍平编写第5章;段启甲、唐茂芝、刘先德、黄斌编写第6章;吕青、秦红、孔繁明、生成选、张明编写第7章;罗赋毅、叶长缨编写第8章。本书由刘先德、唐茂芝负责统稿,鲁超、庞平博士也参与了此书的部分统稿工作并提出了宝贵的意见和建议。在此向支持和参与本书工作的单位和专家表示衷心的感谢!

食品安全与质量管理科学发展迅速,且本书力求重点介绍目前的最新理论和实践成果,限于时间和编者的水平,本书内容难免存在诸多不妥之处,欢迎广大读者批评指正。

编 者

2009 年 9 月

目 录

序
前 言

第1章 绪 论 ·· (1)
  1.1 食品安全与质量的概念与定义 ······································ (2)
    1.1.1 质量与食品质量 ·· (2)
    1.1.2 常见食品质量问题 ·· (4)
    1.1.3 食品安全与食源性疾病 ·· (5)
    1.1.4 食品安全危害分类 ·· (5)
    1.1.5 食品安全的发展历史 ·· (9)
  1.2 食品安全与质量对国内外食品贸易的影响 ······················· (11)
    1.2.1 WTO关于技术性贸易壁垒协定(TBT) ························ (13)
    1.2.2 WTO关于卫生与植物卫生措施协定(SPS) ·················· (13)
    1.2.3 SPS协定与TBT协定的区别 ·································· (14)
    1.2.4 国际食品法典委员会 ·· (15)
    1.2.5 政府、企业及食品安全相关方的责任 ······················· (16)
  1.3 食品安全与质量管理中的交叉学科 ································ (17)
  1.4 食品供应链——"从农田到餐桌"的安全与质量保证 ··········· (17)
  思考题 ··· (18)
  推荐阅读书目 ··· (18)
  相关链接 ··· (18)

第2章 食用农产品生产管理 ·· (19)
  2.1 有机农业与有机食品 ·· (22)
    2.1.1 有机农业的产生 ·· (22)
    2.1.2 有机农业的概念 ·· (22)
    2.1.3 有机食品标准和生产要求 ···································· (23)
    2.1.4 有机农业的生产要求 ·· (24)

2.1.5　有机农业的作用 …………………………………………………… (24)
　　2.1.6　有机农业的发展现状 ……………………………………………… (25)
　　2.1.7　有机产品的认证、法规与标志管理 ……………………………… (25)
　2.2　无公害农产品和绿色食品 …………………………………………………… (27)
　　2.2.1　无公害农产品 ……………………………………………………… (27)
　　2.2.2　绿色食品 …………………………………………………………… (28)
　2.3　良好农业规范(GAP) ………………………………………………………… (29)
　　2.3.1　GAP的来历 ………………………………………………………… (29)
　　2.3.2　GAP生产要求 ……………………………………………………… (31)
思考题 ………………………………………………………………………………… (38)
推荐阅读书目 ………………………………………………………………………… (38)
相关链接 ……………………………………………………………………………… (38)

第3章　食品质量管理 …………………………………………………………… (39)
　3.1　管理 ……………………………………………………………………………… (40)
　　3.1.1　管理的概念 ………………………………………………………… (40)
　　3.1.2　企业一般管理规范 ………………………………………………… (41)
　3.2　质量管理与质量管理体系 …………………………………………………… (44)
　　3.2.1　质量管理 …………………………………………………………… (44)
　　3.2.2　质量管理体系 ……………………………………………………… (45)
　3.3　食品质量管理的特征 ………………………………………………………… (47)
　　3.3.1　食品生产体系质量管理的特征 …………………………………… (48)
　　3.3.2　食品生产线内和生产线外质量管理 ……………………………… (48)
　　3.3.3　食品供应链质量的技术—管理法 ………………………………… (51)
　3.4　全面质量管理 ………………………………………………………………… (52)
　　3.4.1　全面质量管理概述 ………………………………………………… (52)
　　3.4.2　质量设计 …………………………………………………………… (55)
　　3.4.3　质量成本分析 ……………………………………………………… (56)
　3.5　国际标准化组织(ISO)与质量管理体系标准 ……………………………… (58)
　　3.5.1　ISO的历史 ………………………………………………………… (59)
　　3.5.2　ISO 9000族标准的产生和发展 …………………………………… (60)
　　3.5.3　ISO 9000质量管理体系认证 ……………………………………… (69)
思考题 ………………………………………………………………………………… (73)
推荐阅读书目 ………………………………………………………………………… (73)
相关链接 ……………………………………………………………………………… (73)

第4章　食品生产的统计过程控制 ……………………………………………… (74)
　4.1　统计学 ………………………………………………………………………… (75)

4.2 过程控制 (76)
4.3 统计过程控制 (77)
   4.3.1 统计过程控制的定义和发展史 (77)
   4.3.2 常用过程控制图表 (78)
   4.3.3 统计过程控制的现代应用情况 (83)
4.4 统计过程控制在食品生产过程中的应用 (83)
   4.4.1 统计过程控制在食品生产过程的应用范围 (84)
   4.4.2 统计过程控制在食品生产过程的应用步骤 (87)
思考题 (89)
推荐阅读书目 (89)
相关链接 (89)

第5章 食品安全控制与HACCP体系 (90)

5.1 良好生产规范(GMP) (91)
   5.1.1 GMP简介 (91)
   5.1.2 GMP的内容 (95)
   5.1.3 GMP的实施 (100)
5.2 食品生产加工企业的卫生标准操作程序(SSOP) (100)
   5.2.1 SSOP的含义 (100)
   5.2.2 SSOP的内容 (102)
   5.2.3 SSOP的制定 (110)
5.3 HACCP体系 (111)
   5.3.1 HACCP的来历及其发展 (112)
   5.3.2 食品安全危害 (116)
   5.3.3 HACCP的7项原理 (116)
   5.3.4 HACCP体系的建立与运行 (124)
5.4 可追溯体系及其在食品安全控制中的作用 (131)
   5.4.1 可追溯体系概述 (131)
   5.4.2 可追溯体系的应用 (132)
   5.4.3 可追溯体系在食品安全控制中的作用 (134)
思考题 (135)
推荐阅读书目 (136)
相关链接 (136)

第6章 食品防护计划 (137)

6.1 食品防护计划简介 (138)
   6.1.1 食品防护计划的定义 (139)
   6.1.2 食品防护计划的原则 (139)

6.2 食品防护计划评估的内容 …………………………………………… (140)
6.2.1 外部 ………………………………………………………………… (141)
6.2.2 内部 ………………………………………………………………… (141)
6.2.3 加工 ………………………………………………………………… (142)
6.2.4 贮藏 ………………………………………………………………… (143)
6.2.5 供应链 ……………………………………………………………… (143)
6.2.6 水/冰 ……………………………………………………………… (144)
6.2.7 人员 ………………………………………………………………… (145)
6.2.8 信息 ………………………………………………………………… (145)
6.2.9 实验室 ……………………………………………………………… (146)
6.3 食品防护计划的建立 …………………………………………………… (146)
6.3.1 食品防护评估预备步骤 …………………………………………… (147)
6.3.2 食品防护评估 ……………………………………………………… (148)
6.3.3 制订食品防护措施 ………………………………………………… (149)
6.3.4 制订检查程序 ……………………………………………………… (149)
6.3.5 制订纠正程序 ……………………………………………………… (149)
6.3.6 制订验证程序 ……………………………………………………… (149)
6.3.7 制订应急预案 ……………………………………………………… (149)
6.3.8 制订记录保持程序 ………………………………………………… (150)
6.3.9 食品防护计划有效性的确认 ……………………………………… (150)
6.3.10 食品防护计划文件的框架 ………………………………………… (151)
6.4 食品防护计划的实施、运行和有效性 ………………………………… (152)
6.4.1 食品防护计划的实施 ……………………………………………… (152)
6.4.2 食品防护计划的验证 ……………………………………………… (153)
6.4.3 食品防护计划的运行 ……………………………………………… (154)
6.4.4 食品防护计划的有效性 …………………………………………… (156)
思考题 ………………………………………………………………………………… (158)
推荐阅读书目 ………………………………………………………………………… (158)
相关链接 ……………………………………………………………………………… (158)

第7章 食品法律、法规、标准与食品质量评价 ……………………………… (159)
7.1 食品安全与质量相关的法律、法规 …………………………………… (160)
7.1.1 我国食品安全与质量法规及标准体系基本框架 ………………… (160)
7.1.2 发达国家食品安全与质量法规及标准体系概述 ………………… (160)
7.2 食品标准 …………………………………………………………………… (162)
7.2.1 中国食品标准现状 ………………………………………………… (162)
7.2.2 国际食品标准简介 ………………………………………………… (166)
7.2.3 食品质量标准的文化特征 ………………………………………… (170)

  7.3 食品安全与食品质量的评价方法 …………………………………………… (172)
    7.3.1 食品感官评价 ………………………………………………………… (172)
    7.3.2 食品理化指标的检验 ………………………………………………… (179)
    7.3.3 食品卫生学评价 ……………………………………………………… (182)
    7.3.4 食品质量评价的质量控制 …………………………………………… (187)
  思考题 ……………………………………………………………………………… (189)
  推荐阅读书目 ……………………………………………………………………… (190)
  相关链接 …………………………………………………………………………… (190)

第8章　食品安全与危机管理 …………………………………………………… (191)
  8.1 危机与危机管理概述 ………………………………………………………… (192)
    8.1.1 危机的概念、特征及其发展演化 …………………………………… (192)
    8.1.2 危机管理 ……………………………………………………………… (194)
  8.2 食品安全危机 ………………………………………………………………… (197)
    8.2.1 食品安全的定义 ……………………………………………………… (197)
    8.2.2 食品安全危机概述 …………………………………………………… (197)
    8.2.3 食品安全危机的发展和演化 ………………………………………… (198)
  8.3 食品安全危机管理机制的建立 ……………………………………………… (200)
    8.3.1 建立危机管理的组织机构 …………………………………………… (200)
    8.3.2 建立食品安全危机信号的侦测、预警和通报机制 ………………… (200)
    8.3.3 建立食品安全危机管理的应急预案制度 …………………………… (201)
    8.3.4 建立食品召回制度 …………………………………………………… (202)
    8.3.5 建立媒体公关机制 …………………………………………………… (203)
    8.3.6 建立科学支撑作用机制 ……………………………………………… (204)
    8.3.7 建立与协会和政府的沟通协调机制 ………………………………… (204)
    8.3.8 建立学习机制 ………………………………………………………… (204)
  思考题 ……………………………………………………………………………… (205)
  推荐阅读书目 ……………………………………………………………………… (205)
  相关链接 …………………………………………………………………………… (205)

参考文献 ……………………………………………………………………………… (206)

第 1 章 绪 论

重点与难点

- 掌握关于食品安全与质量的基本概念,包括什么是质量、质量涵盖的3方面内容、食品安全、食源性疾病、污染物等概念。掌握食品安全危害的分类方法,并能结合实际案例进行分析;
- 了解食品安全的发展历程;
- 了解食品安全与质量在国内外食品贸易中的重要性,了解世界贸易组织(WTO)及其规则和国际食品法典,理解政府与企业在食品安全与质量保证中所应负的责任;
- 了解技术 – 管理综合法的内容及其在食品质量保证中的作用;
- 明确食品供应链中的食品安全与质量保证体系、全程管理的重要性。

1.1 食品安全与质量的概念与定义
1.2 食品安全与质量对国内外食品贸易的影响
1.3 食品安全与质量管理中的交叉学科
1.4 食品供应链——"从农田到餐桌"的安全与质量保证

民以食为天，食品质量对每个人来说何其重要，全面保证食品安全与质量是食品行业让消费者满意的必要条件之一。食品行业有责任给公众提供安全、有营养和质量一致的产品。质量保证技术人员和管理者的作用就是通过有效执行全面质量保证体系或措施，使产品质量达到企业预期，即：使消费者满意；使企业获得所期望的增长；同时给投资者以利益回报。随着科学技术和经济的发展，人们生活水平的提高，全球化市场的到来，食品行业也一直不断发生着变化，新产品层出不穷；加工技术水平提高；特别是在质量保证领域，出现了许多新的管理规范、程序和概念。食品安全与质量保证就是指从原辅料生产到工业化食品加工过程和产品对消费者来说都是可接受的，并符合相关标准的要求。

本章主要讲述食品安全与食品质量的相关基本概念，及其对国际贸易的影响；简单介绍一种新的保证食品安全与质量的方法理念，即技术－管理综合法，目的在于学习如何运用不同的理论使产品质量更上一层楼；将保证食品安全与质量引入供应链管理领域，确保从农田到消费者餐桌的全面质量管理。

1.1 食品安全与质量的概念与定义

1.1.1 质量与食品质量

质量是某一产品（或活动、过程、组织或个人）的总特征，它和该产品所能满足明确说明与暗示的需求有关（Sierra，1999）。随着生活水平的提高，人们对高质量产品和服务的要求亦随之而增加。20世纪90年代，对产品质量的关心已经成为影响商业各个领域的全球性问题。人们对质量的定义有过许多种理解，有人认为质量是产品的优势所在，或是其固有的优点；也有人将质量定义为"满足需要"；或认为质量是与其使用性相符的，基于最终使用者；事实证明，在现代高度竞争的国际市场，仅仅靠满足消费者的需要，是不可能成功的。为了打破僵持的竞争局面，取得优势地位，产品质量必须是动态的，要不断超越消费者的期望值。目前，世界上大部分先进企业都将质量定义为：让消费者满意（冯力更，1999）。而消费者最关心的是生产商提供的产品是否符合其承诺。

人们对质量的认识是阶段性的，在手工业时期产品质量只被理解为生产过程的一小部分，有技术的手工业者同时是产品的制造者和检验者，由他们为顾客建立产品质量标准；工业革命时期出现可交换商品和大规模生产，质量概念有所改变，人们开始认识到生产过程的变化对产品质量产生的影响，开始注重生产效率，并主张将工作以大划小；20世纪初，几位质量管理的先驱者发展了新的理论和产品检测方法，以提高并保持产品质量，控制图表、取样技术和经济分析的工具成为现代质量保证的基础。

根据国际标准化组织（ISO 8420）定义，质量被定义为3方面内容，即：某产品的总特征和特性；加工过程；与满足消费者需要有关的服务能力。该定义尽可能概括了人们所理解的"需要",同时扩大了供方的质量观念,缩小了产品在质量方面可能出现的缺陷和错误的范围。根据我国的国家标准,质量的定义为"一组固有特性满足要求的程度"(GB/T19000—2000)。固有特性是指在某事或某物中本来就有的,尤其是那种永久的特性。质量可用差、好或优秀来形容。

食品质量的概念与一般产品质量的概念是一致的,只是食品本身具有其特殊属性。我国《食品工业基本术语》将食品质量定义为"食品满足规定或潜在要求的特征和特性总和","反映食品品质的优劣"。它不仅是指食品的外观、品质、规格、数量、质量、包装,同时也包括了安全卫生。就食品而言,安全卫生是反映食品质量的主要指标,离开了安全卫生,就无法对食品质量的优劣下结论。《中华人民共和国食品安全法》(以下简称《食品安全法》)对食品的定义是"指各种供人食用或者饮用的成品和原料以及按照传统既是食品又是药品的物品,但是不包括以治疗为目的的物品"。食品的总特征和特性在食品标准中得到具体体现,如某种食品的感官特性、理化指标和微生物指标。其中,感官特性是指通过视觉(产品外观或包装的完整性等)、嗅觉、听觉、触觉和味觉感知的食品特性;不同的食品其原料和终产品不同,产品标准中的理化指标和微生物指标亦有所不同。国际食品法典委员会(CAC)指出:所有消费者都有权获得安全、完好的食品,且不得含有或掺杂有毒、有害或有损健康水平的任何成分;不得在全部或部分产品中含有不洁、变质、腐败、腐烂或致病的物质及异物或其他不适于人类食用的成分;不得掺假;标识上的内容不得有错,不得误导欺骗消费者;不得在不卫生的条件下进行销售、制备、包装、贮藏及运输。

···食品工业用浓缩果蔬汁(浆)卫生标准(GB 17325—2005)···

"本标准适用于以水果、蔬菜及其他植物为原料,经清洗、取汁(或制浆)、浓缩、杀菌等工序制成不含人工合成色素、包装在封闭容器中,用于兑制饮料或加工食品的浓缩果蔬汁(浆)。原料要求:应符合相应的标准和有关规定。感官要求:无异味,无杂质。理化指标:砷(以 As 计)≤0.5mg/kg;铅(以 Pb 计)≤0.5mg/kg;铜(以 Cu 计)≤5.0mg/kg;展青霉素,按 GB 2761—2005 执行;微生物指标:菌落总数≤1 000cfu/mL;大肠菌群≤30MPN/100mL;霉菌、酵母菌≤20cfu/mL;致病菌(沙门氏菌、志贺氏菌和金黄色葡萄球菌)不得检出。"其他要求还包括食品添加剂、生产加工过程、包装和标识等。

在食品行业,给客户或消费者提供的服务在理论上一直都被忽略,没有受到应有的重视。未来服务能力应该被纳入食品质量范畴,事实上靠食品质量和服务获得事业成功的案例颇多。

••• 一位缺少资金的青年经营米店是如何走向成功的？•••

一位既无充足资金又无经验的年轻人试图在已经拥有米店的小镇上开设经营一家新米店，初期并没有顾客主动光顾这个年轻人的新米店，所以他采取的经营措施是挨家挨户上门推销，同时努力寻找竞争突破口，如依靠自己的辛勤劳动，首先清除米中的杂物，如米糠、沙石等，然后再出售，以质量取胜；又继续靠提高服务水平取得更大优势，如送货上门时，帮助顾客先掏出陈米，再清洁米缸，然后将新米装入缸中，最后将陈米放在最上层，同时了解新顾客的家庭情况，比如人口、饭量、购买时间等，以保证及时主动送货；因为生意越来越好，随后，年轻人扩大经营米店，并在一年多以后开办了碾米厂。这就是台塑集团董事长，人称"塑胶大王"，曾经的台湾首富王永庆最初的发家奋斗史，从该故事我们可以看出，优质食品与周到服务是事业成功的保证。

（摘自：环球时报，http：//finance.sina.com.cn 2001 年 4 月 19 日 13：42）

1.1.2 常见食品质量问题

食品质量标准随国家技术进步程度与经济发展水平的不同而不同，食品质量问题涉及方方面面。例如，从外观上，包装食品的包装破损或不完整，甚至不美观而没有达到消费者的预期，在 1995 年前后，中国的热带和亚热带水果曾经因为劣质包装导致产品出口欧洲的数量很少，经销商抱怨长距离的运输导致包装破损，而在欧洲重新包装使成本大幅度提高；另外，中国产荔枝和龙眼味道非常好，但却因外观不好看而在海外市场滞销。在国际市场上往往要求水果的颜色均匀一致，如苹果的等级标准除了大小外，红色面积的大小也是质量指标之一。特别是香蕉等需要催熟的水果，其成熟度是重要质量指标。作为某些大型餐饮业的原料，对蔬菜的外观要求颇高，如黄瓜和胡萝卜的直径、弯曲度等。生鲜或加工食品的质量还体现在其大小、形状、匀称性和样式方面，都应保持一致；食品的口感（酸、甜、咸、鲜、风味和气味等）、质地或硬度、嫩度、比重、黏稠度，以及总固形物、水分、酶活性、油脂、总酸等都是评价产品质量的重要指标。虽然生鲜食品的属性特征因种植和养殖条件的不同而不同，但是质量的一致性是客户或消费者所期望的。

我国国内近期食品质量（非安全性）问题，主要来自政府机构、记者调查和消费者投诉。来自于政府机构的调查显示，主要的非安全性质量问题有：食品标签不合格的月饼（无厂址），元宵标准缺少"馅含量"强制性指标。据记者调查还发现，某品牌的花生油实际没有花生油成分（标签问题）；鲜奶不鲜（使用再制奶）。显然，除了传统食品还需要规范和标准化之外，还存在为牟取暴利而弄虚作假，以次充好等现象。

1.1.3 食品安全与食源性疾病

CAC对食品安全给出的定义是："在按照预期用途进行制备或食用时，不会对消费者造成伤害。"它具有3方面的含义：一是保证食品中不含有造成急性食物中毒的有毒、有害物质；二是保证食品中不含有造成慢性食物中毒的有毒、有害物质；三是防止商业欺诈和营养失衡。我国《食品安全法》对食品安全的定义是："食品安全，指食品无毒、无害，符合应当有的营养要求，对人体健康不造成任何急性、亚急性或者慢性危害。"食品质量的内容除了食品的属性特征、加工过程和服务之外，安全是最重要的要求。食品安全意味着食品应该是无害、有营养并保障供应的。在此我们只讨论如何保证供给食用者的食品是无害的安全食品。

食源性疾病是指通过摄取食物而进入人体的有毒、有害物质（包括生物性病原体）所造成的疾病。一般指感染性和中毒性疾病，包括常见的食物中毒、肠道传染病、人畜共患传染病、寄生虫病及化学性有毒、有害物质所引起的疾病。食源性疾病的发病率居各类疾病总发病率的前列，是当前世界上最突出的卫生问题。目前，有一种观点将食源性疾病扩大至由于营养不良，特别是发达国家造成的营养过剩而导致的疾病。在此我们只讨论由食品安全危害导致的食源性疾病。

1.1.4 食品安全危害分类

食品安全危害可分为3类：即生物性危害、化学性危害和物理性危害。

1.1.4.1 生物性危害

生物性危害是能导致食源性疾病的致病菌、病毒和寄生虫，以及近年来发生的疯牛病（BSE）（Cynthia A. Roberts，2001）病毒等引起的疾病。这些生物体通常随着生产人员和原辅料进入食品。

常见的致病性细菌包括蜡状芽孢杆菌、弯曲杆菌属（弧菌）、肉毒梭状芽孢杆菌、产气荚膜梭状芽孢杆菌、埃希氏大肠杆菌 $O_{157}:H_7$、李斯特氏单胞菌属、沙门氏菌、志贺氏菌、金黄色葡萄球菌、创伤弧菌（*Vibrio vulnificus*）、副溶血性弧菌、霍乱弧菌、*Vibrio enterocolitica* 等。

病毒是微生物中的一个类群，个体比细菌小，无完整细胞结构，也无完整的酶系，不能独立生活，只能寄生在活细胞内。常见食源性病毒有：肝炎病毒和肠流感病毒等。病毒通过以下途径污染食品：携带病毒的人和动物通过粪便、尸体直接污染食品原料和水源；带有病毒的食品从业人员通过手、生产工具、生活用品等在食品加工、运输和销售等过程中对食品造成污染；携带病毒的动物与健康动物接触；蚊、蝇、鼠类、蟑螂和跳蚤等是某些病毒的传播媒介，造成食品污染；污染食品的病毒通过摄食进入人和动物体内繁殖后，又以粪便、唾液、动物尸体或生活用品等形式再次污染食品，导致恶性循环。

通过食品感染人体的寄生虫称为食源性寄生虫，主要包括：原虫（protozoa）、节肢动物（arthropod）、吸虫（trematode）、绦虫（cestode）和线虫（roundworm）等。

寄生虫能通过多种途径污染食品和饮水，经口进入人体，导致人的食源性寄生虫病的发生和流行。

疯牛病（BSE，bovine spongiform encephalopathy），医学名称为牛海绵状脑病，俗称：mad cow disease，人和动物之间的传染性海绵状脑病称为TSE（transmissible spongiform encephalopathy）。疯牛病1985年4月首次在英国发现，1986年11月定名为BSE，无疫苗能预防，潜伏期最短数月，最长30年，最终导致死亡；动物试验证明，BSE传播到人的主要途径是消化道，病毒在牛脑和脊髓含量最高；用危险动物的油脂、筋胶、蛋白质等制成的口红、糖果、嫩肤霜等亦有可能传播BSE。疯牛病防控技术体系的重要防控环节包括对牛群、饲料和屠宰产品的管理等（秦玉昌，2006）。

◆◆◆日本雪印牛奶污染事件◆◆◆

日本最大奶类制品生产商"雪印乳业"生产的低脂奶，自2000年6月底开始，在日本关西地区引发了大规模的食物中毒事件，中毒人数直线上升，到6月30日为止，包括京都、大阪在内的关西地区，共有近4 891人在饮用"雪印乳业"大阪工厂生产的"雪印低脂乳"纸包产品后，出现呕吐、腹泻和腹痛等中毒症状。

大阪市政府在6月23日收到5名小孩在饮用雪印牛奶后出现食物中毒症状的报告后，于6月24日开始检验"雪印乳业"生产的牛奶。

到6月28日，又有5名大阪市北区居民在饮用雪印牛奶后出现类似症状，大阪市当天便到雪印大阪工厂检查，并于当晚下令"雪印乳业"大阪工厂停产，并禁止它们出售该厂生产的牛奶。市政府也要求雪印回收所有问题牛奶。

日本北海道卫生研究所8月23日宣布，雪印乳业公司大树工厂生产的脱脂奶粉受金黄色葡萄球菌感染的原因是工厂停电造成加热生产线上的牛奶繁殖了大量毒菌。至此，日本雪印乳业大阪分厂牛奶中毒事件的原因被彻底查明。检查发现，3月31日，雪印公司设在北海道大树町的大树工厂在停电3小时后重新启动生产线时，对其加热器中的牛奶未作废弃处理，工厂在将这批牛奶进行加工并生产出脱脂奶粉后，作为乳制品加工原料交给大阪分厂。正是这批有毒奶粉造成大阪分厂在6月21~28日期间生产的低脂牛奶等3种乳制品受到污染，造成上万名消费者中毒。

1.1.4.2 化学性危害

化学性危害是指给消费者身体带来危害的食品中的农用化学品（杀虫剂类、除草剂、灭鼠药、化肥、抗生素和其他兽药）、清洁剂残留、天然毒素和致过敏性物质等（Cynthia A. Roberts，2001）。食品中化学物质的残留可直接影响到消费者身体健康，发生急性或慢性疾病，因此降低食品的化学性危害，是保证食品安全性的重要环节之一。

农用化学品在农业生产中使用后,微量农药原体、有毒代谢物、降解物和杂质等残存于生物体、食品和环境中,都称为农药残留(简称农残),具有毒理学意义。当农残超过最大残留限量(MRL,maximum residue limit)时,将对人畜产生不良影响或通过食物链对生态系统中的生物造成毒害。农药通过大气和饮水进入人体的仅占10%,通过食物进入人体的占90%(贾英民等,2006),农药进入人体产生致突变性、致癌性和致畸性等毒性作用。

食品企业不可避免地使用各种清洁剂和消毒剂,如果不能漂洗干净,会给人体健康带来损害。天然毒素指凡是由食物原料(包括植物或动物)内产生的,对人体有害的成分。天然毒素包括有害糖苷类(杏仁中的苦杏仁苷)、有毒氨基酸(大豆中的刀豆氨酸)、凝集素(豆类)、皂素(四季豆)和有毒活性肽及其毒素(海洋生物)(汪东风,2006),以及甲壳类动物毒素、河豚毒素等。

••• 天然食物毒素 •••

全国每年都有在公共餐饮业因食用豆角导致消费者食物中毒的案例发生,其主要症状为:腹痛、腹泻、头晕、恶心、呕吐、四肢无力、发烧等。据报道,食用豆角导致食物中毒的案例涉及2003年湖北荆楚,51名儿童;2003年北京房山,50多名学生;2005年1月11日,海南省儋州市某中学,19名学生;2003年大连某旅行团,30多人;2003年9月3日,哈尔滨7名酒店职工;2000年7月8~13日,6d内长春市连续发生4起民工集体食物中毒事件,到医院就诊人数达138人等。

••• 鱼类毒素—河豚毒素 •••

2006年4月14日,江苏省卫生厅分别接到有关因食用或误食河豚鱼引起的食物中毒报告2起,共有7人中毒,死亡1人。卫生部1990年11月20日颁布的《水产品卫生管理办法》中明确规定"河豚鱼有剧毒,不得流入市场"。

河豚,肉味腴美,营养丰富,但是其卵巢、肝脏、血液等都有毒素分布,其毒性稳定,经炒、煮、盐淹和日晒等均不能被破坏,如果烹调不当,很容易引起中毒。河豚毒素可使人的神经中枢和神经末梢发生麻痹,主要表现为感觉障碍、瘫痪、呼吸衰竭等,如不积极救治,可导致死亡。

(摘自:扬子晚报,http://www.sina.com.cn 2006年4月14日 07:32)

能引起过敏症状的食物中都含有过敏原,而含有过敏原的食品就称为过敏性食品。过敏原是指存在于食品中可以引发人体对食品过敏的免疫反应的物质。目前已发现许多食品中含有能使人过敏的内源性过敏原,且不同人群对其敏感性不同。全球因食物过敏或有食物不耐症的人口比例始终都在增长。据过敏症协会统计，8%的儿童和3%的成人受过敏症影响，而且新的过敏原还在不断出现。过敏症不仅可引起慢性疾病（如遗传的过敏性皮炎、风疹和消化症状），而且还可能威胁生命（如哮喘和过敏性休克）。美国每年约有100人死于食物过敏症，其中大部分是食用了果仁类食物。

欧盟新条例要求食品标签需标明的潜在过敏性配料名单如下：含有麸质及其产品的谷类食品；甲壳类动物及其含有甲壳类动物的产品；蛋及其含有蛋的产品；鱼及其含有鱼类的产品；花生及其含有花生的产品；大豆及其含有大豆的产品；乳及乳制品（包括乳糖）；坚果及其制品；芹菜及其含有芹菜的产品；芥末及其含有芥末的产品；芝麻及其含有芝麻的产品；二氧化硫及亚硫酸盐浓度大于10 mg/kg或10 mg/L的产品。过敏性和有毒化学添加物、食品的工业化加工能直接或间接通过动植物食品进入食品链。食品添加剂也可能引进不同程度的过敏反应，较常见的有人工色素和香料（冯力更，2004）。

1.1.4.3 物理性危害

物理性危害是指食品中的异物，可以定义为任何消费者认为不属于食物本身的物质，而有些异物与食物原料本身有关，如肉制品中的骨头渣，它是食物的一部分，还有糖和盐中的结晶时常被误认为是碎玻璃。所以，异物一般被分为自身异物和外来异物，自身异物是指与原材料和包装材料有关的异物；外来异物是指与食物无关而来自外界并与食物合为一体的物质。也可以如此描述物理性危害，即任何尖利物可引起人体伤害、任何硬物可造成牙齿损坏和任何可堵塞气管使人窒息之物。外来异物包括：昆虫、污物、珠宝、金属片（块）、木头、塑料、玻璃等。1991年美国食品药品监督管理局（FDA）曾经收到10 923项与食品有关的投诉，其中最多的是食品中存在的异物（Cynthia A. Roberts，2001）。

•••物理性危害——蟑螂•••

蟑螂是世界上最古老的昆虫种群，距今有3亿5千万年历史，蟑螂有边吃边吐边排泄的恶习并分泌臭液。蟑螂无所不吃：除人类的食物外，还有书籍、皮革、衣服、肥皂等；还吃粪便、死动物及腐败有机物。蟑螂无处不在：常出入阴沟、垃圾堆和厕所等处。蟑螂传播疾病和致癌物质，它至少携带40多种致病菌（包括麻风分支杆菌、鼠疫杆菌、志贺氏痢疾杆菌等，也是肠道病重要的传播媒介）、10多种病毒、7种寄生虫卵、12个种属的霉菌，携带黄曲霉菌的检出率为29%～50%、其分泌物和粪便中含有多种致癌物质。

（摘自：http://www.zhanglangs.com/，2007 - 2008）

···物理性危害——金属、玻璃等···

据媒体报道，消费者曾经在某农贸市场和某超市购买的猪肉中吃出针头，致使上腭被扎破。某消费者在冰淇淋中吃到玻璃碎片，厂方辩称，玻璃片是来自冰淇淋顶部的花生配料，应该由花生供货商负责。

（摘自：北京晚报，2005年1月26日；北京青年报，2005年5月29日）

从很多食品生产商、零售商和政府相关机构得到的数据，消费者投诉最多的就是食品中的异物。尽管是在最佳管理模式下，产品中也难免会含有一些意外物质。所以，食品中的异物问题成为所有生产商和零售商都非常关心的一个问题。媒体对消费者权利的大量报道和民众越来越热衷于诉讼，使得人们越来越关注食品安全问题。

食品污染物是指非有意添加到食品中，会危及食品的安全性或适用性的任何生物物质、化学试剂、外来异物或其他物质。食品安全危害可能是食品本身所固有的，也可能是外来污染物。

食品的固有属性和加工方法涉及食品安全危害，如食品配方以及食品在加工过程中有可能产生食品安全危害或被污染。产品配方可能涉及食品安全的问题有：pH值与酸度、防腐剂、水分活度和配料。加工技术中的热加工、冷冻、发酵、辐照和包装系统不当都有可能涉及食品安全危害。

1.1.5 食品安全的发展历史

人类对食品安全卫生的认识，有一个历史发展过程。在人类文明早期，不同地区和民族都以长期积累下来的生活经验为基础，在不同程度上形成了一些有关饮食卫生和安全的禁忌、禁规。在中国，2500年前的孔子就曾对他的学生讲授过著名的"五不食"原则："食饐而餲，鱼馁而肉败，不食。色恶，不食。臭恶，不食。失饪，不食。不时，不食"。这是文献中有关饮食安全的最早记录与警语。在西方文化中，产生于公元前1世纪的《圣经》也有许多关于饮食安全与禁规的内容。其中著名的摩西饮食规则，规定凡非来自反刍偶蹄类动物的肉不得食用，据认为是出于食品安全性的考虑。至今正宗犹太人和穆斯林所遵循的传统习俗——不食猪肉、任何腐食动物的肉或死畜肉，这是因为在旧约全书·利未记中明确禁止食用。古代人类对食品安全性的认识，大多与食品腐坏、疫病传播等问题有关，各民族都有许多建立在广泛生存经验基础上的饮食禁忌、警语、禁规，并作为生存守则流传下来。据可查的最早史料记载，古时的统治机构针对不实食品销售已有制定相关规则以保护消费者。亚述语碑文曾记载正确计重和测量粮谷的方法；埃及卷轴古书中也记载了某些食品要求使用标签的情况；古雅典检查啤酒和葡萄酒是否纯净和卫生；罗马帝国则有较好的食品控制系统以保护消费者免受欺骗和不良影响；中世纪的欧洲，部分国家已制定了鸡蛋、香肠、奶酪、啤酒、葡萄酒和面包的质量和安全法规，有些仍沿用至今。

生产的发展促进了社会的产业分工、商品交换、阶级分化，以及利欲与道德的对立，食品的安全保障问题出现了新的影响因素和变化。食品交易中出现了制伪、掺假、掺毒、欺诈现象，在古罗马帝国时代已蔓延为社会公害。当时制定的罗马民法曾对防止食品的假冒、污染等安全性问题作过广泛的规定，违法者可判处流放或劳役。中世纪的英国为解决石膏掺入面粉、出售变质肉类等事件，1266年颁布了面包法，禁止出售任何有害人体健康的食品。但制伪掺假食品屡禁不绝，有人记载18世纪中叶英国杜松子酒中查出掺假物有浓硫酸、杏仁油、松节油、石灰水、玫瑰香水、明矾、酒石酸盐等。直到1860年，英国国会通过了新的食品法，再次对食品安全性加强控制。由于食品检验缺乏灵敏有效的手段，制伪、掺假、掺毒技术层出不穷，食品安全的法律、法规滞后，使食品安全性问题长期存在于从古罗马中世纪直到近代的欧洲食品市场。在美国，19世纪中后期资本主义市场经济的发展在缺乏有效法制的情况下，食品安全与卫生问题也恶性发展。据说牛奶掺水、咖啡掺碳对当时的纽约老百姓是常见的事。更有在牛奶中加甲醛、肉类用硫酸、黄油用硼砂做防腐处理的事例。一些肮脏不堪的食品加工厂如何把腐烂变质的肉变成味美香肠，把三级品变成一级品的故事，被写成报告文学，使社会震动。当时美国农业部的官员在报刊上惊呼：由于商人的肆无忌惮和消费者的无知，使购买那些有害健康食品的城市百姓经常处于危险之中。1906年美国国会通过了第一部对食品安全、诚实经营和食品标签进行管理的国家立法——《食品与药物法》。同年还通过了《肉类检验法》。这些法律加强了对美国州与州之间食品贸易的安全性管理。以上资本主义前期市场经济发展中出现的食品安全问题，至今在世界处于不同社会经济发展水平的国家和地区仍在继续威胁着人们的健康和安全。不过，在现代农业和现代食品加工业建立起来以前，食品数量还相对不够丰足的条件下，食品的质量与安全性问题一般处在次要地位，难以受到社会的足够重视。

进入20世纪以后，食品工业应用各类添加剂日新月异，农药、兽药在农牧业生产中的重要性日益上升，工矿、交通、城镇"三废"对环境及食品的污染不断加重，农产品和加工食品中含有毒、有害化学物质问题越来越突出。另外，农产品及其加工产品在地区之间流通规模日增，国际食品贸易数量越来越大。这一切对食品安全问题提出了新的要求，以适应生活水平提高、市场发展和社会进步的新形势。问题的焦点与热点，逐渐从食品不卫生、传播流行病、掺杂制伪等为主，转向某些化学品对食品的污染及对消费者健康的潜在威胁方面。20世纪对食品安全影响最为突出的事件，当推有机合成农药的发明、大量生产和使用。曾被广泛应用的高效杀虫剂滴滴涕，其发现、工业合成及普遍使用始于30年代末40年代初，至60年代已达鼎盛时期，世界年产量可达10万 t。滴滴涕对于消灭传播疟疾、斑疹伤寒等严重传染性疾病的媒介昆虫（蚊、虱）以及防治多种顽固性农业害虫方面都显示了极好的效果，成为当时人类防病、治虫的强有力武器。其发明者瑞士科学家Paul Mhller因此巨大贡献而获1948年诺贝尔奖。滴滴涕的成功刺激了农药研究与生产的加速发展，加以现代农业技术对农药的大量需求，包括六六六在内的一大批有机氯农药此后陆续推出，在 50～60 年代获得广泛应用。然而时隔不久，滴滴涕及其他一系列有机氯农药被发现因难以生物降解而在食物链和环境中积累起来，在人类的食物和人体中长期残留，危及整个生态系统和人类的健康。进入 80 年代后，有机氯农药在世界多数国家先后被停止生产和使用，代之以有机磷类、氨基甲酸酯类、拟除虫菊酯类等残留期较短、用量较小也易于降解的多种新型农药。但农业生产中滥用农药在毒化了环境与生态系统的同时，导致了害虫抗药性的出现与增强，这又迫使人们提高农药用量，变换使用多种农药来生产农产品，出现了虫、药、食品、人之间的恶性循环。尽管农药及其他农业化学品的应用对近半个世纪以来世界农牧业生产的发展贡献巨大，农药种类和使用方法不断更新改进，用药水平和残留水平也在下降，但农产品和加工食品中种类繁多的农药残留，至今仍然是最普遍、最受关注的食品安全课题。因此，WHO 前总干事中岛宏博士曾说："如果食品不安全的话，则任何食品都不算是营养食品"。

20 世纪对食品安全性新问题的社会反应和政府对策，最早见于发达国家。美国在 1906 年《食品与药物法》的基础上，于 1938 年由国会通过了新的《联邦食品、药物和化妆品法》，1947 年通过了联邦杀虫剂、杀菌剂、杀鼠剂法，两部法律以后又陆续做过多次修正，至今仍为美国保障食品安全的主要联邦法律。其中，食品、药物和化妆品法规定：凡农药残留量超过规定限量的农产品禁止上市出售；食品工业使用任何新的添加剂前必须提交其安全性检验结果，原来已使用的添加剂必须获准列入"公认安全"（GRAS）名单才能继续使用；凡被发现可使人或动物致癌的物质，不得认为是安全的添加剂而以任何数量使用。联邦杀虫剂、杀菌剂、杀鼠剂法规定：任何农药在为一定目的使用时不得"对环境引起不适当的有害作用"；每一种农药及其每一种用途（如用于某种作物）都必须申请登记，获准后才能合法出售及应用；凡登记用于食用作物的农药应由国家环境保护总署（EPA）根据申请厂商提交的资料批准其各自用途的食品残留限量，即在未加工的农产品及加工食品中允许的最高农药残留限量。世界卫生组织和联合国粮农组织（WHO/FAO）自 60 年代组织制定了《食品法典》，并数次修订，规定了各种食品添加剂、农药及某些污染物在食品中允许的残留限量，供各国参考并借以协调国际食品贸易中出现的食品安全性标准问题。至此，尽管还存在大量的有关添加剂、农药等化学品的认证与再认证工作，以及食品中残留物限量的科学制定工作有待解决，控制这些化学品合理使用以保障丰足而安全的食品生产与供应，其策略与途径已初步形成，食品安全管理开始走上有序的轨道。

1.2　食品安全与质量对国内外食品贸易的影响

中国已于 2001 年 12 月加入世界贸易组织（WTO），迄今为止，包括食品工业在内的许多领域正在面对经济全球化的巨大挑战。对于食品工业来说，如何发挥中国的自然资源、劳动力优势，提高产品质量，扩大产品销路，以求在激烈的市场竞争中生存，是一个重要课题。

WTO 成立于 1995 年 1 月 1 日，总部设在日内瓦，是一个具有法人地位的国际组织，在调解成员争端方面具有更高的权威性。它的前身是 1947 年订立的关税及贸易总协定。与关贸总协定相比，WTO 组织涵盖货物贸易、服务贸易以及知识产权贸易，而关贸总协定只适用于商品货物贸易。WTO 组织与世界银行、国际货币基金组织一起，并称为当今世界经济体制的"三大支柱"。目前，WTO 组织的贸易量已占世界贸易的 95% 以上。其宗旨是：促进经济和贸易发展，以提高生活水平，保证充分就业，保障实际收入和有效需求的增长；根据可持续发展的目标合理利用世界资源，扩大商品生产和服务；达成互惠互利的协议，大幅度削减和取消关税及其他贸易壁垒并消除国际贸易中的歧视待遇。WTO 作为正式的国际贸易组织在法律上与联合国等国际组织处于平等地位。他的职责范围除了关贸总协定原有的组织实施多边贸易协议以及提供多边贸易谈判所和作为一个论坛之外，还负责定期审议其成员的贸易政策和统一处理成员之间产生的贸易争端，并负责加强同国际货币基金组织和世界银行的合作，以实现全球经济决策的一致性。WTO 协议的范围包括从农业到纺织品与服装，从服务业到政府采购，从原产地规则到知识产权等多项内容。

WTO 关于技术性贸易壁垒协定（TBT）、卫生与植物卫生措施协定（SPS）和 CAC 等都是从事食品国际贸易人士应该关注的内容。

••••禽流感对世界经济的影响••••

1983 年在美国滨州等地区暴发禽流感，美国政府为此共花费了 6 000 多万美元，间接经济损失估计达 3.49 亿美元。1997 年，香港发生禽流感，3d 之内 150 万只鸡被扑杀，据估计经济损失约达 8 000 万港元。作为香港主要的活鸡供应地，广东蒙受了近 10 亿元人民币的经济损失。1999 年，英国伦巴第地区暴发禽流感，到 2000 年 3 月，1 300 万只染病家禽被扑杀。2002 年到 2003 年，美国加州等地暴发禽流感，美国政府为此投入 1 500 万美元资金和 1 500 名防疫人员，仅加利福尼亚州就扑杀 326 万多只鸡。2003 年，荷兰和比利时发生禽流感，近 2 000 万只鸡被扑杀。中国大连海关的统计数据表明，仅 2002 年大连口岸遭退运的冻鸡产品有 286t，价值达 50 万美元。并未出现禽流感疫情的北京市禽肉生产企业的出口业务也受到重创。北京大发正大有限公司已经快到日本口岸的数百吨熟食品被拒收；已经加工完成、准备出口的 2 000 多 t 熟食品也不能出口。当时北京华都肉鸡公司对日本的出口业务被全面叫停，对其他国家的业务也不同程度地受到影响。

（摘自：中国质量报，2004 年 2 月 3 日）

1.2.1　WTO 关于技术性贸易壁垒协定(TBT)

《技术性贸易壁垒协定》(Agreement on Technical Barriers to Trade,简称 TBT 协定),是 WTO 管辖的一项多边贸易协定,是在关贸总协定东京回合同名协定的基础上修改和补充的。协定适用于所有产品,包括工业品和农产品,但涉及卫生与植物卫生内容的,由《卫生与植物卫生措施协定》进行规范。TBT 协定主要有 3 方面内容:标准、技术法规和合格评定程序,这 3 方面的活动都可对贸易形成障碍。

技术法规是强制性的,技术法规通常由中央政府制定,也可由地方政府和非政府机构制定,但成员国须采取措施保证地方政府和非政府机构制定的技术法规符合 TBT 协定的有关条款。

标准是自愿性的,标准可由被认可的标准机构制定,如中央政府、地方政府、行业协会和企业来制定。

关于合格评定程序,可以由中央政府制定,也可由地方政府制定,也可由非政府机构制定。合格评定程序对贸易来说是必要的,通过它可以判断产品是否安全、是否符合标准;但对贸易又是有害的,因为它在时间、费用等方面对贸易形成障碍。合格评定程序还可由另外一种形式来保证,就是实施质量管理标准,如 ISO 9000 等。

WTO 建议在制定技术法规、合格评定程序时采用国际标准,因为出口产品要符合不同国家的不同的技术法规,但这不是强制性的,有灵活性,也可以不采用国际标准,但要准备接受其他成员国的质疑。协定规定,凡是使用国际标准的,就被认为是合理和具有科学基础的,不对其他成员国构成壁垒,不再需要提供科学依据。

1.2.2　WTO 关于卫生与植物卫生措施协定(SPS)

《卫生与植物卫生措施协定》(Agreement on the Application of Sanitary and Phytosanitary Measures,简称 SPS 协定),是 WTO 有关货物贸易的多边协定之一,是规范非关税措施的协定之一,其主要目的是建立一套成员在制定 SPS 措施时应遵循的原则,在保护人类及动植物生命健康与自由贸易之间达到一种平衡,解决出口国进入市场和进口国维持特定的健康和安全标准之间的冲突。因 SPS 措施引起的争端,适用 WTO 的争端解决程序。

SPS 协定阐明其管辖范围是按照实施措施的目的来划分的,涵盖了产品、工序及生产方法。卫生及植物卫生措施不仅适用于国内生产的食品或当地动植物有害生物,同样也适用于来自其他国家的产品。

卫生措施是指那些与人类或动物健康有关的措施;而植物卫生措施则主要处理植物卫生的问题。鱼和野生动物、森林和野生植物的保护包括在这一概念中,但是对环境本身及动物福利的保护则不包括在内。SPS 协定将 SPS 措施限定在以下几种情况:第一,保护人类或动物的生命或健康免受由食品中添加剂、污染物、毒素或致病有机体所产生的风险，其他危及人类健康的风险（如汽车安全性风险）不属于这一类别。第二，保护人类的生命免受动植物携带的疫病的侵害。这方面的情况可以通过采取的预防措施来说明，如禁止源自口蹄疫疫区的肉类及肉类产品的进口措施。第三，保护动物或植物的生命免受害虫、疫病或致病有机体传入的侵害，如限制来自实蝇疫区的某种水果进口的措施。第四，保护一个国家免受有害生物的传入、定居或传播所引起的危害。对国内动植物种类而言，某种有害杂草的传入会导致重大的损害。为保护我国免受由假高粱传播所引起危害而采取的措施属于这类情况。

SPS协定适用于为实现上述所定义的目标之一所采取的任何类型的措施，包括所有相关法律、法令、法规、要求和程序，特别包括：最终产品标准；工序和生产方法；检验、检查、认证和批准程序；检疫处理，包括与动物或植物运输有关的或与在运输过程中为维持动植物生存所需物质有关的要求；有关统计方法、抽样程序和风险评估方法的规定；与粮食安全直接有关的包装和标签要求。其中的一些措施，如工序要求或认证，主要是在出口国国内实施，而不是到达了进口国以后再实施。SPS协定的核心条款包括科学合理性、协调、等效、区域化、透明度、技术援助等条款。

1.2.3 SPS协定与TBT协定的区别

由于成员国对两个协定的义务接受程度不同，因此，确定一个措施是SPS措施，或者是TBT措施是极为重要的。两者主要有以下4个方面区别。

(1) 措施的类型不同

SPS措施包括了为实现以下目的所采取的措施：第一，保护人类或动物健康免受食源性风险；第二，保护人类健康免受动物或植物携带的有害生物危害；第三，保护动物和植物免受有害生物危害。

除非是已被SPS协定定义了的SPS措施，TBT协定涵盖了所有技术法规、推荐性标准和确保满足这些技术法规和标准的程序等内容。因此，措施的类型决定了它是TBT措施还是SPS措施，同时，措施的目的也是判断该措施是否应属于SPS措施的依据。

(2) 针对的对象不同

TBT协定覆盖面宽，TBT措施涵盖了除SPS问题以外所有领域，从轿车安全到能量贮存装置等，如对医药的限制或香烟的标签要求等都属TBT协定。与人类疾病防治有关的大多数措施隶属于TBT协定的管辖范围，除非这些疾病是由动物或植物携带的（如狂犬病）。对于食品，大多数标签要求、营养说明和有关要求、质量和包装法规一般不认为是SPS措施，因此，隶属TBT协定管辖范围。

SPS协定覆盖面相对较窄，更突出SPS措施的科学基础，SPS措施的定义表明，针对食品的微生物污染、食品添加剂、杀虫剂或兽药残留的允许量而制定的法规隶属SPS协定管辖范围。如果包装和标签要求直接与食品安全有关，这些措施也属于SPS协定管辖。

(3) 对未采纳国际标准的措施是否符合协定的判断依据不同

两个协定都鼓励成员国采用国际标准，但在 SPS 协定之下，对于不采用国际标准的 SPS 措施是否合理的唯一判断依据是基于对潜在风险进行风险评估所提供的科学依据。相反，在 TBT 协定之下，成员政府可能以其他理由，包括基本技术问题或地理因素等说明国际标准是不适宜的。

SPS 措施必须在以科学信息为基础，在保护人类和动植物健康所必需的范围内实施。但是，当需要满足多个目标时，像国家安全或防范欺诈行为，各成员政府可以采用 TBT 协定。

(4) 对措施的质询或争端重点不同

鉴于 SPS 措施的关键是其具体内容的科学依据，相对而言，TBT 措施主要在于其具体内容的必要性和合理性。因此，判断其是 SPS 还是 TBT 的重要性还在于受其影响的国家对该措施予以咨询的重点不同，如果是严于国际标准的 SPS 措施，则应该将其科学依据作为质疑重点。对于 TBT 措施，则可以重点质疑其必要性和合理性。

••••典型措施举例••••

SPS 协定管辖的典型措施涉及：食品或饮料中的添加剂；食品或饮料中的污染物；食品或饮料中的毒素物质；食品或饮料中的兽药或农药残留；食品、动物和植物健康的出证；涉及食品安全的加工方法；直接与食品安全有关的标签要求；植物、动物检疫；宣布非疫区；防止病虫害传入；其他进口要求(如进口用于动物运输的草垫等)。

TBT 协定管辖的典型措施涉及：食品、饮料和药品的标签；新鲜食品的质量要求；新鲜食品的包装要求；危险化妆品和毒素物质的包装和标签要求；有关电子设备的法规；有关无线电话、无线电设备等的法规；纺织品和服装标签；汽车及其零部件检验；有关船舶和船舶设备的法规；有关玩具安全的法规等。

1.2.4 国际食品法典委员会

国际食品法典委员会(CAC)是由联合国粮农组织(FAO)和世界卫生组织(WHO)共同建立，以保障消费者的健康和确保食品贸易公平为宗旨的一个制定国际食品标准的政府间组织。

食品法典已成为全球消费者、食品生产和加工者、各国食品管理机构和国际食品贸易重要的基本参照标准。法典对食品生产、加工者的观念以及消费者的意识已产生了巨大影响，并对保护公众健康和维护公平食品贸易作出了不可估量的贡献。

食品法典与国际食品贸易关系密切，针对业已增长的全球市场，特别是作为保护消费者而普遍采用的统一食品标准，食品法典具有明显的优势。因此，SPS 协定和 TBT 协定均鼓励各国采用协调一致的国际食品标准。SPS 协定引用了 CAC 法典的标准、指南及推荐技术标准，以此作为促进国际食品贸易的措施。

中国正在步入全球化进程。对中国和世界来说，深度的相互依赖是重要现实，完成这种相互依赖的关键步骤是将中国带入多边贸易体系。全球化进程正在以前所未有的力量将世界编织在一起，这是一个拥有不同传统文化、不同政治体系和不同发展水平的国际大家庭。中国要成功介入全球经济，将面临许多挑战。同时，对中国劳动者和企业家来说，新的机会也正在出现；对中国消费者来说，新的选择正在出现。食品安全与质量水平的提高，需要严格的法规和统一、规范的标准。因此，国际上可接受的、有科学依据并经过实践证明有效的食品安全和质量标准对提高食品安全管理水平，保护公众健康至关重要。

1.2.5 政府、企业及食品安全相关方的责任

消费者有权得到优质和安全的食品供应，政府和食品工业界有必要明确这一点，并采取强有力的措施来满足消费者的需求。因此，有必要建立有效的食品安全和质量控制体系，这种体系可包含多种措施，如法律、法规和标准，连同有效的认证制度和包括实验室检测在内的食品安全监控系统。

什么是政府应该做的？政府应该与其他利益相关方密切合作，从保护消费者和生产者健康的观点出发，加强对食品链中各个环节的监管，确保食品安全生产、良好制造和公平贸易；制定标准以保护消费者不受非安全、低质量、掺假、假商标或污染食品的困扰，进一步完善和强化食品安全标准的制修订和推广工作；为食品和水质量控制体系的设计、生产和检测开发人力资源；为确保食品工业质量控制体系能充分满足法律和法规要求，与食品企业建立有效的工作联系，包括食品的生产者、加工者和餐饮者；针对特殊问题，如害虫的蔓延、环境污染等问题，采取积极有效的控制措施。

什么是食品行业应该做的？食品行业应该提供安全、有益健康、有营养和可口的食品，以保证消费者的健康；要充分考虑生产、加工和贮存技术的社会经济环境，促进对食品安全与质量的研究；建立对食物传染性疾病和污染物的监管和检测体系；尤其要重点建立食品安全与质量控制体系，包括食品检查、抽样和实验室检测，以满足法律、法规的要求，确保内销或出口食品的安全卫生；加强国际交流与合作，满足国际食品安全和食品标签的要求；食品标签应该清楚、易懂，同时还应包括合适的关于营养分析和食品组成成分的信息；应该认真控制食品标签或广告用语，禁止错误或误导性的标识。

确保食品安全是政府、食品企业、食品安全研究机构和消费者的共同责任。政府承担制定发布食品安全法律、法规、标准并对其有效实施进行监管的责任；食品生产企业承担有效实施食品安全法律、法规、标准的责任；食品安全研究机构承担为政府制定食品安全法律、法规、标准，并为食品企业实施这些法律、法规、标准提供技术支持的责任；消费者除了承担按预期用途食用食品的责任外，还承担着选择有效实施食品安全法律、法规、标准的食品企业所提供的产品的市场责任。我国《食品安全法》则规定我国食品安全实行分段管理，实现了无缝隙衔接的监督管理体制，并将企业列为食品安全第一责任人，明确了地方政府负监管总责。

1.3 食品安全与质量管理中的交叉学科

食品质量管理着眼于食品生产体系中的消费者层面,它使涉及食品质量的组织和技术一体化,促成了一个新概念的诞生,即 Techno-managerial(技术-管理综合法),表述了如何将质量管理定位于食品供应链之中的综合观点。该领域涵盖了关于产品质量的消费者概念;组织机构与质量管理;质量设计工具与方法的应用;技术与管理层面的质量控制、改进和保证。

目前正在应用的质量管理体系包括危害分析与关键控制点体系(hazard analysis critical control point,HACCP)、良好生产规范(GMP)等,还有各国自己施行的管理体系,如中国的食品质量安全市场准入(QS制度)、无公害和绿色食品认证等,政策法规和贸易策略等都可纳入该食品质量管理的框架内。

过去几十年,质量已经成为社会最重要话题之一,消费者越来越关注产品质量问题,现在的组织机构也更多关注全面质量业绩而不只是注重其商业成绩。20世纪50年代,刚刚开始建立质量管理体系时,并没有预见到对今天的质量管理有如此之大的影响。在质量思维方面,最剧烈的变化就是从生产导向到客户导向概念的转变。然而综合方法、系统考虑、着重先进技术、人力资本信念等对当前的质量管理已具有相当大的影响。以前以关注产品质量的技术(物理)参数为主,现在扩展到其他方面,如组织机构的灵活性和可靠性。事实上,今天的质量等于与公司所有股东有关的总经营业绩。

质量意识提高的趋势也在农业贸易和食品工业得到证实。过去十年,在食品工业已经看到巨大的进步,特别是在关于产品质量与食品安全的技术方面。在食品领域,质量概念的从生产导向到客户导向的转变逐渐地且无可置疑地在食品供应链方面起着核心作用。这些发展只有在不断更新技术和现代管理方式的前提下才是可能的。因此,现代食品工业正在成为强化知识的行业,与二三十年前的形势有完全不同的特点。

为了满足消费者不断变化的需求,食品企业日益依赖技术的发展,例如包装、加工、采后技术和生物技术,以及管理知识等,食品质量管理已经成为一个重要且有趣的研究和教育专题,一个以基本学术知识为重点的科学领域。如果在食品工业坚持这样的研究方向,即可实现产品从优质到更优质的跨越。

1.4 食品供应链——"从农田到餐桌"的安全与质量保证

对食品生产、加工和初加工者来说,一个从农田到消费者餐桌的食品安全质量控制体系才能够保证食品供应链的每个环节不被有害物质污染。因为关注食品的安全问题,现在全世界的食品加工者都在采用 HACCP 体系,既有自愿的,也有强制性的。最初的 HACCP 是一个确保加工食品安全的体系,它既不能覆盖大量的食品原辅材料供应方面的问题,也不可能消除或控制新鲜农产品所有潜在危害。而专为消除或控制大部分致病菌而设计的加工措施又会改变新鲜农产品的新鲜特性。基于上述理由，在欧美发达国家率先建立了良好农业规范(good agricultural practice，GAP)。GAP 是 HACCP 体系在食用农产品产业的应用，综合利用 HACCP 原理和前提方案可减少产品污染的可能性并因此确保食品安全。

有机农业也是目前全球应用比较广泛的用于控制食品安全和环境保护的主要方式之一，此外，还有我国特有的无公害食品和绿色食品，相关内容将在第 2 章详细介绍。

为了制订全球统一的管理体系，如 HACCP 体系标准、ISO 9000 系列标准，良好农业规范(GAP)、良好兽医规范(GVP)、良好生产规范(GMP)、良好卫生规范(GHP)、良好分销规范(GDP)、良好贸易规范(GTP)等，使之既适用于食品链中的各类组织开展食品安全管理活动，又可用于审核和认证的食品安全管理国际标准，国际标准化组织(ISO/TC34)于 2000 年成立了第八工作组，制定了 ISO22000 食品安全管理体系系列标准，并于 2005 年 9 月 1 日正式发布了 ISO22000：2005《食品安全管理体系——食品链中各类组织的要求》。我国已经将该标准等同采用为国家标准。

思考题

1. 什么是食品安全？
2. 食品质量涵盖的 3 个方面的内容是什么？
3. 什么是食源性疾病？
4. 食品污染物是指什么？
5. 食品安全危害包括哪 3 类？
6. 简述食品安全的发展历程。
7. 论述食品安全与质量在国内外食品贸易中的重要性。
8. 什么是 TBT、SPS 和 CAC？
9. 论述政府与企业在食品安全与质量方面对消费者所应负的责任。
10. 简述技术 – 管理综合法的内容及其在食品质量保证中的作用。
11. 论述食品供应链中食品安全与质量保证体系，全程管理的重要性。

推荐阅读书目

食品质量管理：技术 – 管理的方法．吴广枫．中国农业大学出版社，2005．
世界贸易组织总论．汪尧田．上海远东出版社，1995．
世界贸易组织读本．刘力．中共中央党校出版社，2000．

相关链接

世界贸易组织(WTO)　　http：//www.wto.com
世界卫生组织(WHO)　　http：//www.who.com

第2章
食用农产品生产管理

重点与难点
- 掌握食用农产品的定义；
- 理解食用农产品质量过程控制基本原理；
- 了解食用农产品生产与质量控制形式；
- 掌握有机产品、绿色食品、无公害农产品、良好农业规范等几种认证形式的概念和实施基本要求，理解这几种形式的主要不同点；
- 熟悉良好农业规范(GAP)的质量管理体系的内容。

2.1 有机农业与有机食品
2.2 无公害农产品和绿色食品
2.3 良好农业规范(GAP)

食品危害，特别是农/兽药残留和重金属污染等化学性危害，通过食品加工阶段并不能消除，因为这些危害往往是来自食品加工前的种植、养殖等过程，所以食品生产链的初级阶段也就成为控制这些危害的重要一环。在整个生产、加工和销售链中应用预防原则是实现降低风险的目标的最有效的方法。同时，动植物的种植、养殖过程也不同于工业生产，受环境、管理方式、气候、生产水平、地域影响很大，无法在产品最终检测的基础上进行校正，因此对食用农产品的安全控制在食品安全全过程控制中是非常重要的一环。

《食品安全法》规定，供食用的源于农业的初级产品称食用农产品。制定有关食用农产品的质量安全标准，公布食用农产品安全有关信息，应当遵守《食品安全法》的有关规定。近年来连续发生了多起重大食品安全事件，如禽流感、苏丹红事件等，无不与种植、养殖环节有关。我国非常重视在初级阶段食品生产过程的控制，我国食品安全的控制重点正在从产品检测向过程控制转移。目前已形成有机产（食）品、绿色食品、无公害农产品、良好农业规范等对食品生产初级阶段的质量和安全进行控制的不同模式。本章重点介绍这几种常见的管理模式。

••• 实施良好农业规范，促进生猪出口 •••

为了提高企业管理水平，满足供港活猪的质量卫生要求，江西某公司于2006年7月成为我国首批通过良好农业规范（GAP）一级认证的企业，通过认证后，企业总结了以下几方面的收获：

1. 管理水平显著提高

通过实施GAP，公司建立起了全面的、完善的标准化管理体系，涉及公司生产经营的各个层面，做到了每个环节都有章可循，各个岗位职责明确，各个部门配合协调，每个员工都有自己明确的岗位和职责，各司其职，有条不紊，整个公司在一个标准化的体系中顺畅运转，效率大大提高，使企业高层管理人员更好地从具体事务中解脱了出来。以前管理者都是通过看报表，看数据来掌握公司的经营情况，通过人来控制和管理生产。现在，从原料采购、原料检测、饲养过程等所有环节都有章可循，整个企业在一个标准化的体系中正常运行，从人管人发展到以制度管人，企业高层管理更为轻松，更有精力投入到长期的战略规划中去。

2. 养殖技术显著提升

GAP标准充分吸纳了目前国内、国际养猪技术的精华，是对行业标准和行业新技术的提炼，引领了行业发展的方向。公司建立GAP体系的过程就是一次全员学习、吸收先进理念、先进技术、先进标准的过程，实施GAP体系就等于全面采用了这些新标准、新技术，从而推动公司养殖和管理技术全面更新和提高，一举达到了国际领先水平。公司在建立和实施 GAP 体系前，采用的是流水线式的生产模式，区域划分不明显，猪场的防疫压力大、风险高，在疫情、疫病控制方面的投入很大。借助实施 GAP 的契机，猪场对生产模式进行了调整，制订了公司目前的先进管理和饲养模式，按照种猪、保育、肥猪分成 3 个相对独立的功能区，按照各个功能区的特点，制订出母猪分胎次饲养、保育猪集中饲养、延长保育饲养时间、肥猪分散饲养等一系列养殖新方法，并在实际运用中得到了良好的效果。针对三个相对独立的功能区制订防疫计划，防疫效果大大提高，同时还减少了投入，细化了管理细节。

3. 产品质量显著改善

通过实施 GAP，企业建立起了完善的产品质量控制体系，生猪的生产过程被完整地记录了下来，从原料采购、饲料生产、生猪饲养、疫病防控、产品运输、反馈追踪等各个环节，达到了动态管理、全过程监控要求。GAP 的运用，真正把各项质量控制的关键技术措施落到了实处，同时实现了产品质量的可追溯。公司的供港活猪在香港市场的优良比，原来只有 65% 左右，而且很不稳定，时有波动；实施 GAP 之后，优良比很快上升到 70%，而且能够保持稳定，通过认证后，供港猪的卖价是江西省供港猪最高的，获得了极高的品质声誉。

4. 经济效益显著增长

公司 2006 年共出栏生猪 53 000 多头，其中供港 41 000 多头，与上一年相比全程料肉比从 3.23 降为 3.15，降低 2.48%；育肥猪料肉比从 2.82 降为 2.71，降低 3.9%；治疗费用从每头 19.3 元降为每头 13.6 元，降低 29.53%；防疫费用从每头 24.1 元降为每头 21.35 元，降低 11.41%；保健费用从每头 8.23 元升为每头 13.03 元，增高 58.32%；防疫保健总费用从每头 51.63 元降为每头 47.98 元，降低 7.07%；与上一年相比，剔除饲料成本上涨及人民币汇率上涨和不利因素，公司的总销售收入提高了 10.94%，总利润增加了 7.58%。

5. 环保措施显著完善

通过实施 GAP，公司员工的环境责任意识进一步提高，企业在对排泄物、废弃物等的处理方面，投入了大量的人力、物力，采取了更多的降低污染的措施，尽最大可能协调与周围环境和社会的关系，主动承担企业对环境和社会的责任，以达到持续生产、和谐发展的目的。如要求饲养员禁止用水冲洗猪栏，通过增加扫栏次数、按照猪的行为特点确定扫栏时间，尽最大可能减少污水的总量。同时，对排出的猪粪尿，经过综合治理，达到了三类水标准，可直接养鱼，少部分污水经无害化处理后无偿地提供给养殖场周边的柑橘种植业主，这样实现污水的零排放，还化害为利、变废为宝。

6. 人畜福利有了保障

实施 GAP 后，公司在员工和动物福利上更为关注，购入应急医疗箱，解决员工医疗保险问题；购入架子床，解决员工午间休息问题；设立员工饮水区；创建图书室，每年一次的员工旅游，为员工在紧张的工作之余提供一个良好的生活、娱乐环境。在解决一系列的员工福利后，员工工作积极性更为高涨，提高生产效率。公司更新了栏舍设施，改造了一部分旧栏舍，清理场区内所有建筑垃圾，新建病死猪处理设施$800m^3$；增设运动场，减少定位栏，增加大栏饲养，饲养条件逐步提高，在尽量满足猪的生长行为习惯后，生猪品质也相应提高。通过实施GAP，公司的员工经历了一次动物福利概念的洗礼，建立起了一种全新的人畜关系，所有的动物受到了更为妥善的、更为人道的对待。

2.1 有机农业与有机食品

2.1.1 有机农业的产生

这里所说的有机（organic）不是化学上的定义，而是指的一种农业生产方式。20世纪70年代以来，越来越多的人注意到，现代常规农业在给人类带来高度的劳动生产率和丰富的物质产品的同时，也由于现代常规农业生产中大量使用化肥、农药等农用化学品，使环境和食品受到不同程度的污染，自然生态系统遭到破坏，土地生产能力持续下降。为探索农业发展的新途径，各种形式的替代农业概念和措施（如有机农业、生物农业、生态农业、持久农业、再生农业及综合农业等）应运而生。虽然名称不同，但其目的都是为了保护生态环境，合理利用资源，实现农业生态系统的持久发展，而它们又各有侧重。有机农业是最具代表性的例子。

关于有机农业的起源，要追溯到1909年，当时美国农业部土地管理局局长King在研究了中国农业数千年兴盛不衰的经验后，1911年写成了《四千年的农民》一书。书中指出：中国传统农业长盛不衰的秘密在于中国农民的勤劳、智慧和节俭，善于利用时间和空间提高土地的利用率，并以人畜粪便和一切废弃物、塘泥等还田培养地力。英国植物病理学家Albert Howard于20世纪30年代初在《农业圣典》一书中提出了有机农业的思想。有机农业思想经历了长期的实践，直到20世纪80年代有机农业的概念才开始被广泛地接受，一些发达国家政府开始重视有机农业，并鼓励农民从常规农业生产向有机农业生产转换。

近十几年来，在国际有机农业发展的影响下，我国有机食品产业也从无到有逐步发展起来，正在形成一个新兴的产业，并在迅速发展。我国有机产业的发展，对于保障食品安全，促进生态破坏区的治理和恢复，保护农村生态环境，促进农村社会和经济可持续发展已经起到了独特的作用。

2.1.2 有机农业的概念

有机农业是指遵照有机农业生产标准，在生产中不采用基因工程获得的生物及其产物，不使用化学合成的农药、化肥、生长调节剂、饲料添加剂等物质，遵循自然规律和生态学原理，协调种植业和养殖业的平衡，采用一系列可持续发展的农业技术以维持持续稳定的农业生产体系的一种农业生产方式。这些技术包括选用抗性作物品种；建立包括豆科植物在内的作物轮作体系；利用秸秆还田、施用绿肥和动物粪便等措施培肥土壤保持养分循环；采取物理的和生物的措施防治病虫草害；采用合理的耕种措施，保护环境、防止水土流失。保持生产体系及周围环境的基因多样性等有机农业生产体系的建立需要有一定的有机转换过程。

有机产品是指来自于有机农业生产体系，根据有机农业生产要求和相应的标准生产、加工和销售，并通过独立的有机认证机构认证的供人类消费、动物食用的产品。有机产品（食品）主要是指供人类食用的有机产品，如粮食、蔬菜、水果、奶制品、禽畜产品、蜂蜜、水产品、调料等，近几年还扩大到了有机纺织品、皮革、化妆品、林产品、生产资料、动物饲料等领域。一般仅指食品时，通常称"有机食品"。

2.1.3 有机食品标准和生产要求

根据有机产品的定义，有机产品必须同时具备4个条件：①原料必须来自已经建立的有机农业生产体系，或采用有机方式采集的野生天然产品；②产品在整个生产过程中必须严格遵循有机产品标准对加工、包装、贮藏、运输等要求；③生产者在有机产品的生产和流通过程中，有完善的跟踪审查体系和完整的生产和销售的档案记录；④必须通过独立的有机产品认证机构的认证审查。

有机产品标准要求在动植物生产过程中不使用化学合成的农药、化肥、生长调节剂、饲料添加剂等物质，以及基因工程生物及其产物，而且遵循自然规律和生态学原理，采取一系列可持续发展的农业技术，协调种植业和养殖业的平衡，维持农业生态系统持续稳定。在有机农业生产体系中，作物秸秆、畜禽粪肥、豆科作物、绿肥和有机废弃物是土壤肥力的主要来源；作物轮作以及各种物理、生物和生态措施是控制杂草和病虫害的主要手段。同时，它要求在有机作物收获及后续处理直到销售的过程中，有机畜禽在屠宰后的加工处理过程，继续保持产品的有机特性，不受到常规产品的污染和破坏。因此，有机标准对于加工、贮藏、运输、包装、标识、销售等过程中，也有一整套严格的要求，以保持产品的有机真实性和完整性。

有机标准发展至今，已初步形成了世界范围内不同层次的标准体系，主要表现在国际水平、区域水平、国家水平和认证机构水平等4个方面。简述如下：

①国际标准　CAC发布了《有机产品生产、加工、标识和销售导则》；国际有机农业运动联盟（IFOAM，International Federation of Organic Agriculture Movement）发布了有机产品基本标准。目前世界各国制定有机法规和标准，普遍参考这两个国际标准。

②区域性标准　如欧盟标准。欧盟1991年发布了在有机农业生产、认证标识规则，欧盟成员国都遵守这一法规。

③国家标准　目前发布国家标准的国家已达到了60多个，美国、日本、阿

根廷、澳大利亚、智利、以色列、瑞士、加拿大等国家都发布了国家有机标准，欧盟各成员国也根据欧盟标准制定本国的标准。我国于2005年发布《有机产品》国家标准（GB/T 19630—2005）。

④认证机构标准　认证机构开展有机产品认证时可以采用国家标准或本地区通用的标准，也有的认证机构在这些标准基础上制定更加严格的机构标准。

2.1.4　有机农业的生产要求

有机产品的标准和法规对有机农业生产提出了要求，如不使用农药、化肥，不使用基因工程产品等，但达到这些要求，需在生产中采用大量替代生产技术，有机农业通常要求种植业具备以下条件：

①环境条件　无污染。

②作物品种选择　应选适应当地土壤，气候对病虫有抵抗能力的品种。

③实施轮作。

④肥料　尽量使用本农场生产的有机肥料保持土壤肥力，应施用有机氮肥，从生产体系外引入的肥料要防止病虫害污染等。

⑤有害生物管理　要保护病虫害的天敌，提倡生物综合防治。

⑥杂草处理　使用限制生长（如合理的轮作、种植绿肥、平衡施肥管理等）、物理除草等方法控制杂草危害。

2.1.5　有机农业的作用

有机农业除在保护环境，促进农业调整，实现可持续发展方面发挥重要作用外，还对保障食品安全，提高农民收入，发展对外贸易方面有着现实意义。有机农业的作用可归结如下：

①有机农业有利于维持生态平衡和保护环境　有机农业强调农业废弃物（如作物秸秆、人畜粪便）的综合利用，利用生物和农业手段控制有害生物。减少了因施用化学肥料和合成农药带来的石油、煤炭等不可再生能源消耗，水土流失，天敌减少，生物多样性破坏等问题；能有效地恢复和改善土地、水资源、植被和动物界所受到的破坏。

②有机农业可提供安全健康的食品　有机农业生产中不使用化学合成的农药和化肥等物质，使食物中的农药、重金属残留大大降低，从这个角度来说，其安全性要高于普通食品。有机食品生产中禁止引入基因工程技术，也可以消除消费者对于转基因产品的疑虑。另外，据研究有机产品比常规农产品更有营养，含有更丰富的食物纤维，矿物质含量更高。

③促进我国农业产业结构调整　有机农业属于劳动密集型产业，因地制宜地大力发展有机农业可促使我国农业从数量型向质量型尽快转变。

④有机农业可促进我国农产品出口，提高农民收入　目前国际市场上有机食品的价格比常规食品高20%~50%，有些产品（如豆类等）可高出1倍甚至更多。有机产品已成为打破国外贸易壁垒，顺利进入国际市场的有力武器。

⑤促进农业实现可持续发展。

2.1.6 有机农业的发展现状

目前，全世界有 100 多个国家开展了有机产品认证，有机认证面积超过了 $3.1 \times 10^7 \text{hm}^2$，销售额近 300 亿美元。世界最大有机产品消费市场是欧盟、日本和美国。

国际有机运动联盟（IFOAM）是世界最大的民间有机农业组织，其成员包括来自全世界的 700 多个有机认证机构、生产企业和科研机构，IFOAM 制定的有机生产基本标准（IBS）和 CAC 制定的标准是各国制定有机法规和标准的基本参考标准。此外，欧盟、美国、日本、澳大利亚等国家、地区制定了自己的有机产品认证法规和标准。

我国现有有机产品认证机构 20 多个，已有 1 600 多个企业获得有机产品认证，面积达 $2 \times 10^6 \text{hm}^2$，主要分布在东部和东北部各省区，主要产品是粮食、油料、蔬菜、水果、茶叶、饮料、蜂蜜、天然香料、中药材、奶制品、禽畜产品和水产品等。

2.1.7 有机产品的认证、法规与标志管理

目前，世界各国普遍采用认证的形式证明产品符合有机产品标准，并且只有经认证的产品才能使用有机产品标志，在市场上作为有机产品销售。我国 2003 年颁布了《中华人民共和国认证认可条例》，国家认监委组织制定，并由认监委或相关部门发布了《有机产品认证管理办法》《有机产品认证实施规则》和《有机产品》国家标准，使我国的有机产品认证法规、标准体系得以统一。

2.1.7.1 有机产品认证的法规、标准体系

与有机产品认证直接相关的法规和标准主要有 3 个，即《有机产品认证管理办法》、《有机产品认证实施规则》和《有机产品》国家标准。

《有机产品认证管理办法》是对有机产品认证、流通、标识、监督管理的强制性要求，国家质量监督检验检疫总局 2004 年第 67 号令发布，自 2005 年 4 月 1 日起实施，共分 7 章 44 条。

《有机产品认证实施规则》是对认证机构开展有机产品认证程序的统一要求，分别对认证申请、受理、现场检查的要求、提交材料和步骤、样品和产地环境检测的条件和程序、检查报告的记录与编写、作出认证决定的条件和程序、认证证书和标志的发放与管理方式、收费标准等作出了具体规定。

《有机产品》（GB/T 19630—2005）分为 4 个部分，是有机产品生产、加工、标识与销售的技术要求，是有机产品认证必须依据的标准。

2.1.7.2 有机产品认证监督管理体系

根据我国认证认可制度和对有机产品认证的相关规定，主要有以下几项基本

制度：

①认证机构设立许可制度　有机产品认证机构的设立或扩项，必须事先获得国家认监委的行政审批。

②认证机构认可制度　有机产品认证机构在获得批准后，还必须获得中国合格评定国家认可中心的认可，方可从有机产品认证活动。

③有机认证检查员注册制度　从事有机产品认证的检查员必须经过培训机构的培训并获得中国认证认可协会的注册后，方可从事认证检查活动。

④双标志制度　获得有机产品认证的产品销售时，必须加贴国家有机产品认证标志，同时应使用认证机构认证标志或标明认证机构名称。

为保证这些制度的实施，国家认监委也制定了相应的监督手段，有：

①报告制度　有机产品认证机构要定期或者不定期地向国家认监委报告从事认证活动的有关情况。

②询问制度　国家认监委对有机产品认证机构的有关事项进行询问，通过询问，及时发现问题，对不当的行为予以告诫。

③举报制度　任何单位和个人有权对认证活动存在的问题向国家认监委进行举报，国家认监委或地方认证监督管理部门要及时调查处理。

④组织专项监督检查　国家认监委组织地方认证监督部门对认证活动和结果进行抽查。

2.1.7.3　中国有机产品认证标志、中国有机转换产品认证标志

"中国有机产品标志""中国有机转换产品标志"（见图2-1）的主要图案由3部分组成，即外围的圆形、中间的种子图形及其周围的环形线条。标志外围的圆形形似地球，象征和谐、安全，圆形中的"中国有机产品"和"中国有机转换产品"字样为中英文结合方式，既表示中国有机产品与世界同行，也有利于国内外消费者识别。标志中间类似种子的图形代表生命萌发之际的勃勃生机，象征了有机产品是从种子开始的全过程认证，同时昭示出有机产品就如同刚刚萌生的种子，正在中国大地上茁壮成长。种子图形周围圆润自如的线条象征环形的道路，与种子图形合并构成汉字"中"，体现出有机产品植根中国，有机之路越走越宽广。同时，处于平面的环形又是英文字母"C"的变体，种子形状也是"O"的变形，意为"China Organic"。绿色代表环保、健康，表示有机产品给人类的生态环

图2-1　中国有机产品标志和中国有机转换产品标志

境带来完美与协调。橘红色代表旺盛的生命力，表示有机产品对可持续发展的作用。"中国有机转换产品认证标志"中的褐黄色代表肥沃的土地，表示有机产品在肥沃的土壤上不断发展。

2.2 无公害农产品和绿色食品

2.2.1 无公害农产品

为落实国务院"无公害食品行动计划"，解决农产品质量安全问题，确保人民群众身体健康，2002年，农业部、国家质量监督检验检疫总局联合制定了《无公害农产品管理办法》，农业部、认监委联合发布了《无公害农产品标志管理办法》《无公害农产品产地认定程序》和《无公害农产品认证程序》，从而建立了全国统一无公害农产品认证制度。

2.2.1.1 无公害农产品概念

无公害农产品指产地环境、生产过程和产品质量符合国家有关标准和规范的要求，经认证合格获得认证证书并允许使用无公害农产品标志的未经加工或者初加工的食用农产品。

无公害农产品认证是目前我国规模最大的农产品认证形式之一，与其他的自愿性产品认证制度相比，有其自身独有的特点：一是政府推动，自愿认证，无公害农产品认证制度的目的是保障基本安全和满足大众消费，实行政府推动的模式，认证不收费；二是采取产地认定与产品认证相结合的模式。申请无公害农产品认证的产品其产地必须首先获得各级农业行政主管部门的产地认定，产品认证阶段由认证机构实施。

无公害农产品认证仅限于列入无公害农产品认证目录的产品，截至2009年，列入认证目录的农产品种类达535个，其中种植业产品344个，畜牧业产品62个，渔业产品129个。

2.2.1.2 无公害农产品认证法规、标准体系

《无公害农产品管理办法》，规定了无公害农产品的基本定义和开展无公害农产品认证的基本要求、原则和模式，是开展无公害农产品认证的基本规范。相关法规还有《无公害农产品标志管理办法》、《无公害农产品认证程序》和《无公害农产品产地认定程序》。这些法规是开展无公害农产品认证工作的直接依据，可以看做是开展无公害农产品认证的实施规则。

无公害农产品认证依据的标准是相关无公害国家标准和农业部无公害行业标准。

无公害农产品也应符合相关的国家法律法规要求。

2.2.1.3 无公害农产品认证和产地认定

按照《无公害农产品管理办法》,无公害农产品认证分为产地认定和产品认证两个环节,且只有获得产地认定证书的产品方可申请无公害农产品认证。

图 2-2 无公害农产品标志

2.2.1.4 无公害农产品标志

标志图案(见图 2-2)由麦穗、对勾和无公害农产品字样组成,麦穗代表农产品,对勾表示合格,金色寓意成熟和丰收,绿色象征环保和安全。标志的种类按印制的质材分为纸质标志和塑质标志。标志具有权威性、证明性、可追溯性的特点。

2.2.2 绿色食品

2.2.2.1 绿色食品概念

绿色食品认证是我国 20 世纪 90 年代建立的认证制度。绿色食品是指遵循可持续发展原则,按照特定的生产方式生产,经专门机构认定,许可使用绿色食品标志商标。绿色食品认证依据的是农业部绿色食品行业标准。

绿色食品标准由以下 4 个部分构成:①绿色食品产地环境标准,规定了产地的空气质量标准、农田灌溉水质标准、渔业水质标准、畜禽养殖用水标准和土壤环境质量标准的各项指标以及浓度限值、监测和评价方法;②绿色食品生产技术标准,包括绿色食品生产资料使用准则和绿色食品生产技术操作规程;③绿色食品产品标准,规定了食品的外观品质、营养品质和卫生品质等内容;④绿色食品包装、贮藏、运输标准,包装标准规定了进行绿色食品产品包装时应遵循的原则,包装材料选用的范围、种类,包装上的标识内容等。

绿色食品分为 AA 级绿色食品和 A 级绿色食品。

(1) AA 级绿色食品

生产产地的环境质量符合《绿色食品 产地环境质量标准》(NY/T 391—2000)。生产过程中不使用任何化学合成的农药、肥料、兽药、食品添加剂、饲料添加剂及其他有害于环境和身体健康的物质。按有机生产方式生产,产品质量符合绿色产品标准,经专门机构认定,许可使用 AA 级绿色食品标志的产品。

在 AA 级绿色食品生产中禁止使用基因工程技术。

(2) A 级绿色食品

生产产地的环境质量符合《绿色食品 产地环境质量标准》(NY/T 391—2000)。生产过程中严格按照绿色生产资料使用准则和生产操作规程要求,限量使用限定的化学合成生产资料。产品质量符合绿色食品产品标准,经专门机构认定,许可使用 A 级绿色食品标志的产品。

2.2.2.2 绿色食品认证标志

绿色食品标志(见图2-3)图形由三部分构成,即上方的太阳,下方的叶片和蓓蕾。标志图形为正圆形,意为保护、安全。整个图形表达明媚阳光下的和谐生机。

2.3 良好农业规范(GAP)

2.3.1 GAP 的来历

图2-3 绿色食品标志

1991年联合国粮农组织(FAO)召开了部长级的"农业与环境会议",发表了著名的"博斯登宣言",提出了"可持续农业和农村发展"(SARD)的概念,得到联合国和各国的广泛支持。"可持续"已成为世界农业发展的时代要求。"自然农业""生态农业"和"再生农业"已经成为当今世界农业生产的替代方式。在保证农产品产量的同时,要求更好地配置资源,寻求农业生产和环境保护之间平衡,而良好农业规范是可持续农业发展的关键。

根据FAO的定义,GAP(good agriculture practice)——良好农业规范,广义而言,是应用现有的知识来处理农场生产和生产后过程的环境、经济和社会可持续性,从而获得安全而健康的食物和农产品。发达国家和发展中国家的许多农民已通过病虫害综合防治、养分综合管理和保护性农业等可持续农作方式来应用GAP规范。为满足农民的需要和食品链的特定需要,一些政府、非政府组织/民间社会组织和私营部门也相继制定了GAP相关规范。

2.3.1.1 食品加工企业/零售商的 GAP 标准/规范

私营部门尤其是食品加工企业和零售商,为实现质量保证、消费者满意和从在整个食品链中从生产安全优质食品中获利而使用GAP规范,如欧洲零售商组织制定的全球良好农业规范(GlobalGAP)(原EurepGAP)标准、美国零售商组织制定的SQF/1000标准以及智利水果商协会制订的智利良好农业规范标准(ChileGAP)等。食品加工企业和零售商促进GAP规范通过为农民提供潜在的增值机会而形成鼓励措施,促进采用可持续农作方法。

GlobalGAP原为EurepGAP,是1997年由欧洲零售商农产品工作小组(EUREP)提出的,并由英国零售商(主要是以TESCO为首的英国垄断零售组织)和欧洲大陆零售商共同推动,2007年9月更名为GlobalGAP。消费者对食品供应链中的食品安全、环境保护及劳工福利等问题的关注也推动了GlobalGAP的发展。对于生产商来说也希望有一个统一的供应商采购标准,来避免每年要多次接受不同零售商不同标准审核的窘迫状况。在这样的背景下,欧盟开始综合各方面标准要求,在传统农业领域推出统一的GAP。

GlobalGAP所建立的GAP框架,采用HACCP方法,从生产者到零售商的供应链中的各个环节确定了GAP的控制点和符合性规范。GlobalGAP的主要功能在于填补现有的食品安全网络的漏洞，增强了消费者对 GlobalGAP 产品的信心，另外从环境保护上最大限度地减少农产品生产对环境所造成的负面影响，同时考虑到职业健康、安全、员工福利和动物福利。GlobalGAP 在控制食品安全危害的同时，兼顾了可持续发展的要求，以及区域文化和法律、法规的要求。其覆盖产品种类较全，标准体系较为完整、成熟。标准的实施与国际通行的认证要求融合较好。

GlobalGAP 标准已经历了 3 次大的框架性修改，从原有单一的果蔬认证领域，发展为综合农场大框架下的各种认证品种，目前涉及的领域有：水果和蔬菜、大田作物、家禽养殖、牛羊猪的养殖、奶牛制品、水产养殖、花卉种植、咖啡种植、茶叶等。

GlobalGAP 自诞生以来，一直保持着强劲的发展势头。目前，GlobalGAP 拥有 130 多家授权认证机构、1 500 多名检查员/审核员，90 多个国家或地区的 94 000 个申请者获得 GlobalGAP 证。同时，GlobalGAP 在全球成立了 22 个国家技术工作组，在全球推广和实施 GlobalGAP 认证，其影响已经遍布全球。

2.3.1.2　政府制定的 GAP 规范

美国、加拿大、法国、澳大利亚、马来西亚、新西兰、乌拉圭等国家都制定了本国 GAP 标准或法规；拉脱维亚、立陶宛和波兰采用了与波罗的海农业径流计划有关的 GAP 方法；巴西的国家农业研究组织（EMBRAPA）正在与 FAO 合作，以 GAP 规范为基础为水果和蔬菜、大田作物、乳制品、牛肉、猪肉和禽肉等制定一系列具体的技术准则，供中、小生产者和大型生产者使用。

1998 年，美国 FDA 和美国农业部（USDA）联合发布了《关于降低新鲜水果与蔬菜微生物危害的企业指南》。在该指南中，首次提出 GAP 概念。

美国 GAP 阐述了针对未加工或经最简单加工（生的）出售给消费者的或加工企业的大多数果蔬的种植、采收、分类、清洗、摆放、包装、运输和销售过程中常见微生物危害控制及其相关的科学依据和降低微生物污染的农业管理规范，其关注的是新鲜果蔬的生产和包装，但不仅限于农场，而且还包含"从农田到餐桌"的整个食品链的所有步骤。美国 FDA 和 USDA 认为采用 GAP 是自愿的，但强烈建议新鲜水果和蔬菜生产者采用。同时鼓励各个环节上的操作员使用该文件中的基本原则评估他们的操作和评定现场的特殊危害，以便他们能运用和实施合理的且成本有效的农业和管理规范，最大限度地减少微生物对食品安全的危害。

《关于降低新鲜水果与蔬菜微生物危害的企业指南》关注的焦点是新鲜农产品的微生物危害，而且指南并没有有关食品供应或环境的其他领域（如杀虫剂残留、化学污染）明确的表述。在评估降低微生物危害建议的适用性时，种植者、包装者、运输者在其各自领域内都应致力于制定规范，防止无意地增加食品供应和环境的其他风险。指南中列出了微生物污染的风险分析，包括 5 个主要领域的评估，分别是：水质，肥料/生物固体废弃物，人员卫生，农田、设施和运输卫生，可追溯性。种植者、包装者、承运人应考虑农产品的物理特性的多样性以及影响与操作有关的潜在微生物污染源的操作规范，决定哪种良好农业和管理规范对他们最有成本效益。指南关注的是减少而非消除危害。当前技术并不能清除用于生食的新鲜农产品的所有潜在的食品安全危害；指南提供具有广泛性和科学性的原则。在具体环境下（气候、地理、文化和经济上），操作者在使用本指南帮助评估微生物危害时，根据具体的操作使用合适的具有成本效益的减少风险的策略；当新信息及技术的提高扩大了对识别和减少微生物食品安全危害相关因素的理解时，相关机构将采取措施（如修正本指南，提供额外或补充指导性的合适文档）以更新指南中的建议及所含信息。

使用该指南的基本原则：用指南中通常的建议去选择最合适的良好农业规范来指导各个环节的操作。

原则 1：对鲜农产品的微生物污染，其预防措施优于污染发生后采取的纠偏措施（即防范优于纠偏）；

原则 2：种植者、包装者或运输者应在他们各自控制范围内采用良好农业规范；

原则 3：新鲜农产品在沿着"从农田到餐桌"食品链中的任何一点，都有可能受到生物污染，主要控制人类活动或动物粪便的生物污染；

原则 4：应减少来自水的微生物污染；

原则 5：农家肥应认真处理以降低对新鲜农产品的潜在污染；

原则 6：在生产、采收、包装和运输中，应控制工人的个人卫生和操作卫生，以降低微生物潜在污染；

原则 7：良好农业规范应建立在遵守所有法律、法规和标准基础上；

原则 8：应明确农产品生产、贮运、销售各环节的责任，并配备有资格的人员，实施有效的监控，以确保食品安全计划所有要素的正常运转。

2.3.1.3 中国良好农业规范(ChinaGAP)的发展

为改善我国目前农产品生产现状，增强消费者信心，提高农产品安全质量水平，促进农产品出口，填补我国在控制食品生产源头的农作物和畜禽生产领域中 GAP 的空白，国家认证认可监督管理委员会于 2004 年起，牵头起草 GAP 国家系列标准工作。中国 GAP 系列国家标准参照了国际相关 GAP 标准，遵循了 FAO 确定的 GAP 基本原则，同时结合了中国相关国情和法律、法规。中国 GAP 标准（GB/T 20014.1~10014.11—2005）于 2005 年 12 月 31 日发布，于 2006 年 5 月 1 日正式实施。国家认监委 2006 年 1 月 24 日批准发布了《良好农业规范(GAP)认证实施规则（试行）》（国家认监委 2006 年第 4 号公告），建立了与国际接轨的中国 GAP 认证制度。

2.3.2 GAP 生产要求

2.3.2.1 中国 GAP 标准介绍

2005 年 12 月 31 日国家批准发布的 GAP 系列国家标准（GB/T 20014.1~11—

2005),于 2006 年 5 月 1 日起正式实施。其内容涵盖大田作物、水果、蔬菜、牛羊、奶牛、生猪、家禽等种植业、动物养殖业主要产品。根据标准的实施情况,于 2007 年对 GB/T 20014.2~10 进行了修订,修订后的标准已于 2008 年 5 月发布,2008 年 10 月 1 日起正式实施。

为进一步完善我国 GAP 标准体系,受国家标准化管理委员会的委托,国家认证认可监督管理委员会组织有关方面的专家组织起草完成了茶叶、水产等 13 项 GAP 国家标准,国家标准管理委员会已于 2008 年 2 月 1 日发布,2008 年 4 月 1 日起正式实施。至此,共 24 项 GAP 国家标准。

(1) 中国 GAP 标准的框架

GB/T 20014—2005《良好农业规范》分为以下部分:

——第 1 部分:术语
——第 2 部分:农场基础控制点与符合性规范
——第 3 部分:作物基础控制点与符合性规范
——第 4 部分:大田作物控制点与符合性规范
——第 5 部分:水果和蔬菜控制点与符合性规范
——第 6 部分:畜禽基础控制点与符合性规范
——第 7 部分:牛羊控制点与符合性规范
——第 8 部分:奶牛控制点与符合性规范
——第 9 部分:猪控制点与符合性规范
——第 10 部分:家禽控制点与符合性规范
——第 11 部分:畜禽公路运输控制点与符合性规范
——第 12 部分:茶叶控制点与符合性规范
——第 13 部分:水产养殖基础控制点与符合性规范
——第 14 部分:水产池塘养殖基础控制点与符合性规范
——第 15 部分:水产工厂化养殖基础控制点与符合性规范
——第 16 部分:水产网箱养殖基础控制点与符合性规范
——第 17 部分:水产围栏养殖基础控制点与符合性规范
——第 18 部分:水产滩涂/吊养/底播养殖基础控制点与符合性规范
——第 19 部分:罗非鱼池塘养殖基础控制点与符合性规范
——第 20 部分:鳗鲡池塘养殖基础控制点与符合性规范
——第 21 部分:对虾池塘养殖基础控制点与符合性规范
——第 22 部分:鲆鲽工厂化养殖控制点与符合性规范;
——第 23 部分:大黄鱼网箱养殖控制点与符合性规范;
——第 24 部分:中华绒螯蟹围栏养殖控制点与符合性规范。

每一部分都包括了相关的控制点与符合性规范(CPCC),标准按照内容条款的控制点划分为 3 个等级,并遵循下列原则:

等级 1:基于 HACCP 和与食品安全直接相关的动物福利的所有食品安全要求。

等级2：基于1级控制点要求的环境保护、员工福利、动物福利的基本要求。

等级3：基于1级和2级控制点的环境保护、员工福利、动物福利的持续改善措施要求。

GAP标准分为农场基础标准、种类标准（作物类、畜禽类和水产类等）和产品模块标准（大田作物、果蔬、茶叶、肉牛、肉羊、生猪、奶牛、家禽、罗非鱼、大黄鱼等）3类。在实施认证时，应将农场基础标准、种类标准与产品模块标准结合使用，例如，对生猪的认证应当依据农场基础、畜禽类、生猪模块3个标准进行检查/审核(见图2-4)。

GAP国家标准中规定的所有的控制点不是对申请认证的产品都适用，如在没有户外家禽生产发生的情况下，户外家禽生产中的控制点就不适用。检查/审核中对不适用控制点应以"不适用(N/A)"进行标注。

申请认证的农业生产经营者或农业生产经营者组织必须满足GAP国家标准中规定的相应控制点和符合性规范，通过检查来验证这种符合性。

GAP包括认证产品的整个农业生产过程，从动物进入生产加工或者植物进入基地（来源、种子等控制点）到非加工产品（不包含深加工）。

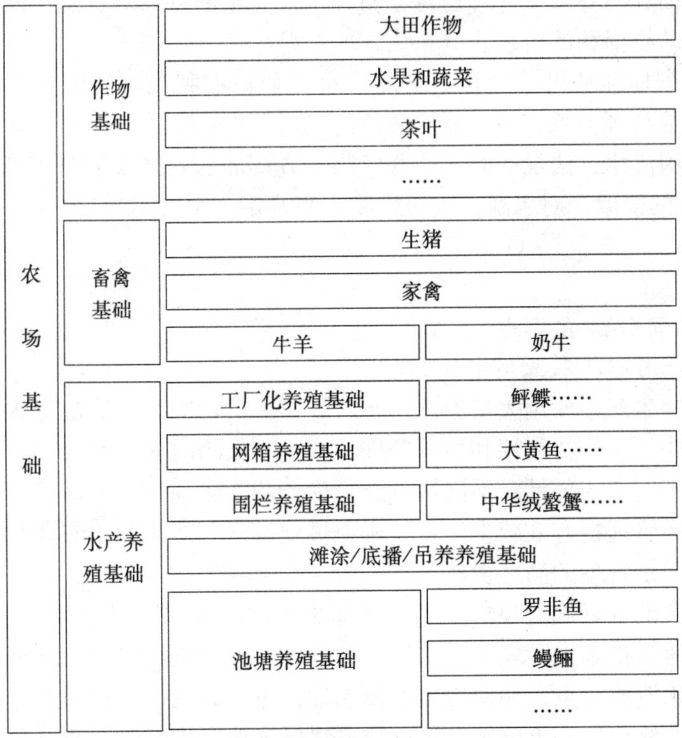

图2-4　GAP系列国家标准体系框架

(2)中国良好农业规范国家标准的要求

作为食品链的初端，农产品种植过程、畜产品和水产品的养殖过程直接影响农产品及其加工食品的安全水平。为达到符合法律、法规、相关标准的要求，满足消费者需求，保证食品安全和促进农业的可持续发展，提出以下要求：

①食品安全危害的管理要求　标准采用 HACCP 方法识别、评价和控制食品安全危害。在种植业生产过程中，针对不同作物生产特点，对作物管理、土壤肥力保持、田间操作、植物保护组织管理等提出了要求；在畜禽养殖过程中，针对不同畜禽的生产方式和特点，对养殖场选址、畜禽品种、饲料和饮水的供应、场内的设施设备、畜禽的健康、药物的合理使用、畜禽的养殖方式、畜禽的公路运输、废弃物的无害化处理、养殖生产过程中的记录、追溯以及对员工的培训等提出了要求；在水产养殖过程中，针对养殖水产品的生产方式和共同特点，对养殖场选址、养殖投入品（苗种、化学品、饲料、渔药）管理、设施设备要求、渔病防治、养殖用水管理、捕获与运输、员工培训、养殖生产记录、产品追溯以及体系运转等方面等提出了要求。

②农业可持续发展的环境保护要求　提出了环境保护的要求，通过要求生产者遵守环境保护的法规和标准，营造农产品生产过程的良性生态环境，协调农产品生产和环境保护的关系。

③员工的职业健康、安全和福利要求　提出了保障员工健康、安全、培训等要求。

④动物福利的要求　针对畜禽养殖、水产养殖的特点对养殖空间、捕获、屠宰等提出了动物福利的要求。

GAP 系列标准从可追溯性、食品安全、动物福利、环境保护，以及工人健康、安全和福利等方面，在控制食品安全危害的同时，兼顾了可持续发展的要求，以及我国法律、法规的要求，并以第三方认证的方式来推广实施。系列标准陈述了 GAP 的框架，对果蔬、大田作物、畜禽的 GAP 提出了控制要求和相应的符合性标准。

2.3.2.2　中国 GAP 的要点

(1) 生产用水与农业用水

在农作物生产中使用大量的水，水对农产品的污染程度取决于水的质量、用水时间和方式、农作物特性和生长条件、收割与处理时间以及收割后的操作，因此，应采用不同方式，针对不同用途选择生产用水，保证水质，降低风险。有效的灌溉技术和管理将有效减少浪费，避免过度淋洗和盐渍化。农业负有对水资源进行数量和质量管理的高度责任。

与水有关的良好规范包括：尽量增加小流域地表水渗透率和减少无效外流；适当利用并避免排水来管理地下水和土壤水分；改善土壤结构，增加土壤有机质含量；避免水资源污染，如使用生产投入物，包括有机、无机和人造废物或循环产品；采用监测作物和土壤水分状况的方法精确地安排灌溉，通过采用节水措施或进行水再循环来防止土壤盐渍化；通过建立永久性植被或需要时保持或恢复湿地来加强水文循环的功能；管理水位以防止抽水或积水过多，以及为牲畜提供充足、安全、清洁的饮水点。

(2) 肥料使用

土壤的物理和化学特性及功能、有机质及有益生物活动，是维持农业生产的根本，形成土壤肥力和生产率。

与肥料使用有关的良好规范包括：利用适当的作物轮作、施用肥料、牧草管理和其他土地利用方法以及合理的机械、保护性耕作方法，通过利用调整碳氮比的方法，保持或增加土壤有机质；保持土层以便为土壤生物提供有利的生存环境，尽量减少因风或水造成的土壤侵蚀流失；使有机肥和矿物肥料以及其他农用化学物的施用量、时间和方法适合农学、环境和人体健康的需要。

合理处理的农家肥是有效和安全的肥料，未经处理或不正确处理的再污染农家肥，可能携带影响公共健康的病原菌，并导致农产品污染。因此，生产者应根据农作物特点、农时、收割时间间隔、气候特点，制订适合自己操作的处理、保管、运输和使用农家肥的规范，尽可能减少粪肥与农产品的直接或间接接触，以降低微生物危害。

(3) 农药使用

按照病虫害综合防治的原则，利用对病害和有害生物具有抗性的作物、进行作物和牧草轮作、预防疾病暴发，谨慎使用防治杂草、有害生物和疾病的农用化学品，制定长期的风险管理战略。任何作物保护措施，尤其是采用对人体或环境有害物质的措施，必须考虑到潜在的不利影响，并掌握、配备充分的技术支持和适当的设备。

与作物保护有关的良好规范包括：采用具有抗性的栽培品种、作物种植顺序和栽培方法，加强对有害生物和疾病进行生物防治；对有害生物和疾病与所有受益作物之间的平衡状况定期进行定量评价；适时适地采用有机防治方法；可能时使用有害生物和疾病预报方法；在考虑到所有可能的方法及其对农场生产率的短期和长期影响以及环境影响之后再确定其处理策略，以便尽量减少农用化学物使用量，特别是促进病虫害综合防治；按照法规要求贮存农用化学物并按照用量和时间以及收获前的停用期规定使用农用化学物；使用者须受过专门训练并掌握有关知识；确保施用设备符合确定的安全和保养标准；对农用化学物的使用保持准确的记录。

在采用化学防治措施防治作物病虫害时，正确选择合适的农药品种是非常重要的关键控制点。第一，必须选择国家正式注册的农药，不得使用国家有关规定禁止使用的农药；第二，尽可能地选用那些专门作用于目标害虫和病原体、对有益生物种群影响最小、对环境没有破坏作用的农药；第三，在植物保护预测预报技术的支撑下，在最佳防治时期用药，提高防治效果；第四，在重复使用某种农药时，必须考虑避免目标害虫和病原体产生抗药性。

在使用农药时，生产人员必须按照标签或使用说明书规定的条件和方法，用合适的器械施药。商品化的农药，在标签和说明书上，在标明有效成分及其含量、说明农药性质的同时，一般都规定了稀释倍数、单位面积用量、施药后到采收前的安全间隔期等重要参数，按照这些条件标准化使用农药，就可以将该种农药在作物产品中的残留控制在安全水平之下。

(4) 作物和饲料生产

作物和饲料生产涉及一年生和多年生作物、不同栽培的品种等，应充分考虑作物和品种对当地条件的适应性，因管理土壤肥力和病虫害防治而进行的轮作。

与作物和饲料生产有关的良好规范包括：根据栽培品种的特性安排生产，这些特性包括对播种和栽种时间的反应、生产率、质量、市场可接收性和营养价值、疾病及抗逆性、土壤和气候适应性，以及对化肥和农用化学物的反应等；设计作物种植制度以优化劳力和设备的使用，利用机械、生物和除草剂备选办法、提供非寄主作物以尽量减少疾病，如利用豆类作物进行生物固氮等。利用适当的方法和设备，按照适当的时间间隔，平衡施用有机和无机肥料，以补充收获所提取的或生产过程中失去的养分；利用作物和其他有机残茬的循环维持土壤、养分稳定存在和提高；将畜禽养殖纳入农业种养计划，利用放牧或家养牲畜提供的养分循环提高整个农场的生产率；轮换牲畜牧场以便牧草健康再生，坚持安全条例，遵守作物、饲料生产设备和机械使用安全标准。

(5) 畜禽养殖

畜禽需要足够的空间、饲料和水才能保证其健康和生产率。放养方式必须调整，除放牧的草场或牧场之外根据需要提供补充饲料。饲料应避免化学和生物污染物，保持畜禽健康，防止其进入食物链。应评价土地需要以确保为饲料生产和废物处理提供足够的土地。

与畜禽养殖有关的良好规范包括：牲畜饲养选址适当，以避免对环境和畜禽健康的不利影响；避免对牧草、饲料、水和大气的生物、化学和物理污染；经常监测牲畜的状况并相应调整放养率、喂养方式和供水；设计、建造、挑选、使用和保养设备、结构以及处理设施；防止兽药和饲料添加剂的残留物进入食物链；尽量减少抗生素的非治疗使用；实现畜牧业和农业相结合，通过养分的有效循环避免废物残留、养分流失和温室气体释放等问题；坚持安全条例，遵守为畜禽设置的装置、设备和机械确定的安全操作标准；保持牲畜购买、育种、损失以及销售记录，实施饲养计划、饲料采购和销售等记录。

畜禽生产需要合理管理和配备畜舍、接种疫苗等预防处理，定期检查、识别和治疗疾病，以及需要时利用兽医服务来保持畜禽健康。

与畜禽健康有关的良好规范包括：通过良好的牧场管理、安全饲养、适宜放养率和良好的畜舍条件，尽量减少疾病感染风险；保持牲畜、畜舍和饲养设施清洁，并为饲养牲畜的畜棚提供足够清洁的草垫；确保工作人员在处理和对待牲畜方面受过适当的培训；得到兽医咨询以避免疾病和健康问题；通过适当的清洗和消毒确保畜舍的良好卫生标准；与兽医协商及时处理病畜和受伤的牲畜；按照规定和说明购买、贮存和使用得到批准的兽医物品(包括停药期)；坚持提供足够和适当的饲料和清洁水；避免非治疗性切割肢体、手术或侵入性程序，如剪去尾巴或切去嘴尖等；尽量减少活畜运输(步行、铁路或公路运输)；处理牲畜时应谨慎，避免使用电棍等工具；如可能，保持牲畜的适当社会群体；除非牲畜受伤或生病，否则不要隔离牲畜；符合最小空间允许量和最大放养密度要求等。

(6) 收获、加工及贮存

农产品的质量也取决于实施适当的农产品收获和贮存方式，包括加工方式。

收获必须符合与农用化学物停用期和兽药停药期有关的规定。产品贮存在所设计的适宜温度和湿度条件下专用的空间中。涉及动物的操作活动（如剪毛和屠宰）必须坚持畜禽健康和福利标准。

与收获、加工及贮存有关的良好规范包括：按照有关的收获前停用期和停药期收获产品；为产品的加工规定清洁安全处理方式。清洗使用清洁剂和清洁水；在卫生和适宜的环境条件下贮存产品；使用清洁和适宜的容器包装产品以便运出农场；使用人道和适当的屠宰前处理和屠宰方法；重视监督、人员培训和设备的正常保养。

(7) 工人健康和卫生

确保所有人员，包括非直接参与操作的人员（如设备操作工、潜在的买主和害虫控制作业人员）符合卫生规范。生产者应建立培训计划以使所有相关人员遵守良好卫生规范，了解良好卫生控制的重要性和技巧，以及使用厕所设施的重要性等相关的清洁卫生方面的知识。

(8) 卫生设施

人类活动和其他废弃物的处理或包装设施操作管理不善，会增加污染农产品的风险。要求厕所、洗手设施的位置应适当，配备应齐全，应保持清洁，并应易于使用和方便使用。

(9) 田地卫生

田地内人类活动和其他废弃物的不良管理能显著增加农产品污染的风险，采收应使用清洁的采收贮藏设备，保持装运贮存设备卫生，放弃那些无法清洁的容器以尽可能地减少新鲜农产品被微生物污染的机会。在农产品被运离田地之前，应尽可能地去除农产品表面的泥土，建立设备的维修保养制度，指派专人负责设备的管理，适当使用设备并尽可能地保持清洁，防止农产品的交叉污染。

(10) 包装设备卫生

保持包装区域的厂房、设备和其他设施以及地面等处于良好状态，以减少微生物污染农产品的可能。制订包装工人的良好卫生操作程序以维持对包装操作过程的控制。在包装设施或包装区域外应尽可能地去除农产品泥土，修补或弃用损坏的包装容器，用于运输农产品的工器具使用前必须清洗，在贮存中防止未使用的干净的和新的包装容器被污染。包装和贮存设施应保持清洁状态，用于存放、分级和包装鲜农产品的设备必须用易于清洗材料制成，设备的设计、建造、使用和一般清洁能降低产品交叉污染的风险。

(11) 运输

应制订运输规范，以确保在运输的每个环节，包括从田地到冷却器、包装设备、分发至批发市场或零售中心的运输卫生，操作者和其他与农产品运输相关的员工应细心操作。无论在什么情况下运输和处理农产品，都应进行卫生状态的评估。运输者应把农产品与其他的食品或非食品的病原菌源相隔离，以防止运输操作对农产品的污染。

(12) 溯源

要求生产者建立有效的溯源系统，相关的种植者、运输者和其他人员应提供资料，建立产品的采收时间、农场、从种植者到接收者的管理者的档案和标识等，追踪从农场到包装者、配送者和零售商等所有环节，以便识别和减少危害，防止食品安全事故发生。一个有效的追踪系统至少应包括能说明产品来源的文件记录、标识和鉴别产品的机制。

思考题

1. 什么是有机产品？
2. 什么是转换期？
3. 良好农业规范的4项要求是什么？
4. 良好农业规范与HACCP的关系是什么？
5. 有机产品、无公害农产品、绿色食品的主要区别是什么？

推荐阅读书目

中国有机产品认证 有机养殖认证指南．李在卿，梁平．中国环境科学出版社，2009．
中国有机产品认证 有机加工认证指南．李在卿，梁平．中国环境科学出版社，2009．
中国有机产品认证 有机种植认证指南．李在卿，梁平．中国环境科学出版社，2009．
良好农业规范实用指南 种植分册．王大宁．中国标准化出版社，2009．
良好农业规范实用指南 畜禽分册．王大宁．中国标准化出版社，2009．
良好农业规范实用指南 水产分册．王大宁．中国标准化出版社，2009．
良好农业规范及相关标准汇编．中国标准出版社第一编辑室．中国标准化出版社，2009．

相关链接

国家认证认可监督管理委员会 http：//www.cnca.gov.cn
中国食品农产品认证信息系统 http：//food.cnca.cn
国际有机农业运动联盟 http：//www.ifoam.org
全球良好农业规范 http：//www.glaobalgap.org
绿色食品发展中心 http：//www.greenfood.org.cn
农产品质量安全中心 http：//www.aqsc.gov.cn

第3章 食品质量管理

重点与难点

- 掌握质量管理与质量管理体系概念,理解和应用戴明PDCA循环理论,了解质量方针的内容;
- 理解食品质量管理的特征,了解进行质量改进的方法;
- 了解全面质量管理在食品企业中的应用,了解质量设计内容、质量成本分析;
- 了解ISO 9000族标准的基本内容。

3.1 管理
3.2 质量管理与质量管理体系
3.3 食品质量管理的特征
3.4 全面质量管理
3.5 国际标准化组织(ISO)与质量管理体系标准

质量管理兴起于20世纪50年代，当时人们还难以想象它会对世界产生的影响；自20世纪70年代以来，全球市场竞争已经从价格竞争逐步过渡到质量竞争；观念已从"以产品为中心"过渡到"以客户为中心"。为了获得优质食品，必须从原辅料的种植、养殖、采购、贮藏、运输、加工、销售，直至消费者餐桌全程进行质量控制。食品质量管理就是要将质量管理的原理、技术和方法应用于食品生产、加工、贮运和流通等领域。

实施质量管理体系的目的在于，一方面从生产上，要保证产品质量符合既定标准；另一方面是对外围组织、人员、标准等各方面进行质量管理，实现对产品、工艺与管理的多项控制。

ISO 9000族标准是一组在质量管理和质量保证方面的国际标准，是为帮助组织有效地把质量体系要素形成文件以实施和保持的高效的体系；ISO 9000系列标准是不针对任何特定行业、产品或服务的质量管理体系，是前人管理实践的重要结晶。

3.1 管理

管理是企业运作的永恒主题，企业不可能没有管理，任何两个以上的企业也不可能存在完全相同的管理模式。企业的管理成果往往体现在它的产品水平、经营业绩和发展前景上。生产实践离不开技术和管理，这是国民经济体系中两个既相互独立又相互依存的组成部分。先进的技术固然很重要，但是如果没有有效的管理措施，技术也难以发挥作用，即所谓的"三分技术、七分管理"。

3.1.1 管理的概念

管理是为了达到所设定的某种目标而采取的一切手段。无论何种管理，在方法和途径上都有共性，不论是工业管理、行业管理、企业管理，还是质量管理。管理概念现已出现在各个层面，越来越受到重视。常见的管理概念还有：组织管理、业务管理、信息化管理、项目管理、创业管理、战略管理、经营管理、营销管理、品牌管理、财务管理、成本管理、研发管理、生产管理、设备管理、采购管理和瓶颈管理等。

管理是通过他人完成工作的艺术，不同管理层关注的重点不一样。高层管理关注的是企业的战略，关注企业未来的发展方向，主要工作是批评与激励下属，更多是做人的思想工作，让人才更好的工作；中层管理关注的是战术，考虑如何落实高层的战略，即计划、组织、协调、指挥与控制，80%的工作是做事，20%的工作是做人的思想工作，要求每项工作都要监督与落实；基层管理关注的重点更多的是执行，即如何按照中层的布置，保质、保量、按时完成任务。从基层管理的角度看，管理就是制度加表格，因为每项管理工作最后往往都要落实到一项管理制度上,而每项管理制度的落实情况最后也都是通过表格来实现的。

••• 三元集团企业员工的行为理念 •••

领导人员行为准则:善学善思,谋划全局;恪尽职守,勇于负责;公平公正,知人善任;严于律己,宽以待人。

管理人员行为准则:着眼全局,当好参谋;注重调研,主动服务;竭诚奉献,勤勉自律;创新思维,提高效率。

经营人员行为准则:忠诚敬业,顾全大局;重誉守信,尽职尽责;求真务实,创新经营;不徇私利,严从法纪。

全体职工行为准则:更新观念,顺应改革;勤奋学习,提高技能;爱岗敬业,团结协作;遵纪守法,当好主人。

(摘自:http://www.study365.cn/baike/42475.html,2009.12.02)

3.1.2 企业一般管理规范

一般管理规范是企业日复一日的事务性管理工作,部分是天然存在的,部分是企业的经验所得或有目的的建设。在此列举一系列管理技能和行为,以说明它们对企业的贡献。

(1) 管理承诺

企业承担的任何项目都要有管理承诺,是项目成功的动力。如果管理层能充分了解管理内容——例如:应用原因、预期效果、包含内容、实施时间、需要的费用、对企业其他方面可能产生的影响等,对实施某项管理的真正承诺就会实现。客户需求或自我改进的愿望,会促成企业作出管理承诺。

••• 管理承诺的实施模式 •••

管理承诺是组织最高管理者代表组织所做的质量誓言,是组织为取得顾客信任所作出的预投责任,是影响和约束组织全体员工的行为准则。管理承诺的实施模式包括:

①以顾客为关注焦点;
②守法守规运营;
③制订质量方针目标;
④配置有效管理资源;
⑤建立完善支持体系;
⑥评价顾客的满意度。

(2) 领导

领导的领导能力不仅关系到企业内部高层管理,而且还与企业实施某些项目的成败有关,如果领导层已经不能适应企业发展,则需要进一步改进。例如通过领导的工作可以让雇员以自己是企业中的一员而自豪,对激发员工的工作积极性是一个好机会。通过强有力的领导可以达到此目的。

(3) 项目管理

项目是由一组有起止日期的、相互协调的受控活动组成的独特过程,该过程要达到符合包括时间、成本和资源的约束条件在内的规定要求的目标(GB/T 19000—2008)。不同行业项目管理内容依据行业特点而不同,如 IT 项目管理、制造业项目管理;相同企业又有不同内容的项目管理,如新产品研发项目管理。项目管理的一般内容可包括范围管理、时间管理、费用管理、信息管理、风险管理、人力资源管理等。有效的项目管理可以全面提升企业项目管理水平与执行能力。

(4) 绘制流程图

流程图是一种直观了解给定过程的系统方法,被企业广泛应用,并可用于任何过程,例如产品加工或工艺,对食品企业职工身体健康检查的监督管理,"处理客户订单"等变化多样的活动,都可以绘制成流程图。绘制流程图是很多管理体系的先期工作之一。

(5) 数据分析与处理

数据分析与处理用于许多商业环节(如会计、劳动力和企业一般管理费用的管理等),数据分析与处理也用于食品企业生产关键环节,例如对食品杀菌和定量罐装等加工环节参数的分析,对各种记录的审核和对消费者投诉的分析等。简单的统计计算对小到设备或工艺稳定性,大到企业发展趋势的确定都很有帮助。

(6) 解决方案

解决方案是一套非常有用的技能,可用于各种项目管理过程,其中包含了各种技术,如确定"预期未来状态",然后帮助你分析防止或加速到达目的地的动力和限制因素。解决方案还包括了因果分析——促进与所有有关人士进行集体讨论。解决方案与决策步骤说明见图 3-1。

(7) 审核

审核(audit)是系统的和独立的检查,以确定行动和结果是否与文件程序一致;程序是否有效实施,是否适合达到目标。审核是许多日常工作的关键行为,常用于监控已成文件的计划执行情况,审核也是一种传统管理行为,常用于会计工作与质量管理等。

• • • 审核 audit • • •

为获得审核证据并对其进行客观的评价,以确定满足审核准则的程度所进行的系统的、独立的并形成文件的过程。

① 内部审核,有时称第一方审核,由组织自己或以组织的名义进行,用于管理评审和其他内部目的,可作为组织自我合格声明的基础。在许多情况下,尤其在小型组织内,可以由与受审核活动无责任关系的人员进行,以证实独立性。

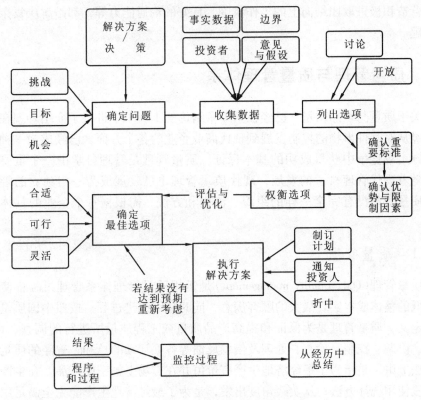

图 3-1 解决方案与决策步骤说明

②外部审核包括通常所说的"第二方审核"和"第三方审核"。第二方审核由组织的相关方（如顾客）或由其他人员以相关方的名义进行。第三方审核由外部独立的审核组织进行，如那些对与 GB/T19001 或 GB/T24001 要求的符合性提供认证或注册的机构。

③当质量管理体系和环境管理体系被一起审核时，称为"结合审核"。

④当两个或两个以上审核组织合作，共同审核同一个受审核方时，这种情况称为"联合审核"。

（摘自：ISO 19011：2002 标准）

（8）团队技能

团队，是指一群互助互利、团结一致，为统一目标和标准而奋斗到底的一群人。团队不仅强调个人的业务成果，更强调团队的整体业绩。团队精神就是大局意识、协作精神和服务精神的集中体现。团队精神的基础是尊重个人的兴趣和成就；团队精神的核心是协同合作，团队精神的最高境界是全体成员的向心力、凝聚力，反映的是个体利益和整体利益的统一，进而保证组织的高效率运转。团队精神是一种企业文化，良好的管理可以将每个人安排至合适的岗位，充分发挥集体的潜能。团队管理即由项目主管通过组织会议、讨论、学习、攻关和休闲等活动，与成员之间形成良好的沟通。通过制定良好的规章制度，建立明确共同的目标,营造积极进取团结向上的工作氛围、良好的沟通能力等,都是解决复杂问题的钥匙。

3.2 质量管理与质量管理体系

关于质量与食品质量,已经在第1章绪论的1.1.1中进行了介绍。现在的质量已经从对某件事物的控制发展到现代商业企业的各个方面,已经成为一种在当今全球市场竞争中获得成功的基本保证。质量管理是管理科学中一个重要的分支,随着现代管理科学的发展,现代质量管理也已发展成为一门独立的管理科学。质量管理没有完全一样的组织、流程和方法,需根据每个企业的具体情况而定。

3.2.1 质量管理

质量管理(QM, quality management)是运用质量管理体系管理过程,使组织以最低的整体成本实现最大的顾客满意,同时持续改进过程。按照中国质量管理协会定义,质量管理是为保证和提高产品质量或工程质量所进行的调查、计划、组织、协调、控制、检查、处理及信息反馈等各项活动的总和。曾经的质量管理从方法上讲,是指为了最经济地生产有价值并在市场上畅销的产品,在生产的所有阶段使用统计方法;从实践角度出发,是为了最经济地生产能完全满足用户要求的产品,公司内各部门协力保持与改善产品质量。目标是"第一次就把事情做对",以避免更正所带来的成本。当前食品质量的概念已经不仅涉及食品本身的食用安全性,而且已扩展到与食品有关的各个方面,即在生产体系中预防出错,而不是纠错;目标是"最适质量、最优生产、最低消耗、最佳服务"。

3.2.1.1 质量管理的目的和意义

质量管理的目的就是通过组织和流程,确保产品或服务达到内外客户期望的目标;确保公司以最经济的成本实现这个目标;确保产品开发、制造和服务的过程合理且正确。其意义在于组织中建立一种保证体系,使产品和服务在可预见的范围内,满足内外客户需求,树立品牌忠诚度和美誉度,从而实现公司的经营和战略目标。研发的质量管理是各阶段管理的龙头,产品质量80%是由设计决定的。因此,做好研发的质量,也就为保证产品的质量打下了坚实的基础。

3.2.1.2 质量管理的发展历程

按照质量管理的方法,其发展历程经历了3个阶段,即:成品质量管理阶段、统计质量管理阶段和全面质量管理阶段。成品质量管理阶段(20世纪初~20世纪40年代),对产品生产或某道工序完成后,对产品或半成品进行检验,挑出不合格品。当发现不合格品时,无论以何种方式(返工、返修、降低等级和报废等)处理,都会给企业带来一定的经济损失。因此说成品检验在质量管理方法中很必要,但却被动。此后质量管理发展到统计质量管理阶段(20 世纪 40~60 年代初),该阶段的特点是以预防为主,随着质量控制图的发明和数理统计工具的应用,管理重点从终产品检验转移到控制生产过程中影响产品质量的因素上面。该阶段存在的问题是忽略了组织管理的功能,而是片面强调统计方法的作用。全面质量管理阶段开始于 20 世纪 60 年代初,目标是"最适质量、最优生产、最低消耗和最佳服务"。其特点是将质量管理贯穿于工业生产过程的所有阶段:从生产到向用户发送产品,并负责安装和现场维修服务等。

3.2.1.3 重要的质量管理专家

讲到质量管理不能不提到几位重要人物——戴明(W. Edwards Deming)、朱兰(Joseph M. Juran)和菲利浦·克劳士比(Philip B. Crosby)等。第二次世界大战以后,戴明和朱兰将统计质量控制方法介绍给了日本工业界,他们相信日本式的管理在质量改进方面能够打开新的世界贸易市场。以后的 20 年中,日本以史无前例的速度提高了产品质量,同时在西方一直保持其先进的质量水平。20 世纪 70 年代末和 80 年代初当许多美国企业被日本夺取了重要的市场份额时,质量的重要性在美国才受到重视,使美国制造部门在 20 世纪 80 年代开始对质量进行仔细的研究,广泛开展了质量改进运动,并逐步引入服务、保健、政府和教育领域。

美国质量管理专家戴明总结出来一套管理循环理论(见图 3-2)。

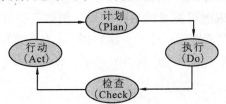

图 3-2 戴明管理循环理论

戴明将质量管理活动分为 4 个阶段:计划(Plan)、执行(Do)、检查(Check)、行动(Act)。又可具体化为 8 个步骤:P:找出问题、列出因素、确定主因、采取措施;D:执行计划;C:检查结果;A:总结经验,列出遗留问题。戴明管理循环理论并非简单重复,而是改进工作;是依靠集体的力量,严格认真地执行,进行有效的管理;在任何层次都可以使用,不论规模大小,皆无冲突。

3.2.2 质量管理体系

质量管理体系(QMS,quality management system)是对实现有效质量管理所需的结构、职责和程序形成文件的正式体系。

质量管理体系能够帮助组织增进顾客满意度。顾客要求产品具有满足其需求和期望的特性,这些需求和期望在产品规范中表述,并集中归结为顾客要求。顾客要求可以由顾客以合同方式规定或由组织自己确定,在任一情况下,产品是否可接受最终由顾客确定。因为顾客的需求和期望是不断变化的，以及竞争的压力和技术的发展，这些都促使组织持续地改进产品和过程。质量管理体系方法鼓励组织分析顾客要求，规定相关的过程，并使其持续受控，以实现顾客能接受的产品。质量管理体系能提供持续改进的框架，以增加顾客和其他相关方满意的机会。质量管理体系还就组织能够提供持续满足要求的产品，向组织及其顾客提供信任。

3.2.2.1　质量目标和质量方针

"以质量求生存，以产品求发展""质量第一，服务第一""赶超世界先进水平"等是某些企业的质量方针(quality policy)，服务行业的质量方针又称为服务宗旨，它们都具有企业对外宣传的作用，因为它们是对企业质量方针的一种高度概括而且具有强烈的号召力。

质量方针为建立和评审质量目标提供了框架。在企业的不同部门（如采购、生产和品控等部门）都可设立不同的质量目标(quality objective)，具体体现为原料批次合格率、每月原料准时交付率、成品批次合格率、报废率，以及成品批次检验合格率、客户投诉率等，质量目标的实现对产品质量、运行有效性和财务业绩都有积极影响，因此对相关方的满意和信任也产生积极影响。

(1) 质量目标

质量目标是对期望的短期条件或成就的特别陈述；包括由特定团队或个人在一定时间期限内要完成的可测量的最终结果。例如，质量目标可表述为以下形式：来料合格率；库存周转率；产品一次合格率；QA抽检合格率；出货检查合格率；产品按时交货率；重要生产设备故障率；客户投诉率；客户满意度；年度培训计划完成率等。

(2) 质量方针

质量方针是由组织的最高管理者正式发布的该组织总的质量宗旨和方向，是企业经营总方针的组成部分，是企业管理者对质量的指导思想和承诺。企业最高管理者应确定质量方针并形成文件。不同的企业有不同的质量方针，但都具有明确的号召力。质量方针的基本要求应包括供方的组织目标和顾客的期望和需求，也是供方质量行为的准则。在企业内部，对质量方针的描述应明确并具体化。

(3) 质量方针的内容

通常质量方针与组织的总方针相一致，并为组织制订质量目标提供框架。质量管理原则可以作为制订质量方针的基础。企业质量方针的具体内容，一般包括以下几个方面：

①产品的设计质量　确定企业产品所要达到的质量水平，即对产品的设计质量，不同的企业可以有不同的质量方针：

- 设计质量跃居领先水平，在国际市场上具有竞争能力，产品在一段时间内可以高价出售（优质优价），使企业获得超额利润；
- 产品具有较高的可靠性，在国内市场具有竞争能力，与竞争对手的售价相同，而以提高服务质量使销售额超过竞争对手；

- 产品保持一定的质量水平，大幅度地降低制造成本，适当降低销售价格，以求薄利多销；
- 产品质量水平一般，但兼有其他多种功能，以机械设备为例，能做到一机多用，满足用户要求。每个企业必须根据市场需求信息和本企业的人员素质、技术、资源、环境、生产能力等条件，确定应当采取的设计质量方针。

②同供应商的关系　规定同供应商的合作方式，如确定供货验收方法，为长期合作的供应商提供各种技术与物资援助，协助供应商开展质量保证活动，定期对其质量保证能力进行调查和评价等。

③对质量活动的要求

- 各个环节均应贯彻以预防为主、为用户服务的原则；
- 技术部门必须向质量控制部门提供解决质量关键、改进产品质量的方案和具体措施；
- 建立制订和落实质量目标、质量计划所需的质量保证组织机构及其职能；
- 各部门对其承担的质量职能应提出书面的工作程序和做法；
- 协调各种质量活动；
- 定期检查各种技术组织实施的完成情况等。

④售后服务　确定销售和为用户服务的总则，如企业的经营方针、接受订货和销售方式、技术服务要求、产品的"三包"与"三保"等等

⑤对制造质量、经济效益和质量检验的要求

- 规定提高合格率或降低废品率的要求；
- 质量成本分析与控制的要求；
- 适应性判断的程序与权限；
- 对制造成本和价格及利润的提高水平等进行计算。

⑥其他　例如，关于质量管理教育培训等。

3.2.2.2　质量管理体系审核

审核用于确定符合质量管理体系要求的程度。审核发现用于评定质量管理体系的有效性和识别改进的机会。质量管理体系的审核分第一、二和三方审核。第一方审核用于内部目的，由组织自己或以组织的名义进行，可作为组织声明自身合格的基础。第二方审核由组织的顾客或由其他人以顾客的名义进行。第三方审核由外部独立的组织进行。这类组织通常是经认可的，提供符合（如 GB/T 19001—2008）要求的认证或注册。

3.3　食品质量管理的特征

讨论食品质量问题必须要涉及食品本身、市场和消费者，三者缺任何一项则不能构成食品质量。自从有食品工业以来，食品的各种技术问题，如食品的加

工、检测等就备受关注,近些年来人们也注意到了食品的贸易问题,对消费者需求的研究也越来越受关注,这属于自然科学和社会科学交叉的范畴,目前能将这三者很好结合来研究食品质量问题的成功案例并不多。

处于不同经济水平的消费者对食品质量的期待不同,但总的来说对方便食品的需求日益增长,而发达国家的消费者会要求尽量保持食品的新鲜状态,尽可能少的进行人为加工,食品包装更有利于环境保护。中国是发展中国家,具有发展不平衡的特点,大城市拥有较高收入的消费者更关注食品安全问题;而在广大的经济欠发达地区的消费者可能要优先解决温饱问题。无论如何,当前食品工业面临的挑战是:食品具有能让消费者满意的感官品质、食用安全性和适当的货架期。对食品更高层次的需求还有对介于药品和食品之间的保健功能食品的需求。

3.3.1 食品生产体系质量管理的特征

与其他工业产品质量管理不同,食品生产体系有其自身特点:

①要具备关于食品的基本知识,包括动植物生理,微生物导致食品腐败的知识。

②食用农产食品原料的质量在化学成分、大小、颜色等方面存在非均匀性的特点,并受种植、养殖条件和季节、气候的影响,难以人为控制。

③食用农产食品原料可能来自于多家中小型企业或农户,导致原料的品种、成熟度等重要加工质量不均匀,给工业化生产带来质量控制问题。

3.3.2 食品生产线内和生产线外质量管理

3.3.2.1 定义

食品生产线内质量管理是维持工序稳定状态,降低不良产品损失的有效管理,保证生产按照既定的标准进行,从而使生产出的产品质量能达到生产标准的要求。食品生产线外质量管理是食品产品开发、设计过程中的质量管理,是提高产品质量的关键。其主要任务是使产品标准随社会和生产的发展而变化,保证产品不断提供"用户需要的质量"。食品生产线内和生产线外质量管理的作用不同,生产线内质量管理的作用是保证生产出的产品符合标准;而生产线外质量管理的作用是保证生产标准本身的先进性。

3.3.2.2 企业内部的质量改进

质量改进又称为质量突破,是企业内部进行的质量管理活动。在生产过程中可能产生两种质量故障,即:偶发性质量故障和系统性质量故障。

偶发性质量故障表现为急性、短期的质量故障,是生产现场突然出现的质量失控状态,致使产品质量恶化,需要经过人为干涉处置以使之恢复原状。例如,在切削工序更换一件磨损了的工具。偶发性质量故障的原因明显,对产品的影响大,比较容易受到管理者重视。通常以强有力的措施,迅速及时地进行恢复原状的处置。这种补救办法被通俗地称为"救火式"的应急措施。

系统性质量故障为慢性、长期的质量故障，是一种长期存在的不良状态，需要通过处置使之改变原状。例如，修改一组不切实际的公差。通常系统性质量故障的原因不易查明，长时间存在亦不易被人察觉和重视，并被认为是不可避免的。针对这种所谓的"慢性病"，就需要通过质量改进的过程使之改变。

质量改进法，指在生产过程处于受控状态下，企业有组织地运用 PDCA 管理循环等理论，针对长期存在的系统性质量缺陷或故障，进行突破性的改进活动，使企业的产品质量有较大幅度的提高。

是否有必要组织质量改进由以下因素决定：由企业品控主管收集各方面信息，如来自质量审核、质量成本统计分析和用户反馈意见，以及企业内部反馈的信息等，经过对以上信息的整理归纳，可作为论证组织质量改进必要性的论据，提供给相关管理者，从而统一思想，克服阻力，争取支持。

在进行质量改进的必要性论证时，一方面要对涉及的各种问题尽可能作具体的定量分析；另一方面应注意对不同管理层采用不同的语言形式，以争取足够的支持。例如：①对高层管理人员（厂长、经理）要使用经济语言，让他们注意到此项质量改进直接关系到企业的经济效益，且无外界干预的风险。例如，改进后可增加多少销售额，提高多少投资收益等。②对中层管理人员使用专业技术术语。例如，改进后将节约多少工时，提高多少生产率，降低多少成本等。③对基层管理人员使用实物语言。例如，改进后增加多少产量，节约多少吨原材料等。

质量改进的步骤：

(1) 组织建设

①领导小组　由企业、相关部门的高层管理人员，以及经验丰富的外聘专家组成。其具体任务是统一指挥、协调全盘质量改进工作；排除阻力；审批质量改进方案。

②诊断小组　由受过专门训练，具有丰富实践经验，并掌握从质量问题的现象到找出原因所需的各种知识、技术、方法和工具的专门人才组成。其具体工作任务是分析调查质量缺陷或故障；推想和验证缺陷出现的各种可能原因；提出质量改进方案。

(2) 诊断过程

诊断过程是质量改进的关键环节，指从详细了解质量缺陷或故障的现象入手，经过收集数据，进行试验和分析研究，找出缺陷或故障原因的过程。按照成因不同，诊断的质量缺陷可以分为两类：一类是由管理造成的，称为管理可控缺陷；一类是由操作者造成的，称为操作者可控缺陷。区分两类问题的标准是操作者是否处于自我控制状态。而操作者处于自我控制状态的条件是必须明确：对自己的工作要求是什么？自己是否正在实现这些要求？当出现偏离工作要求的情况时，知道如何去纠正。如果 3 个条件都满足，出现的问题就是操作者可控的质量缺陷。如果上述 3 个条件中的一个或多个条件没有满足，出现的问题就是管理可控制的质量缺陷。

①管理可控缺陷的诊断过程

- 分析现象，深入现场：首先对质量缺陷或故障的现象进行分析，将质量缺陷或故障的名词术语标准化，尽量用可测定的名词准确表述。要避免使用"机能失灵""工作不正常"等笼统词句。有条件的企业可以将经常遇到的质量问题汇总，编制成术语汇编，以便有关人员统一认识。其次就是要深入现场，利用各种检测设备进行实地观测，以得到最实际的第一手资料。
- 原因推想：对质量缺陷或故障的原因进行推想。召集有关人员，包括领导小组、诊断小组及操作人员，研究质量现象，从不同角度提出种种推想和猜测，尽量把各种可能发生的原因都设想到，然后进行归纳整理绘制因果分析图。
- 验证推想，确认主因：验证过程就是进行大量试验和深入分析的过程，通过对推想的逐一验证，可找到导致缺陷或故障的主要原因。方法如下：利用以前的检验记录验证推想：方法简单易行，可排除一些不切实际的推想；利用当前生产状况的数据验证推想：在生产现场对当前的生产工序或产品进行分析和研究；利用试验设计方法验证推想：应用正交试验或全面因素试验等方法，对推想进行验证。

以上方法应该根据具体情况选择其中一种或几种方法结合进行验证和确认工作。

②操作者可控缺陷的诊断过程

操作者所出差错可分为无意差错、技术性差错和有意差错3种。

- 无意差错：指操作者由于心理和生理上的原因造成的差错。特点是具有随机性，表现在出差错的类型、人员和时间方面。
- 技术性差错：指操作者由于技术和知识水平不高造成的差错。特点是具有非普遍性和规律性。
- 有意差错：指操作者有意造成的差错。特点是明知故犯，较难与无意差错和技术性差错区分。

对操作者可控缺陷做出诊断后，即可进行治疗过程。治疗过程即针对诊断过程确认的主要原因及各种差错的特点，对症下药，对有关技术和管理方法进行研究，制订出切实可行的、具体的包括实施内容、人员、日期及进度等内容的改进方案。

针对操作者可控缺陷的治疗，要根据已确认的差错类型，进行工人操作方法、工人思想情绪及现行管理方法的研究，从而制订出行之有效的措施。治疗有时也伴有技术性的改进。可采取有效措施预防无意差错，如在操作现场多应用自动控制和自动检测装置，减少对人的依赖性，使这种差错的发生率降到最低。应广泛开展技术培训，提高操作者的技术熟练程度，总结推广先进工人的操作方法，以预防技术性差错。对有意差错，应采取加强质量教育，制订质量责任制，定期进行质量审核等防范措施。还应注意合理分配工人的工作，做到各尽其能。

(3) 克服阻力，贯彻实施

通常在质量改进项目的实施过程中总会遇到来自方方面面的阻力，在实施中需要对现场操作人员进行严格的培训，以便掌握改进后的新技术和新方法。当质量改进成功后，质量水平会登上新台阶。为了巩固已经取得的成效并及时发现新问题，应该对实施的改进方法定期检查，同时将改进取得的成果分别纳入管理标准和技术标准，实行标准化管理，使产品质量稳定地控制在新的水平上。

3.3.3 食品供应链质量的技术—管理法

食品质量管理有3种可行的方法，即：技术的方法、管理的方法和技术—管理法（techno-managerial approaches）。技术-管理法是从系统的角度整合并包含了技术和管理两个范畴的内容，认定无论从技术的观点还是从管理的观点出发，质量问题产生的原因都是相互关联的。新概念技术-管理法的诞生，使涉及食品质量的组织和技术一体化，表述了如何将质量管理定位于食品供应链之中的综合观点。关于产品质量的消费者概念体现了食品质量与消费者联系之紧密，消费者与食品生产者应该建立起相互信任的关系。传统的食品质量管理主要着眼于食品安全——发现问题及时纠正，而现代食品质量管理强调在食品生产体系中要防患于未然，而不仅仅是纠错；更要关注消费者日益变化的需求，如消费者要求食品更新鲜、天然风味更突出、食用更方便快捷、质量参数更稳定一致、产品包装更符合环保要求等，这些都需要生产者对客户需求进行准确的预测，为目标客户定制产品，力求将成本降至最低，以使自己在激烈的市场竞争中立于不败之地。

现代食品质量管理过程中的技术—管理法强调系统化的思维方式，要了解变化和差异，要运用成熟理论，以及运用心理学。系统是由相互依赖的组成部分为完成既定目标而联结起来的整体，管理的任务就是使系统优化；食品的原辅料、工具、机器、操作者和环境等的差异无处不在，这些差异之间存在复杂的相互作用，尽管单一来源的偏差是以随机方式出现的，但是不同来源偏差的持久的综合结果，是可以利用统计学方法进行预测的；运用成熟理论是指运用适当的管理理论将过去和现在联系起来，以预测未来，如戴明的循环管理理论；最后一个不可忽视的问题是人，食品质量管理过程中的人是最重要因素之一，心理学有助于增强人与人、人与环境、领导与下属之间的相互理解，甚至对任何管理体系的理解。

食品质量管理需要广博丰富的知识，与其他行业明显不同的就是原料与产品的知识，因为食品的基础原料均来自于农产品，包括部分制成品在内都是具有生命活性的物质，时刻受生物、化学和物理因素的作用，并随时间的推移不断产生着变化，其后果是给产品带来质量差异，甚至是令人不可接受的差异。另外，产品与加工方式之间的关系复杂化，使得专业技术知识显得非常重要。综上所述，食品质量管理人员必须具备相应专业技术知识，如微生物学、化学、加工技术、物理学、人类营养学、植物科学和动物科学等。在管理学中除心理学外，还要综合运用社会科学、经济学、数学和法学知识。所以，食品质量管理这门学科的范围既包含了各门专业技术知识的综合利用，又包含了各种管理科学的综合利用。

也有学者（Jongen，2000）依照技术—管理法提出一种创新概念——DFE概念,在进行质量管理过程中要回答3个问题:①需求(Desirability):产品的市场需求是什么?产品的市场开拓就是为了挖掘客户的需求;②可行性(Feasibility):是否具有产品生产需要的技术能力?或是否需要开发这样的技术能力?③有效性(Effectiveness):如何按照链的观念组织生产以降低成本?

HACCP体系是技术—管理法的极好例证,如在HACCP体系中,针对产品加热杀菌这一关键控制点(CCP)需要建立有效的监控体系,该体系包括:监控对象、方法、频率和责任人,其中既涉及技术能力,也涉及对操作人员的管理。

•••冷冻奶酪蛋糕的HACCP体系•••

冷冻奶酪蛋糕是一种以面粉、糖和淀粉,以及软奶酪、鸡蛋、人造黄油(葵花子油为主)等为主,根据不同品种加入巧克力(块和碎屑)、榛仁碎块、水果果料和各种液态调味品等制作而成的。食品安全危害分析认定沙门氏菌是主要考虑的生物危害,蛋糕的烘烤操作环节是需要控制的关键控制点(CCP),烘烤的操作参数为140℃、55min,为保证产品的微生物安全性,其监控体系的内容如下:按照工艺要求正确操作;根据沙门氏菌特性,烘烤的关键限值定为中心温度不低于72℃;监控方法是目测检查校准的烤炉图表记录并签署;监控频率为每炉(间歇式烘烤);监控责任人是质量控制员;当发现有任何操作偏差时需要进行的纠正行动包括:隔离该炉产品,通知生产线经理,继续加热或重新加热至72℃,纠正行动的责任人为生产人员。

3.4 全面质量管理

3.4.1 全面质量管理概述

全面质量管理(TQM,total quality management)阶段始见于1961年美国通用电气公司质量经理费根堡姆出版的《全面质量管理》一书。他指出:"全面质量管理是为了能够在最经济的水平上并考虑到充分满足顾客要求的条件下进行市场研究、设计、制造和售后服务,把企业内各部门的研制质量、保持质量和提高质量的活动构成一体的有效管理体系。"TQM以质量为中心,是全员、全过程、全企业的质量管理,以"最适质量、最优生产、最低消耗和最佳服务"为目标。TQM的全员质量管理要求全员参与,需要管理人员、技术人员和工人的共同努力,所以对员工进行全面质量管理的培训是首要的;TQM的全过程管理表明TQM所关注的不仅仅是产品质量,而是从市场调查、设计、生产、销售到售后服务的全过程的质量管理,是综合性质量管理。TQM的全企业的质量管理要求企业内各部门、各管理层次的紧密配合。

• • • 企业 TQM • • •

到底什么是质量？大部分经理们是在其只有有限质量控制措施的组织内部通过某一产品认识质量的。然而，一种新的、更宽泛的质量概念正逐渐转变至企业管理范畴。TQM 是经理和雇员在经营生产时以不断满足和超越客户期望过程中的介入和承诺。TQM 的要点包括：
- 是持续的改进质量，而不是一次性努力；
- 既涉及管理者又涉及雇员；
- 是一种经营方式；
- 其优劣由客户认定。

企业的领头人——经理在建立和执行质量改进活动中是最重要的因素，他要确立清晰和可计量的目标，他必须懂得质量是企业长期生存和具有竞争力的关键，而不仅仅是分析产品缺陷或客户投诉。在执行 TQM 过程中的主要问题是：
- 说的和做的不一致；
- 没有正确、全面的理解或执行规范；
- 忽视雇员的作用。

如果经理能克服上述障碍，他将发现 TQM 能为企业获取可观的商业利益。TQM 不仅适用于大公司，小公司也能因执行 TQM 而具有较强的竞争力，它能帮助小公司变得更有效率并降低成本，使其产品在激烈的市场竞争中脱颖而出。许多美国公司不仅仅自己执行 TQM 管理，还要求其供应商也必须执行。

（摘自：*Phil Kenkel*, *Total Quality Management for Oklahoma Food Processors and Agribusiness*, *OSU*, *Oklahoma Cooperative Extension Service*, *Division of Agricultural Sciences and Natural Resources*）

TQM 是国际化大公司普遍采用的一种管理组织和思路。研究开发、采购、制造、客户服务四大供应链部门之间的相互作用，形成 TQM 的组织框架。每一个单元都有自己的内部质量保证体系，单元之间的互动，形成 TQM 的日常活动。TQM 以实现组织的战略和方针为目标。

TQM 的特征：从根源处控制质量。例如，通过由操作者自己衡量成绩来促进和树立其对产品质量的责任感和关注，这是全面质量管理工作的积极成果。

TQM 的意义：①提高产品质量；②改善产品设计；③加速生产流程；④鼓舞员工的士气和增强质量意识；⑤改进产品售后服务；⑥提高市场的接受程度；⑦降低经营质量成本；⑧减少经营亏损；⑨降低现场维修成本；⑩减少责任事故。

• • • TQM 的优点 • • •

Phil Kenkel 对获得美国 Malcolm Baldrige 国家质量奖得分最高的 20

家公司进行的调查显示，如果产品的可靠性提高并能按时交货，则：
- 成本下降；
- 消费者满意度提高；
- 盈利能力和市场份额增加；
- 雇员士气高涨，旷工和人员流动情况减少。

简单地说，质量意味着从不必向客户道歉。从对 150 位大规模制造公司（如麦肯锡公司）的 CEO 进行的问卷调查显示，质量：
- 是客户在哪里购买商品和服务的主要决定因素；
- 是降低成本的主要工具；
- 可改进灵活性和响应性；
- 减少生产时间。

在美国进行的工业调查显示，采纳质量管理计划，使企业的总利润平均提高了 17%。Phil Kenkel 调查了 26 家赢得戴明质量奖的企业，发现他们的财务业绩在收入、生产力、规模扩大、资金流动和资本净值等方面都高于其工业平均水平。

（摘自：Phil Kenkel, Total Quality Management for Oklahoma Food Processors and Agribusiness, OSU, Oklahoma Cooperative Extension Service, Division of Agricultural Sciences and Natural Resources）

执行 TQM 的重要步骤：首先要专注于所研究的质量问题，建立标准，监控结果，循环操作。

执行 TQM 的重要方法：①去除质量改进的障碍，包括：不能鼓励创造性解决问题的工作氛围；对客户需求的成见；缺少正确操作所需的合适的工具和设备。②增进交流，TQM 要求改进管理者与客户和雇员的交流渠道。③授权与工人，给予雇员或雇员团队达到某特定质量目标的"主权"。管理者必须给予雇员自治权以设计和执行解决方案。

···鼓励雇员提建议的计划···

大部分美国公司都鼓励雇员提建议，专门的鼓励雇员提建议的计划每年平均可以从每个雇员得到 20 项建议，研究发现 88% 的建议被实施后能使企业获益。倾听意见并实施雇员的建议是一种比增加雇员工资更有效的让雇员满意的方法。

（摘自：Phil Kenkel, Total Quality Management for Oklahoma Food Processors and Agribusiness, OSU, Oklahoma Cooperative Extension Service, Division of Agricultural Sciences and Natural Resources）

TQM 的缺陷：与其他产品相比，食品有其独特性和复杂性。食品原料具有由于品种和成熟度不同导致的色、香、味、形的差异，食品化学成分复杂且在贮藏和加工过程中不断变化；生产、加工与流通过程涉及操作人员、技术、设备和检测水平的差异。因为消费者需要质量一致的产品，以上可变因素给食品质量管理带来了挑战。食品质量管理中既要应用心理学知识研究从业人员的行为，又需要应用先进的技术研究多变的食品原辅料、半成品和成品的性质，社会学、经济学、统计学和法律知识也是需要的手段。

3.4.2 质量设计

一件产品的质量首先依赖于它的设计。如果一件产品的质量在设计时未被考虑，或考虑不周，就不可能被制造出来或销售出去。质量设计者的主要目标是制造一种能完全满足消费者需要的，制造成本低，且具有市场竞争力的产品。市场需求和技术进步使产品更新快，并被迅速推广。随着自由贸易的发展和消除贸易壁垒的趋势，市场竞争的激烈程度明显增加。产品质量设计者需要不断努力以使设计的产品既具有高质量，又能以低成本生产。只有这样，企业才能在竞争中立于不败之地，才能获得成功并具有活力。

····质量，从产品设计开始···

洛阳北方企业集团有限公司是一家以摩托车及摩托车零配件生产为主的大型企业集团，他们认为，产品质量是设计出来的。为了保证和提高企业产品质量，他们严把产品设计环节的质量关，让质量工程师参与产品设计工作，把以前类似产品出现的质量问题和用户的意见、建议作为设计输入的一部分，确保产品从设计开始，最大限度上满足用户的需求。

他们将质量信息作为产品设计的要素：

①每月质量分析　公司内部设有信息收集处理中心，主动收集质量信息。销售员兼任质量信息员，随时传递质量信息，并在月末按固定格式做月份质量报告，传递到公司质量部门。定期走访用户，与用户面对面交谈，了解质量问题及用户的意见和建议。电话随访，了解用户对产品的满意程度。对用户来电、来函反馈质量问题进行记录和整理。每月对退回的"三包件"进行分析。以上内容作为设计工作输入的一部分，每月由质量管理部门输出一份质量分析报告，除向集团质量副总和各分厂领导以发布会形式进行发布，对突出问题提出整改要求外，交设计部门作设计参考并存档待查。

②质量问题文字化　对平时出现的质量问题，公司都要求做到原因分析，采取措施，实施效果的文字化、图纸化，以防时间一久，随着人员的流动，使这笔宝贵的产品设计信息丢失。

（摘自：刘建伟，质量从产品设计开始，企业管理，2003年8期）

食品设计开发环的主要步骤：

①对消费者(或市场)需求的分析，以达到对这些要求的全面理解。

②对消费者(或市场)要求尽可能将量化的技术项所表达的质量参数转换成设计规范。

③初始的外观状态设计。

④首次设计评审。

⑤以设计评审和一个或多个样品生产(小试)为依据对设计进行修正。

⑥对样品进行检验和评估，包括专家或消费者的感官鉴定。

⑦第二次设计评审。

⑧需要时对设计进行修正，并就修改的设计进行样品生产和检验。

⑨最终确定设计文件(标准)，并制订完整的产品生产操作规范，包括将合格准则编入一份检验周期表。

⑩实验性生产(中试)。

⑪实验性生产检验和最终设计评审。

⑫依据设计评审对设计进行调整并用于批量生产。

3.4.3 质量成本分析

质量成本(cost of quality)是衡量和优化全面质量管理活动的一种手段。质量成本为合格品成本与不合格品成本之和。

质量成本是 20 世纪 60 年代后，在全面质量管理实践中逐步形成和发展起来的一个新的成本概念，是指企业为了保证和提高质量而支出的一切费用，以及由于产品质量未达到既定标准而造成的一切损失的总和。它主要由预防成本、鉴定成本和不良成本组成。

(1) 预防成本

预防成本(prevention costs)是指为预防质量缺陷的产生所支付的一切费用，包括为达到质量要求和改进质量而对职工进行培训的费用，为控制产品质量而增加的费用，以及为改进产品质量而进行的技术改进和新技术的研制与推行的各项费用等。当产品质量或服务质量及其可靠性提高时，预防成本通常是增加的。因为提高产品或服务质量通常需要更多的时间、努力和资金等的投入。典型的预防成本包括：①质量策划(包括流程、产品设计、制造以及质量体系等)；②过程优化；③人员质量培训；④开发和实施可靠性测量和计算方法、质量分析技术、质量信息系统等；⑤对经销商和顾客满意度的评价。

•••非质量成本•••

研究表明，85%的生产记录存在书面文字错误，一位雇员填写表格所花费的时间，以及修改的次数是可以测量的。浪费的总时间通常是第一次填错表所花时间的 3 倍——犯错、发现错误和改正错误。

(摘自：Phil Kenkel, *Total Quality Management for Oklahoma Food*

Processors and Agribusiness, OSU, Oklahoma Cooperative Extension Service, Division of Agricultural Sciences and Natural Resources)

(2) 鉴定成本

鉴定成本(appraisal costs)是鉴定产品(或服务)是否符合要求的成本。它是指为使产品质量达到规定的要求，对产品生产中所需原材料、配套件、半成品、成品及其加工过程、装配过程和交验过程进行质量检验时所发生的费用。当产品或服务的质量及其可靠性提高时，鉴定成本通常会降低。典型的鉴定成本包括：①检验策划；②实验室费用(工资、房屋及设备的维修费和折旧费、工具的购置费及维修费)；③过程控制；④质量审核；⑤破坏性试验；⑥测量及监控设备的维护和校准。

••• 日本企业 •••

每名员工都不放过任何一个已发现的质量问题，绝对不让有质量问题的加工品进入生产线的下一工位。该做法有利于企业迅速发现质量问题，并找到引起质量问题的原因所在，这是一种降低质量管理中鉴定成本的有效方法之一。

(3) 不良成本

不良成本是产品(或服务)因不符合要求而引发的成本，分内部缺陷成本和外部缺陷成本两种。

内部缺陷成本(internal failure costs)是指产品出售前，因产品或零部件质量缺陷所造成的损失和为弥补缺陷而发生的费用，以及因质量故障所发生的费用。当产品或服务的质量及其可靠性提高时，内部缺陷成本会降低。典型的内部缺陷成本包括：①废品和有质量问题的原材料；②返修和返工；③降级使用；④生产中发现有质量问题；⑤追查和修理不合格的产品和材料；⑥对不合格产品和材料的复检或重新试验；⑦停工损失；⑧内部搬运、贮存损坏；⑨额外操作的费用。

外部缺陷成本(external failure costs)是指产品出售后，在用户使用过程中，因质量问题而发生的一切费用和损失。当产品或服务的质量及其可靠性提高时，外部缺陷成本会降低。典型的外部故障成本包括：①对顾客抱怨的处理和调查；②退货费用和折价损失；③售后服务费用(免费更换、担保、保修费用等)；④运输造成的损坏；⑤不合格品交付引起的索赔费用；⑥额外操作的费用。

质量成本实际上就是浪费的人、财、物，以及时间的成本。反映出可以避免和可以防止的成本。例如，返工、赶工、临时修理服务、库存积压、处理顾客投诉、停机时间、退货等。

···非质量成本···

如果让许多公司经理估算其企业的非质量成本,他们会回答占 1%~2% 的销售额。而质量专家发现大多数美国公司的废料、返工、保修期索赔、检测和试验成本约为销售额的 10%~20%。这些成本几乎直接与经理和雇员的行为有关。换句话说,它们是可预防的。例如,来自于客户投诉的成本,38% 没有达到订单要求;35% 是产品的物理缺陷;15% 为货运损坏;只有少于 10% 的成本是客户出的错。

(摘自:Phil Kenkel, Total Quality Management for Oklahoma Food Processors and Agribusiness, OSU, Oklahoma Cooperative Extension Service, Division of Agricultural Sciences and Natural Resources)

综上所述,预防成本是设法保证第一次就"做对"的费用;鉴定成本是为了防止以后不合格品的再次发生,检查用以确保我们能第一次就"做对"的费用;内部故障成本——当发现没有第一次就"做对"时发生的费用;外部故障成本——当顾客发现没有第一次做好,而要求返修、退货和补偿时发生的费用。

降低质量成本也有轻重缓急之分,不同类型的质量问题对企业利润的影响程度也各不相同。其中以外部质量问题的影响最大,因为这种问题为客户带来了额外的支出负担,因而影响到客户未来的购买行为。潜在的未来客户同样会受到影响。他们一旦听说了存在质量问题,很可能影响到他们的购买决策。所以,不同的市场行为,不同层次的客户需求,采取的策略也不尽相同,但目标是相同的,即:满足客户需求,进一步降低质量成本。企业想保持自己的低成本、高质量优势,维持自身生存,就必须跳出传统的框架,站在战略的高度重新审视质量成本,充分考虑企业内外部环境的变化,结合自己的质量市场定位,优化成本管理。

···为什么五星级宾馆的住宿费比普通旅馆的住宿费高?···

如果公司希望通过更好的服务和流程设计来提高服务质量,而不是通过解决原有服务和流程设计中的质量问题来提高质量,在这种情况下,有关质量的其他成本的减少并不能弥补预防成本的增加。所以,公司通常需要提高产品或服务的价格,采取以质量取胜而不是以价格取胜的运作策略。

3.5 国际标准化组织(ISO)与质量管理体系标准

ISO 是国际标准化组织的英语简称。其全称是 International Organization for Standards。许多人注意到国际标准化组织的全名与缩写之间存在差异,简称为什么不是"IOS"呢?其实,"ISO"并不是首字母缩写,而是一个词,它来源于希腊语"ISOS",即"equal"——平等之意。现在有一系列用它作前缀的词,诸如"isometric"(意为"尺寸相等")"isonomy"(意为"法律平等")。从"相等"到"标准",内涵上的联系使"ISO"成为组织的名称。

3.5.1 ISO 的历史

国际标准化活动最早开始于电子领域,于1906年成立了世界上最早的国际标准化机构——国际电工委员会(IEC)。其他技术领域的工作原先由成立于1926年的国家标准化协会的国际联盟(International Federation of the National Standardizing Associations,简称ISA)承担,重点在于机械工程方面。ISA的工作由于第二次世界大战而在1942年终止。1946年,来自25个国家的代表在伦敦召开会议,决定成立一个新的国际组织,其目的是促进国际间的合作和工业标准的统一。于是,ISO这一新组织于1947年2月23日正式成立,总部设在瑞士的日内瓦。ISO于1951年发布了第一个标准——工业长度测量用标准参考温度。

截至2008年年底,ISO的成员已发展到由来自世界上157个国家和地区的国家标准化团体组成,其中正式成员106个,通讯成员40个,缔约成员11个。它共有3 183个技术机构,包括有208个技术委员会(TC),531个分技术委员会(SC),2 378个工作组(working groups)和66个特别研究组(ad hoc study groups)。代表中国参加ISO的国家机构是国家标准化管理委员会(SAC)。ISO与IEC有密切的联系。中国参加IEC的国家机构也是国家标准化管理委员会。2008年10月16日中国成为了ISO常任理事国。

ISO是由各国标准化团体(ISO成员团体)组成的世界性的联合会。制定国际标准工作通常由ISO的技术委员会完成。各成员团体若对某技术委员会确定的项目感兴趣,均有权参加该委员会的工作。与ISO保持联系的各国际组织(官方的或非官方的)也可参加有关工作。

ISO和IEC作为一个整体担负着制定全球协商一致的国际标准的任务,ISO和IEC都是非政府机构,它们制定的标准实质上是自愿性的,这就意味着这些标准必须是先进的标准,应用这些标准会给工业和服务业带来收益,所以他们自觉使用这些标准。ISO和IEC不是联合国机构,但他们与联合国的许多专门机构保持技术联络关系。各成员国以国家为单位参加这些技术委员会和分委员会的活动。此外,ISO还与450个国际和区域的组织在标准方面有联络关系,特别与国际电信联盟(ITU)有密切联系。在ISO/IEC系统之外的国际标准机构共有28个。每个机构都在某一领域制定一些国际标准,通常它们在联合国控制之下,世界卫生组织(WHO)就是一个典型的例子。ISO/IEC制定了85%的国际标准,剩下的15%由这28个其他国际标准机构制定。

ISO标准的内容涉及广泛,从基础的紧固件、轴承等各种原材料到半成品和成品,其技术领域涉及信息技术、交通运输、农业、保健和环境等。每个工作机构都有自己的工作计划,该计划列出需要制定的标准项目(试验方法、术语、规格、性能要求等),通过这些工作机构,截至2008年年底ISO已经发布了17 765个国际标准,如ISO公制螺纹、ISO的A4纸张尺寸、ISO的集装箱系列(目前世界上95%的海运集装箱都符合 ISO 标准)、ISO 的胶片速度代码、ISO 的开放系统互联(OS2)系列标准和被广泛应用的 ISO 9000 族质量管理体系标准。

3.5.2 ISO 9000 族标准的产生和发展

3.5.2.1 ISO 9000 族标准的产生

第二次世界大战期间,世界军事工业得到迅猛发展。一些国家的政府在采购军用品时,不但提出了对产品的特性要求,还对供应厂商提出了质量保证要求。20 世纪 50 年代末至 60 年代初,美国国防部发布了三级质量保证 MIL 标准,即 MIL-Q-9858A《质量大纲要求》,MIL-I-45208《检验系统要求》和 MIL-STD-45662《校准系统要求》。20 世纪 70 年代初,借鉴军用质量保证标准的成功经验,美国标准化协会(ANSI)和美国机械工程师协会(ASME)分别发布了一系列有关原子能发电和压力容器生产方面的质量保证标准。美国军用品生产方面质量保证的成功经验在世界范围内推动了质量管理和质量保证标准的发展。美国、英国、法国和加拿大等国在 70 年代末期先后制定和发布了用于民用产品生产的质量管理和质量保证标准。

基于以上背景,制定国际化的质量管理和质量保证标准已成为发展的必然结果,从而导致了质量管理体系标准的产生,并以其作为对产品技术规范/标准中有关产品要求的补充。为此,1979 年 ISO 成立了质量管理和质量保证技术委员会(ISO/TC76),其目标是制定一套质量管理和质量保证国际标准。该委员会在总结各国质量管理经验的基础上,经过 5 年的努力,于 1986 年 6 月 15 日正式发布第一个质量管理体系标准 ISO 8402《质量管理和质量保证 术语》,1987 年 3 月又发布了 ISO 9000《质量管理和质量保证 选择和使用指南》、ISO 9001《质量管理体系 最终检验和试验的质量保证模式》、ISO 9002《质量管理体系 生产和安装的质量保证模式》、ISO 9003《质量管理体系 设计、开发、生产、安装和服务的质量保证模式》和 ISO 9004《质量管理和质量管理体系要素指南》。这些标准统称为 1987 版 ISO 9000 系列标准。

ISO 9000 系列标准总结了工业发达国家的先进质量管理经验,统一了质量管理和质量保证术语和概念,有力地推进了组织质量管理的国际化,在消除贸易壁垒、提高产品质量和顾客满意程度等方面发挥了积极作用,产生了深远影响。

国际标准化组织在发布 ISO 9000 质量管理和质量保证系列标准时曾预言"这套标准的贯彻执行将为世界质量管理新时代的到来奠定基础"。历史的进程完全证实了这个预言。ISO 9000 系列标准发布后不久,美国、俄罗斯、英国、法国、德国、澳大利亚、比利时、加拿大、匈牙利等 70 多个国家以及欧共体等区域组织纷纷等同或等效采用。ISO 9000 系列标准的发布,得到了世界各国的普遍关注和广泛采用,促使世界各国的质量管理和质量保证活动统一在了 ISO 9000 族标准的基础上。

我国于 1988 年等效采用 ISO 9000 系列标准发布了 GB/T 19000 系列标准,1992 年又等同采用 ISO 9000 系列标准发布了 GB/T 19000 系列标准,并积极采用了统计质量控制技术方面的 ISO 国际标准，制定了质量成本等方面的国家标准，形成了我国质量管理方面的国家标准体系。

3.5.2.2 ISO 9000 族标准的发展

1987 版 ISO 9000 系列标准制定的时期，受当时经济发展的影响，世界经济中制造业占有主导地位，因此，1987 版的 ISO 9000 系列标准是以制造业为基础的一套质量管理体系标准，这给质量管理体系标准的适用造成了局限性，致使对标准的推广造成了困难。然而，随着全球经济一体化进程的加快，国际市场的进一步开放，信息技术的迅猛发展，市场竞争的日趋激烈，世界各国及各类组织都在加强科学管理，努力提高组织的竞争力。这就对管理体系标准提出了更广泛的适用要求，要求标准适用于各种类型和不同规模的组织。鉴于形势的发展，为了使 ISO 9000 系列标准更加协调和完善，具有更广泛的适用性，从 ISO 9000 系列标准问世至今，ISO/TC176 共对 ISO 9000 系列标准进行了 3 次大的修改。

(1) 第一阶段修改

1990 年负责制定 ISO 9000 系列标准的 ISO/TC 176 质量管理和质量保证技术委员会，在总结了各国在实践中获得的经验和全面质量管理深入发展取得的成效基础上，针对实践中遇到的问题，通过对 ISO 9000 系列标准的结构、内容、要素和程序进行了认真的研究，提出了 ISO 9000 系列标准的修订战略。按照修订战略，将修订分为两个阶段，第一阶段为"有限修改"，对标准的结构不作大的变动，仅对标准内容进行小范围的修改。第二阶段为"彻底修改"。

1994 年 7 月 1 日，ISO 发布了修改后的 1994 版 ISO 8402、ISO 900-1、ISO 9001、ISO 9002、ISO 9003 和 ISO 9004-1 等 6 项标准，取代 1987 版的标准。这版标准只对标准内容进行了技术性局部修改，引入了过程和过程网络、质量改进、产品(硬件、软件、流程性材料和服务)等概念和定义。到 1999 年底并陆续发布了 22 项标准和 2 项技术报告。正式提出了 ISO 9000 族标准的概念，为质量管理体系标准的进一步改进提供了过渡的理论基础。

(2) 第二阶段修改

ISO/TC176 在完成了第一阶段对 ISO 9000 族标准的修订工作后，随即启动标准修订战略的第二阶段工作，即"彻底修改"。1996 年，在广泛征求标准使用者意见，了解顾客对标准修订的要求，比较各种修订方案后，ISO/TC176 相继提出了"2000 版 ISO 9001 的标准结构和内容的设计规范"和"ISO 9001 修订草案"，作为对 1994 版标准修订的依据，1997 年在总结 1994 版标准中业已存在的质量管理八项原则的思想基础上正式提出了质量管理八项原则，作为 2000 版 ISO 9000 族标准的设计思想。修订的依据和设计思想的确立，为以后的修订工作奠定了坚实的工作基础，同时 ISO/TC176 采取一种公开的、科学的、系统的、注重实际的修订方式，确保了修订后的标准更科学、合理和适用。

2000 年 12 月 15 日 ISO/TC 176 正式发布 2000 版 ISO 9000 族标准。2000 版标准把八项质量管理原则全面融合到质量管理标准中，更加强调了顾客满意及监视和测量的重要性,增强了标准的通用性和广泛的适用性,促进了管理原则在各类组织中的应用。标准结构更简练和更协调,ISO 9001 和 ISO 9004 编写结构一致化,使之成为协调一致的标准,使标准更通俗易懂。同时 2000 版 ISO 9000 族标准继承和发展了原来 1987 版和 1994 版标准的适宜部分,用 ISO 9001:2000《质量管理体系 要求》取代 1994 版 ISO 9001、ISO 9002 和 ISO 9003 标准,在保留了 ISO 9001:1994 标准的精华的基础上,作了系统性的完善和修改。2000 版 ISO 9000 族标准对提高组织的运作能力、增强国际贸易、保护顾客利益、提高质量认证的有效性等方面产生了积极而深远的影响。

(3) 最新修订

按照 ISO 致力于国际标准的建立和不断完善的工作原则,根据 ISO 的有关规则,所有标准都需要定期修订(一般 5~8 年),以确保标准内容与思路的及时更新,能及时反映和充分体现被广泛接受的质量管理实践的科学成果和思想,以满足世界范围内标准使用者的需要。

为此,ISO/TC176 于 2005 年 9 月 15 日发布了修订后的 ISO 9000:2005《质量管理体系 基础和术语》,与 2000 版相比仅增加了能力、合同、审核计划和审核范围等 4 个词条,未对标准的结构和内容产生影响。

ISO/TC176 于 2008 年 11 月 15 日发布了修改后的 ISO 9001:2008《质量管理体系 要求》。ISO 和国际认可论坛(IAF)认为,ISO 9001:2008 标准没有引入新的要求,只是根据世界上 170 个国家大约 100 万个通过 ISO 9001 认证的组织的 8 年实践,对 ISO 9001:2000 标准进行了增补/修订,这次没有作技术性的修订,只作编辑上的变更,变更的程度较小,特别是在结构上未作任何变更,更清晰、明确地表达原 ISO 9001:2000 标准要求。

目前,ISO 9004 标准仍处于修订之中。

3.5.2.3 ISO 9000 族标准的构成

按照 ISO 指南 72《管理体系标准的论证和制定》中的规定,管理体系标准分为 3 类。

(1) A 类:管理体系要求标准

向市场提供有关组织的管理体系的相关规范,以证明组织的管理体系是否是符合内部和外部要求(如通过内部和外部各方予以评定)的标准。这类标准既作为组织建立质量管理体系的主要依据,同时也是认证机构对组织实施质量管理体系认证的依据。例如,管理体系要求标准(规范)、专业管理体系要求标准:

ISO 9001:2008《质量管理体系 要求》

ISO/TS 16949:2002《质量管理体系 汽车生产及相关维修零件组织应用 ISO 9001 的特别要求》

(2) B 类:管理体系指导标准

通过对管理体系要求标准各要素提供附加指导或提供非同于管理体系要求标准的独立指导,以帮助组织实施和(或)完善管理体系的标准。这类标准为组织提供了完善管理体系的指导方法,不能作为质量管理体系认证的依据。例如,关于使用管理体系要求标准的指导、关于建立管理体系的指导、关于改进和完善管理体系的指导、关于专业管理体系的指导标准:

ISO 9004:2000《质量管理体系 业绩改进指南》

ISO 10006:2003《质量管理体系 项目质量指南》

ISO 10012:2003《测量管理体系 测量过程和测量设备的要求》

ISO 10014:2006《质量管理 实现财务和经济效益的指南》

ISO handdbook:2002《小企业的 ISO 9001——做什么?》

ISO 15161:2001《食品与饮料行业 ISO 9001:2000 应用指南》是 ISO/TC34 "食品"技术委员会编制的一个国际标准。与其等同的国家标准为 GB/T 19080—2003《食品与饮料行业 GB/T 19001—2000 应用指南》。

(3) C 类:管理体系相关标准

就管理体系的特定部分提供详细信息或就管理体系的相关支持技术提供指导的标准。例如,关于管理体系的术语、评审、文件提供、培训、监督、测量绩效评价标准等:

ISO 9000:2005《质量管理体系 基础和术语》

ISO 10001:2007《质量管理 顾客满意 组织行为规范指南》

ISO 10002:2004《质量管理 顾客满意 组织处理投诉指南》

ISO 10003:2007《质量管理 顾客满意 组织外部争议解决指南》

ISO 10005:2005《质量管理体系 质量计划指南》

ISO 10007:2003《质量管理体系 技术状态管理指南》

ISO/TR 10013:2001《质量管理体系文件指南》

ISO 10015:1999《质量管理 培训指南》

ISO/TR 10017:2003《ISO 9001:2000 统计技术指南》

ISO 19011:2002《质量和/或环境体系审核指南》

3.5.2.4 八项质量管理原则

在 ISO 9000 族标准 2000 版推出时,标准起草者在总结了戴明、朱兰等多位管理大师的先进质量管理理念和成功经验基础上,提出了质量管理体系的核心理念——八项质量管理原则,这些原则已融入 ISO 9000 族标准中。ISO 19000:2008 标准提出将八项质量管理原则确定为最高管理者用于领导组织进行业绩改进的指导原则,也是组织按照 ISO 19001:2008 标准建立质量管理体系的理论基础。组织的领导者运用八项质量管理原则成功地领导和运作一个组织,通过采用系统和透明的方式进行管理,针对所有相关方的需求,实施并保持持续改进其业绩的管理体系,可使组织获得成功。

(1) 原则一:以顾客为关注焦点

组织依存于顾客。因此,组织应理解顾客当前的和未来的需求,满足顾客要求并争取超越顾客期望。

本原则的含义如下：

顾客是每个组织存在的基础，组织和顾客之间是一种依存关系，组织应把顾客的要求放在首位，如果没有顾客对其产品的需求，组织将无法生存和发展。因此，组织要明确谁是自己的顾客，要调查顾客的需求是什么，要研究如何才能满足顾客的需求。ISO 9000：2005 对"顾客"的定义是"接受产品的组织或个人"。这说明顾客既指组织外部的消费者、委托人、最终使用者、零售商、受益者和采购方，也指组织内部的生产、服务和活动中接受前一个过程输出的部门、岗位或个人。同时，还应该注意到有潜在的顾客，随着经济发展，供应链日趋复杂，除了组织直接面对的顾客（可能是中间商）外，还有顾客的顾客、顾客的顾客的顾客，直至最终使用者。最终的顾客是使用产品的群体，对产品质量感受最深，他们的期望和需求对于组织也最有意义。对潜在的顾客也不容忽视，虽然他们对产品的购买欲望暂时还没有成为现实，但是如果条件成熟，他们就会成为组织的一大批现实的顾客。由于顾客的需求是不断变化的，他们在产品质量特性方面的要求也随之变化，为了使顾客满意，创造竞争优势，组织不仅要考虑顾客当前的需求，还应了解顾客未来的需求，并争取超越顾客的期望，以适应顾客不断变化的需求。还要认识到市场是变化的，顾客是动态的，顾客的需求和期望也是不断发展的。因此，组织要及时地调整自己的经营策略和采取必要的措施，以适应市场的变化，满足顾客不断发展的需求和期望，还应超越顾客的需求和期望，使自己的产品/服务处于领先的地位。

实施本原则一般要采取以下主要措施：

①全面了解顾客的需求和期望，如对产品、交货、价格、可靠性等方面的要求。

②确保组织的各项目标，包括质量目标能直接体现顾客的需求和期望。

③确保顾客的需求和期望在整个组织中得到沟通，使各级领导和全体员工都能了解顾客需求的内容、细节和变化，并采取措施来满足顾客的要求。

④有计划地、系统地测量顾客满意程度并针对测量结果采取改进措施。

⑤处理好与顾客的关系，力求顾客满意。

⑥在重点关注顾客的前提下，确保兼顾其他相关方的利益，使组织得到全面、持续的发展。

（2）原则二：领导作用

领导者应确保组织的目的与方向的一致。他们应当创造并保持良好的内部环境，使员工能充分参与实现组织目标的活动。

本原则的含义如下：

一个组织的领导者，即最高管理者是"在高层指挥和控制组织的一个人或一组人。"最高管理者要想指挥和控制好一个组织，必须根据组织所面临的内外部环境、要求及其发展变化，在不同的时期确定不同的、正确的组织发展方向和目的，并通过制订方针和目标来体现组织的质量方面的追求方向和目的，并通过组织全体员工的充分参与和努力来实现预定目标。此外，在领导方式上，最高管理者还要做到透明、务实和以身作则。

实施本原则一般要采取以下主要措施：

①全面考虑所有相关方的需求，相关方包括顾客、所有者、员工、供方、当地社区乃至整个社会。

②做好发展规划，为组织勾画一个清晰的远景。

③在整个组织及各级、各有关部门设定富有挑战性的目标。

④组织各级创造并坚持一种共同的价值观，并树立职业道德榜样，形成企业的精神和企业文化。

⑤创造一个良好的工作氛围，使全体员工在一个比较宽松、和谐的环境之中工作，建立信任，消除忧虑。

⑥为员工提供所需的资源、培训及在职责范围内的自主权。

⑦建立行之有效的激励机制，激发、鼓励并承认员工的贡献。

⑧提倡公开和诚恳的交流和沟通。

⑨实施为达到目标所需的发展战略。

(3) 原则三：全员参与

各级人员都是组织之本。唯有其充分参与，才能使他们为组织的利益发挥其才干。

本原则的含义如下：

各级员工是每个组织构成的基础。组织的质量管理不仅需要最高管理者的正确领导，还有赖于全员的参与。组织的质量管理是通过组织内各级人员的参与各个过程的活动来实现的，过程的有效性取决于各级人员的意识、能力和主动工作的精神。因此，组织要对员工进行质量意识、职业道德、以顾客为关注焦点的意识和敬业精神的教育，还要激发他们的积极性和责任感。此外，员工还应具备足够的知识、技能和经验，才能胜任工作，实现充分参与。"全员参与"与"领导作用"是相辅相成的，领导作用发挥得好，全员参与的程度就高。

实施本原则一般要采取以下主要措施：

①要对员工进行职业道德的教育，使员工了解他们贡献的重要性和在组织中的作用。

②教育员工要识别影响他们工作的制约条件，使他们能在一定的制约条件下取得最好的效果。如果制约条件属于自己的知识或技能水平，则应努力学习或实践，突破这些制约条件。

③在本职工作中，应让员工有一定的自主权，并承担解决问题的责任。

④应把组织的总目标分解到职能部门和层次，让员工看到更贴近自己的目标，激励员工为实现目标而努力，并评价员工的业绩。

⑤启发员工积极寻找机会来提高自己的能力、知识和经验。

⑥在组织内部，应提倡自由地分享知识和经验，使先进的知识和经验成为共同的财富。

(4) 原则四：过程方法

将活动和相关的资源作为过程进行管理，可以更高效地得到期望的结果。

本原则的含义如下：

任何利用资源并通过管理，将输入转化为输出的活动，均可视为过程。为了产生期望的结果，由过程组成的系统在组织内的应用，连同这些过程的识别和相互作用，以及对这些过程的管理，可称之为"过程方法"。过程方法的目的是获得持续改进的动态循环，并使组织的总体绩效得到显著的提高。过程方法通过识别组织内的关键过程，随后加以实施和管理并不断进行持续改进来达到顾客满意。过程方法的优点是对过程系统中单个过程之间的联系以及过程的组合和相互作用进行连续的控制。在质量管理体系中应用过程方法时，强调以下方面的重要性：理解和满足要求；需要从增值的角度考虑过程；获得过程绩效和有效性的结果；在客观测量的基础上，持续改进过程。

图3-3所反映的以过程为基础的质量管理体系模式展示了ISO 9001标准的第5~8章中所提出的过程联系。

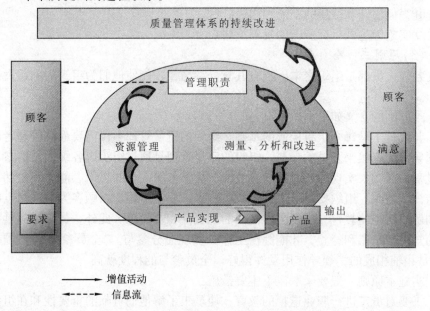

图3-3 以过程为基础的质量管理体系模式

过程方法鼓励组织要对其所有的过程有一个清晰的理解。过程包含一个或多个将输入转化为输出的活动，通常一个过程的输出直接成为下一个过程的输入，但有时多个过程之间形成比较复杂的过程网络。这些过程的输入和输出与内部和外部的顾客相连。在应用过程方法时，必须对每个过程，特别是关键过程的要素进行识别和管理。这些要素包括输入、输出、活动、资源、管理和支持性过程。此外，PDCA循环适用于所有过程，可结合考虑。

PDCA模式可简述如下：

P——策划，根据顾客的要求和组织的方针，为提供结果建立必要的目标和过程；

D——实施，实施过程；

C——检查，根据方针、目标和产品要求，对过程和产品进行监视和测量，并报告结果；

A——处置，采取措施，以持续改进过程绩效。

实施本原则一般要采取以下主要措施：

①识别质量管理体系所需要的过程，包括管理活动、资源管理、产品实现和测量、分析、改进有关的过程，确定过程的顺序和相互作用。

②确定每个过程为取得所期望的结果所必须开发的关键活动，并明确为了管理好关键过程的职责和义务。

③确定对过程的运行实施有效控制的准则和方法，并实施对过程的监视和测量，包括测量关键过程的能力，为此可采用适当的统计技术。

④对过程的监视和测量的结果进行数据分析，发现改进的机会，并采取措施，包括提供必要的资源，实现持续的改进，以提高过程的有效性和效率。

⑤评价过程结果可能产生的风险、后果及对顾客、供方及其他相关方的影响。

(5) 原则五：管理的系统方法

将相互关联的过程作为体系来看待、理解和管理，有助于组织提高实现目标的有效性和效率。

本原则的含义如下：

"系统"就是"相互关联或相互作用的一组要素"。系统的特点之一就是通过各分系统协同作用，互相促进，使总体的作用往往大于各分系统作用之和。所谓系统方法，实际上可包括系统分析、系统工程和系统管理三大环节。它以系统地分析有关的数据、资料或客观事实开始，确定要达到的优化目标；然后通过系统工程，设计或策划为达到目标而应采取的各项措施和步骤，以及应配置的资源，形成一个完整的方案；最后在实施中通过系统管理取得高有效性和高效率。在质量管理中采用系统方法，就是要把质量管理体系作为一个大系统，对组成质量管理体系的各个过程加以识别、理解和管理，以达到实现质量方针和质量目标。

实施本原则一般要采取以下主要措施：

①建立一个以过程方法为主体的质量管理体系。

②明确质量管理过程的顺序和相互作用，使这些过程相互协调。

③控制并协调质量管理体系的各过程的运行，应特别关注体系内某些关键或特定的过程，并应规定其运作的方法和程序。

④通过对质量管理体系的测量和评审，采取措施以持续改进体系，提高组织的业绩。

(6) 原则六：持续改进

持续改进整体业绩应当是组织的一个永恒目标。

本原则的含义如下：

持续改进是"增强满足要求的能力的循环活动"。为了改进组织的整体业绩，组织应不断改进其产品质量，提高质量管理体系及过程的有效性和效率，以满足顾客和其他相关方日益增长和不断变化的需求与期望。持续改进的目的是增强能力，不应理解为单纯的纠正活动，是一项不断追求卓越的循环活动。管理面对的是不断发展变化的事物，管理经历着从不完善到完善、直至更新的过程。人们对过程的结果的要求也在不断变化和提高，顾客对产品及服务的质量要求不断提高。组织唯有坚持持续改进、不断进步才能适应内外不得环境变化和日益提高的顾客需求，使组织增强适应能力并提高竞争能力，改进组织的整体业绩。

最高管理者要对持续改进作出承诺，积极推动；全体员工也要积极参与持续改进的活动。持续改进是永无止境的，因此持续改进应成为每一个组织永恒的追求、永恒的目标、永恒的活动。

实施本原则一般要采取以下主要措施：

①在整个组织内采用始终如一的方法来推行持续改进，即持续改进应成为一种制度。

②对员工提供关于持续改进的方法和工具的培训。

③使产品、过程和体系的持续改进成为组织内每个员工的目标。

④应为跟踪持续改进规定指导和测量的目标。

⑤承认改进的结果，并对改进有功的员工通报表扬种奖励。

(7) 原则七：基于事实的决策方法

有效决策是建立在数据和信息分析的基础上。

本原则的含义如下：

决策是组织中各级领导的职责之一。所谓决策就是针对预定目标，在一定约束条件下，从诸方案中选出最佳的一个付诸实施。达不到目标的决策就是失策。正确的决策需要领导者用科学的态度，以充分、适宜、可靠的信息为基础，通过合乎逻辑的分析，作出正确的决断。盲目的决策或只凭个人的主观意愿的决策是往往会给组织带来重大损失。决策的过程包括选择适宜的方法获取信息和对信息和数据的逻辑分析。统计技术常被用来对数据和信息进行分析的方法。

实施本原则一般要采取以下主要措施：

①通过测量积累、或有意识地收集与目标有关的各种数据和信息，并明确规定收集信息的种类、渠道和职责。

②通过鉴别，确保数据和信息的准确性和可靠性。

③采取各种有效方法，对数据和信息进行分析。在分析时，常常采用适当的统计技术。

④应确保数据和信息能为使用者得到和利用。

⑤根据对事实的分析、过去的经验和直觉判断做出决策并付诸行动。

(8) 原则八：与供方互利的关系

组织与供方相互依存，互利的关系可增强双方创造价值的能力。

本原则的含义如下：

供方向组织提供的产品将对组织向顾客提供的产品产生重要的影响，因此处理好与供方的关系，影响到组织能否持续稳定地提供顾客满意的产品。在专业化和协作日益发展、供应链日趋复杂的今天,与供方的关系还影响到组织对市场的快速反应能力。因此对供方不能只讲控制,不讲合作互利,特别对关键供方,更要建立互利关系。这对组织和供方双方都是有利的。

实施本原则时一般要采取以下主要措施:
① 识别并选择重要供方。
② 在建立与供方的关系时,既要考虑眼前利益,又要考虑长远利益。
③ 与重要供方共享专门技术、信息和资源。
④ 创造一个通畅和公开的沟通渠道,及时解决问题。
⑤ 确定联合改进活动。
⑥ 激发、鼓励和承认供方的改进及其成果。

3.5.3 ISO 9000 质量管理体系认证

3.5.3.1 认证的概念

ISO/IEC 17000:2004《合格评定 词汇和通用原则》给出认证(cerification)的定义是"与产品、过程、体系或人员有关的第三方证明"。

《中华人民共和国认证认可条例》第二条中对认证给出的定义是"本条例所称认证,是指由认证机构证明产品、服务、管理体系符合相关技术规范、相关技术规范的强制性要求或者标准的合格评定活动。"

由此可见,认证是指由独立于供方和需方的、具有公正性和公信力的第三方依据法规、标准和技术规范对产品、体系、过程和人员进行合格评定,并通过出具书面证明对评定结果加以确认的活动和程序。认证作为对产品质量、企业保证能力实施的第三方评价活动,在提高产品质量、企业管理水平和经济效益中扮演着越来越重要的角色,并已成为世界各国规范市场行为、促进经济贸易发展和保护消费者权益的有效手段,在全球经济活动中越加显示出它强大的生命力。我国已将认证认可定位在"现代市场经济的一项基础性制度安排"。

认证按强制程度分为强制性认证和自愿性认证两种,按认证对象分为体系认证和产品认证。

强制性产品认证制度(即 CCC 认证制度),是我国按照国际标准和规程建立起来的一套严格的产品市场准入制度,于 2002 年 5 月 1 日起实施。国家认监委和国务院有关部门共同对涉及安全、健康、环保等领域的产品制定统一的产品目录,统一技术规范的强制性要求、标准和合格评定程序,统一标志,统一收费。列入目录产品的生产者、销售者、进口商可以委托经国家认监委指定的认证机构进行认证。列入目录的产品未经认证,不得出厂、销售、进口或者在其他经营活动中使用。

自愿性认证,是组织根据组织本身或其顾客、相关方的要求自愿申请的认证。自愿性认证多是管理体系认证,也包括企业对未列入 CCC 认证目录的产品所申请的认证。目前,我国自愿性管理体系认证制度,除本教材涉及的部分认证形式外,还包括:

- 质量管理体系认证，依据 ISO 9001：2008 标准；
- 环境管理体系认证，依据 ISO 14001：2004 标准；
- 职业健康安全管理体系认证，依据 GB/T 28001—2001（相当于 OHSAS 18001：1999）标准；
- 食品安全管理体系认证，依据 ISO 22000：2005 标准；
- 汽车生产件及相关服务件组织质量管理体系认证，依据 ISO/TS 16949：2002 标准等。

3.5.3.2 质量管理体系认证

(1) 管理体系认证与管理体系审核

管理体系认证与管理体系审核之间存在很大不同，一个显著的差别就是管理体系审核仅就组织的管理体系与审核准则（包括认证标准、法律、法规及其他规范文件）的符合性进行评价和得出评价结论；而管理体系认证除了完成上述活动之外，还需根据评价结论，由认证机构作出能否授予、保持、暂停、撤销、更新的认证决定，并颁发相应的认证文件，或给予注册。有时，认证机构可以使用审核机构的审核结论，并考虑其他必要信息作出认证决定。质量管理体系认证，是由质量管理体系认证机构，以 ISO 9001 标准为主要依据，对某个组织的质量管理体系进行合格评定的过程，满足认证准则要求的颁发认证证书或给予注册。因此，认证有时也称为注册。

(2) 质量管理体系认证过程

质量管理体系认证过程（见图 3-4），通常包括以下几个步骤：

① 申请、受理、签订认证合同；
② 审核启动；
③ 文件评审；
④ 现场审核活动的准备；
⑤ 现场审核活动的实施；
⑥ 编制、批准和分发审核报告，审核的完成；
⑦ 技术委员会评定；
⑧ 批准注册、颁发认证证书；
⑨ 监督审核；
⑩ 再认证。

(3) 质量管理体系认证的特点

① 质量管理体系认证的依据是 ISO 9001 标准、适用的法律、法规和标准，及组织依据 ISO 9001 标准建立起来的质量管理体系文件。

② 质量管理体系认证的对象是某一组织的特定产品和服务的质量管理体系。

③ 通过认证可以证实组织的质量管理体系具有稳定地提供满足顾客要求和适用法律、法规的产品的能力，还可以证实组织通过质量管理体系的有效运行，实现管理体系的持续改进，不断增强顾客满意。

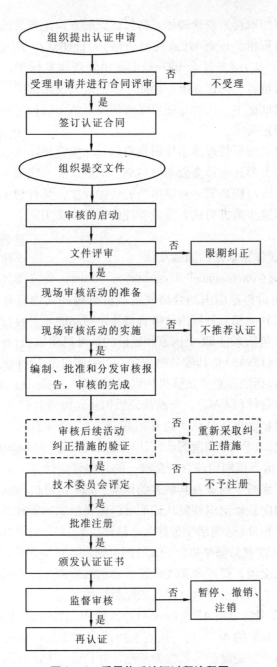

图 3-4 质量体系认证过程流程图

④对某一组织质量管理体系实施认证的基本方法是质量管理体系审核，即由该组织委托的质量管理体系认证机构委派审核员，依据 ISO 9001 标准，按照 ISO 19011《质量和(或)环境管理体系审核指南》规定的程序要求，对该组织的质量管理体系进行评审检查，提交审核报告，作出审核结论。为此，质量管理体系认证机构必须是与供需双方(即第一、二方)既无行政隶属关系，又无经济利害关系的第三方，才能确保审核的科学性、公正性和权威性。

⑤证明某一组织取得质量管理体系通过认证的方式是颁发质量管理体系认证证书，或给予注册资格，该证书（或注册资格）只证明这个组织的质量管理体系范围的特定产品和（或）服务符合 ISO 9001 质量管理体系标准，不证明其生产或销售的任何产品质量符合认证标准。因此，产品及其使用说明书等文件上不能引用质量管理体系认证证书、注册号或质量管理体系认证机构的标识，以免误导产品质量符合标准规定要求。

⑥某一组织取得质量管理体系注册资格后，质量管理体系认证机构就会通过名录或公告、公报等形式向社会公布其名称、地址、法人代表及注册的质量管理体系标准。这样，既可提高需方对该组织的信赖程度，又有利于其他顾客选择合格的供方，还可以减少需方对供方质量管理体系评审费用。

3.5.3.3 质量管理体系认证的国际互认

国际认可论坛（International Accreditation Forum，英文缩写 IAF），成立于 1993 年 1 月，是由世界范围内的合格评定认可机构和其他有意在管理体系、产品、服务、人员和其他相似领域内从事合格评定活动的相关机构共同组成的国际合作组织。目前有包括来自 52 个国家和地区的认可机构成员 56 家；中国合格评定国家认可委员会（CNAS）是其成员单位之一，中国也是 17 个发起国之一。协会机构成员 15 家；包括国际独立认证机构组织（IIOC）、国际认证联盟（IQNet）、欧洲认证机构协会联合体（EFAC）、美洲认证机构独立协会（IAAR）等。区域性认可合作组织 4 个，包括欧洲认证认可合作组织（EA）、泛美认可合作组织（IAAC）、太平洋认可合作组织（PAC）和南部非洲认可发展共同体（SADCA）。

IAF 致力于在世界范围内建立一套唯一的合格评定体系，通过确保已认可的认证证书的可信度来减少商业及其顾客的风险。IAF 认可机构成员对认证机构开展认可，认证机构向获证组织颁发认证证书以证明组织的管理体系、产品或者人员符合某一特定的标准（这类活动被称为合格评定）。IAF 的目标是：遵循世界贸易组织（WTO）技术性贸易壁垒协定（TBT）的原则，通过各国认可机构在相关认可制度等方面的广泛交流，促进和实现认证活动和结果的国际互认，减少或消除因认证而导致的国际贸易技术壁垒，促进国际贸易的发展。

截至 2009 年 2 月，共有 42 个国家和地区的 46 家认可机构签署了多边承认互认协议（MLA）。IAF 的 MLA 是一项互认协议，本协议以认可机构成员机构实施的有关认可计划项目制度的等效性为基础，并且通过 IAF 认可成员机构成员间的同行评审来确认。参加该协议的认可机构（即认可质量管理体系认证/注册机构的那些机构）承认彼此的能力。签约方实施的同行评审过程为该多边承认协议提供了建立信任的机制。为了保证签约方机构持续满足相关的要求，签约方大约每隔 4 年进行一次同行评审。因此，被 IAF 多边承认协议签约认可机构认可的认证机构在管理体系、产品、服务、人员和其他类似的符合性评审项目所颁发的认证证书在国际贸易等领域均能得到世界各国承认与信任。在签署了多边承认互认协议（MLA）的 46 家认可机构中有 42 家认可机构签署了质量管理体系互认协议。

据 IAF 统计,截至 2007 年年底,世界上的 175 个国家的质量管理体系认证机构为超过 950 000 个组织颁发了 ISO 9001 质量管理体系认证证书,证明其质量管理体系符合 ISO 9001 标准的要求。到 2008 年年底,我国已颁发的 ISO 9001 质量管理体系认证证书 224 616 张,约占世界上质量管理体系认证证书的 1/4。我国是 IAF 的正式成员,并签署了 MLA 协议,因此我国被中国合格评定国家认可委员会(CNAS)认可的质量管理体系认证机构颁发的以 ISO 9001 标准作为认证依据的质量管理体系认证证书,可以在签署 MLA 协议的 41 个国家和地区得到承认。同样,签署了 MLA 协议的其他国家被认可的认证机构颁发的 ISO 9001 质量管理体系认证证书在我国也可以得到承认。

思考题

1. 管理的概念及其在不同管理层的关注重点有何不同?
2. 企业一般管理规范的内容是什么?
3. 质量管理的定义、目的和意义是什么?
4. 简述戴明管理循环理论的内容,应用 PDCA 解决实际问题。
5. 简述质量目标和质量方针的概念和内容。
6. 食品生产体系质量管理的特征是什么?
7. 简述生产线内和生产线外质量管理有何不同?
8. 企业内部质量改进的步骤和方法是什么?
9. 什么是食品供应链质量的技术-管理法?
10. 什么是全面质量管理及其特征和意义?
11. 质量设计的目标和主要步骤是什么?
12. 什么是预防成本、鉴定成本和不良成本?
13. ISO 9000 标准是如何产生的?
14. ISO 9000 族标准是由几类标准组成的?

推荐阅读书目

食品质量管理学. 陆兆新. 中国农业出版社,2004.
食品质量管理. 陈宗道. 中国农业大学出版社,2003.
食品质量管理:技术-管理的方法. 吴广枫. 中国农业大学出版社,2005.
中国认证认可发展战略研究丛书. 国家认证认可监督管理委员会认证认可技术研究所. 中国标准化出版社,2009.

相关链接

国际标准化组织(ISO) http://www.iso.org
国际认证联盟(ISOYES) http://www.isoyes.com
国际认可论坛(IAF) http://www.iaf.nu

第4章
食品生产的统计过程控制

重点与难点
- 掌握统计学、过程控制和统计过程控制的概念;
- 掌握统计过程控制的核心内容;
- 理解统计过程控制在食品生产过程中的应用范围及步骤。

4.1 统计学
4.2 过程控制
4.3 统计过程控制
4.4 统计过程控制在食品生产过程中的应用

Statistical process control(简称SPC)通常译为统计过程控制,也可译为统计制程管制,它是一种方法论,也是一种改善过程和控制过程的机制。统计过程控制或统计制程管制的核心内容是控制图表,控制图表的作用是判断生产过程是否受控,同时可以探测和识别生产过程失控状态的变化因素,即特殊因素,并消除特殊因素。统计过程控制目前在国内主要应用于食品生产过程的质量控制,在食品生产过程的安全卫生控制报道很少。

4.1 统计学

统计学(Statistics)是应用数学的一个分支,主要通过利用概率论建立数学模型,收集所观察系统的数据,进行量化的分析、总结,进而进行推断和预测,为相关决策提供依据和参考。它被广泛地应用在各门学科中,从物理学、社会科学到人文科学,甚至被用于工商业及政府的情报决策之中。

统计学主要又分为描述统计学和推断统计学。给定一组数据,统计学可以摘要并且描述这份数据,这个用法称做描述统计学。另外,观察者以数据的形态建立出一个用以解释其随机性和不确定性的数学模型,以之来推论研究中的步骤及母体,这种用法称做推论统计学。这两种用法都可以称做应用统计学。另外,也有一个叫做数理统计学的学科专门用来讨论这门学科背后的理论基础。

在科学技术飞速发展的今天,统计学广泛吸收和融合相关学科的新理论,不断开发应用新技术和新方法,深化和丰富了统计学传统领域的理论与方法,并拓展了新的领域。今天的统计学已展现出强有力的生命力。在我国,随着社会主义市场经济体制的逐步建立和实践发展的需要,对统计学提出了新的、更多、更高的要求。随着我国社会主义市场经济的成长和不断完善,统计学的潜在功能将得到更充分、更完满的开掘。

第一,对系统性及系统复杂性的认识为统计学的未来发展增加了新的思路。由于社会实践广度和深度迅速发展,以及科学技术的高度发展,人们对客观世界的系统性及系统的复杂性认识也更加全面和深入。随着科学融合趋势的兴起,统计学的研究触角已经向新的领域延伸,新兴起了探索性数据的统计方法的研究。研究的领域向复杂客观现象扩展。21世纪统计学研究的重点将由确定性现象和随机现象转移到对复杂现象的研究,如模糊现象、突变现象及混沌现象等新的领域。可以这样说,复杂现象的研究给统计开辟了新的研究领域。

第二,定性与定量相结合的综合集成法将为统计分析方法的发展提供新的思想。定性与定量相结合的综合集成方法是钱学森教授于1990年提出的。这一方法的实质就是将科学理论、经验知识和专家判断相结合,提出经验性的假设,再用经验数据和资料以及模型对它的确实性进行检测,经过定量计算及反复对比,最后形成结论。它是研究复杂系统的有效手段,而且在问题的研究过程中处处渗透着统计思想，为统计分析方法的发展提供了新的思维方式。

第三，统计科学与其他科学渗透将为统计学的应用开辟新的领域。现代科学发展已经出现了整体化趋势，各门学科不断融合，已经形成一个相互联系的统一整体。由于事物之间具有的相互联系性，各学科之间研究方法的渗透和转移已成为现代科学发展的一大趋势。许多学科取得的新的进展为其他学科发展提供了全新的发展机遇。模糊论、突变论及其他新的边缘学科的出现为统计学的进一步发展提供了新的科学方法和思想。将一些尖端科学成果引入统计学，使统计学与其交互发展将成为未来统计学发展的趋势。今天已经有一些先驱者开始将控制论、信息论、系统论以及图论、混沌理论、模糊理论等方法和理论引入统计学，这些新的理论和方法的渗透必将会给统计学的发展产生深远的影响。

统计学产生于应用，在应用过程中发展壮大。随着经济社会的发展、各学科相互融合趋势的发展和计算机技术的迅速发展，统计学的应用领域、统计理论与分析方法也将不断发展，在所有领域展现它的生命力和重要作用。

4.2 过程控制

过程控制即程序控制(process control)。

简单地说，工业中的过程控制，是指以温度、压力、流量、液位和成分等工艺参数作为被控变量的自动控制。

以仪表生产过程的参量为被控制量使之接近给定值或保持在给定范围内的自动控制系统。这里"过程"是指在生产装置或设备中进行的物质和能量的相互作用和转换过程。表征过程的主要参量有温度、压力、流量、液位、成分、浓度等。通过对过程参量的控制，可使生产过程中产品的产量增加、质量提高和能耗减少。一般的过程控制系统通常采用反馈控制的形式，这是过程控制的主要方式。

过程控制在石油、化工、电力、冶金等部门有广泛的应用。20世纪50年代，过程控制主要用于使生产过程中的一些参量保持不变，从而保证产量和质量稳定。60年代，随着各种组合仪表和巡回检测装置的出现，过程控制已开始过渡到集中监视、操作和控制。70年代，出现了过程控制最优化与管理调度自动化相结合的多级计算机控制系统。80年代，过程控制系统开始与过程信息系统相结合，具有更多的功能。

什么是程序控制法？就一般而言，管理中采取的控制可以在行动开始之前、进行之中或结束之后进行，称为三种控制模型。第一种称为前馈控制或预先控制；第二种称为过程控制或同期控制；第三种称为反馈控制或事后控制。

4.3 统计过程控制

4.3.1 统计过程控制的定义和发展史

统计过程控制(SPC)是一种方法论,也是一种改善过程和控制过程的机制。它是以统计学的概念和基本原理为基础,应用统计学的工具和技术对过程变化/变异原因的识别、分析和确定,并采取适当的行动,以满足客户对产品的需要。同时,根据客户的要求,反馈与过程进行持续不断的改善。SPC 是应用于过程的改善活动。与以往的质量控制体系不同的是它是用数据说话的科学方法。

SPC 的提出最早是在 20 世纪的 20 年代,由刚刚成立不久的贝尔实验室的 Dr. Walter A. Shewhart(休哈特博士)提出控制图表,并应用于工业生产过程的产品质量控制。在 20 世纪的 80 年代以后,随着全球产品质量意识的加强,在戴明的大力倡导和推广下,SPC 得以推广和广泛应用。现在 SPC 的推广应用已经成为现代化工业生产的代名词之一。

•••统计与统计学的对比•••

统计作为一种社会实践活动已有悠久的历史。在外语中,"统计"一词与"国家"一词来自同一词源。因此,可以说,自从有了国家就有了统计实践活动。最初,统计只是为统治者管理国家的需要而搜集资料,弄清国家的人力、物力和财力,为国家管理的依据。

今天,"统计"一词已被人们赋予多种含义,因此很难给出一个简单的定义。在不同场合,统计一词可以具有不同的含义。它可以是指统计数据的搜集活动,即统计工作;也可以是指统计活动的结果,即统计数据;还可以是指分析统计数据的方法和技术,即统计学。

目前,随着统计方法在各个领域的应用,统计学已发展成为具有多个分支学科的大家族。为此,要给统计学下一个普遍接受的定义是十分困难的。在这里,我们对统计学做如下解释:统计学是一门收集、整理和分析统计数据的方法科学,其目的是搜索数据的内在数量规律性,以达到对客观事物的科学认识。

统计数据的收集是取得统计数据的过程,它是进行统计分析的基础。离开了统计数据,统计方法就失去了用武之地。如何取得所需的统计数据是统计学研究的内容之一。

统计数据的整理是对统计数据的加工处理过程,目的是使统计数据系统化、条理化,符合统计分析的需要。数据整理是介于数据收集与数据分析之间的一个必要环节。

统计数据的分析是统计学的核心内容,它是通过统计描述和统计推断的方法探索数据内在规律的过程。

可见，统计学是一门有关统计数据的科学，统计学与统计数据有着密不可分的关系。在英文中，"statistics"一词有两个含义：当它以单数名词出现时，表示作为一门科学的统计学；当它以复数名词出现时，表示统计数据或统计资料。从中可以看出，统计学与统计数据之间有着密不可分的关系。统计学是由一套收集和处理统计数据的方法所组成，这些方法来源于对统计数据的研究，目的也在于对统计数据的研究。统计数据不用统计方法去分析也仅仅是一堆数据而已，无法得出任何有益的结论。

4.3.2 常用过程控制图表

统计过程控制或统计制程管制的核心内容是控制图表，控制图表作用是判断生产过程是否受控，同时可以探测和识别生产过程失控状态的变化因素，即特殊因素，并消除特殊因素。

4.3.2.1 Shewhart's 控制图表

从逻辑学的角度来看，统计过程控制的 Shewhart's 控制图表是归纳推理技术的一种，即遵循从个别或特殊现象到一般规律的过程。控制性图表是真实世界归纳问题的工具。真实的世界运动包括了预测，当预测成为可行和适合的时候，控制性图表将提供预测的基础。由于非控制性变化引起预测不可行或不适合时，控制性图表将警告这个过程的不稳定性，这就是统计过程控制的 Shewhart's 控制图表对过程是否在受控状态进行判断的逻辑学基础。

统计过程控制的 Shewhart's 控制图是由中心线(CL)、上控制界限(UCL)和下控制界限(LCL)，和随时间顺序或抽取的样本量的统计数量变化值的情况描点得到的曲线组成。样式见图 4-1。

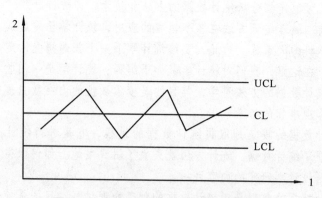

图 4-1 SPC 的 Shewhart's 控制图的样式

1. 时间或样本号　2. 统计量的数值

Shewhart's 控制图的控制限是 3-Sigma(σ),即 3 倍标准差。另外 UCL、CL、LCL 的计算公式如下:

$$UCL = \mu + 3\sigma$$
$$CL = 3\sigma$$
$$LCL = \mu - 3\sigma$$

公式中 μ 为总体平均数/值,3σ 为总体标准差。有时,当样本足够大时,样本的平均数和标准差代表了总体的平均数和标准差。

统计过程控制专家们提出判断过程失控的 4 条规则,也就是识别过程在不稳定状态有特殊因素存在的 4 条规则:

第一规则:只要有一个点落在 3σ 控制线以外,表示过程失去统计控制;

第二规则:只要 3 个连续值中至少有 2 个落在中心线同一侧 2σ 控制线以外,表示过程失去统计控制;

第三规则:只要 5 个连续值中至少有 4 个落在中心线同一侧 1σ 控制线以外,表示过程失去统计控制;

第四规则:只要至少有 8 个连续值落在中心线同一侧,表示过程失去统计控制。

●●●Dr. Walter A. Shewhart 有关过程变化的概念●●●

以 20 世纪 20 年代早期的贝尔实验室的工作为基础,Dr. Walter A. Shewhart 考虑到过程变化既在由随机设置的限度之内,也在那些限度之外。如果超出限度之外,他相信过程变化的来源是可以确定。这个观点在他的有关自然界变化规律的研究中有相应的基础。在这些研究中,Dr. Walter A. Shewhart 使用了统计学描述影响样本结果的变化方法。当他将同样的原理应用于制造产品数据时,他发现这样的数据不是与自然数据产生同样的表现。放弃这个矛盾,他用以下的用语阐明了差别:

"当每一个过程表现出变化,一些过程表现出了可控制的变化,另一些过程表现出不受控制的变化。"

受控的变化,即可控制的变化,表现为:随时间变化,过程变化是稳定的和一致的模式。Dr. Walter A. Shewhart 将这种过程变化的原因归为"随机"原因。

不受控的变化,表现为:随时间变化,变化模式是改变的。Dr. Walter A. Shewhart 将这种变化的原因归为"非随机"原因,即特殊原因。

考虑一个制造过程制造一系列离散的配件,每一个配件都有可测量的尺度和特征。这些配件定时的被选择和测量。这些测量值因为原料、机器、操作者和方法的变化而影响产品变化。作为许多作用因素(原料、机器、操作者和方法)的结果,如此的"随机"变化随着时间变化是相对一致和稳定的。Dr. Walter A. Shewhart 称这些因素为"随机原因",并且认为这种结果的变化是"受控变化"。

除了多数随机原因以外，偶尔有特殊的因素对产品的测量有较大的影响。这些因素可能是失去调整的机器、原料的略微差异、方法的略微改变、工人的不同、或是由于管理矛盾产生的环境差异。Dr. Walter A. Shewhart 指出这些因素是可以确定，同时这些"非随机原因"的影响将足够的引起过程变化的模式产生显著变化，并且认为这种结果的变化是"非受控变化"。

不仅这些"非随机原因"对数据的变化有明显的影响，并且，根据 Dr. Walter A. Shewhart 的提法，它的影响是可以预言的。在《制造品质量经济控制》(Economic Control of Manufactured Product) 中，他提到："据说一个现象可以被控制，通过过去的经验，至少在一定限度内，我们可以预言，在未来现象的预期过程变化会怎样。"

所有的数据流可以被认为是一些过程的输出。随着时间的延长，如果数据流显示受控变化在合理的范围，就可以预言一点，在限度内，数据流在未来可能如何运转。由于可预言性，计划、管理和生产也就容易实现。另一方面，当数据流显示不受控制的变化时，预言未来会发生什么基本上不可能。计划、管理和生产也就充满不确定性。

4.3.2.2 统计学常用的其他几种过程控制图表

(1) 流程图

流程图是流经一个系统的信息流、观点流或部件流的图形代表。在企业中，流程图主要用来说明某一过程。这种过程既可以是生产线上的工艺流程，也可以是完成一项任务必需的管理过程。

例如，一张流程图能够成为解释某个零件的制造工序，甚至组织决策制订程序的方式之一。这些过程的各个阶段均用图形块表示，不同图形块之间以箭头相连，代表它们在系统内的流动方向。下一步何去何从，要取决于上一步的结果，典型做法是用"是"或"否"的逻辑分支加以判断。

流程图是揭示和掌握封闭系统运动状况的有效方式。如图 4-2 所示，作为诊断工具，它能够辅助决策制订，让管理者清楚地知道问题可能出在什么地方，从而确定出可供选择的行动方案。

(2) 柱形图

柱形图，即直方图，排列在工作表的列或行中的数据可以绘制到柱形图中。柱形图用于显示一段时间内的数据变化或显示各项之间的比较情况。

在柱形图中，通常沿水平轴组织类别，而沿垂直轴组织数值，样式见图 4-3。

柱形图具有簇状柱形图和三维簇状柱形图两种。簇状柱形图比较各个类别的数值，簇状柱形图以二维垂直矩形显示数值；三维簇状柱形图仅以三维格式显示垂直矩形，而不以三维格式显示数据。

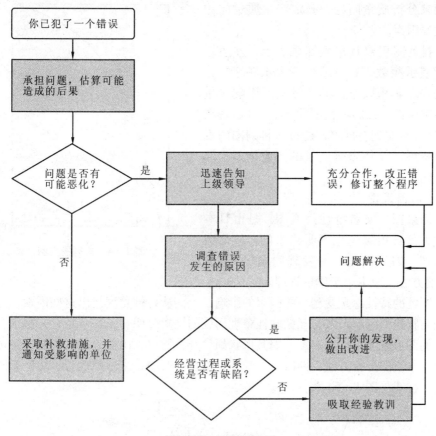

图4-2 流程图实例

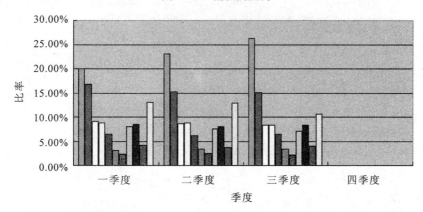

图4-3 柱形图实例

(3) 排列图

排列图,亦称主次分析图,帕累托图,是从大量数据中找出主要因素,分析主要矛盾的一种图形。它是条形比较图和累计曲线图的结合,即以条形表示各影响因素的绝对值,以曲线表示各影响因素占总数的百分数和累计百分数。它是将出现的质量问题和质量改进项目按照重要程度依次排列而采用的一种图表。它可以用来分析质量问题，确定产生质量问题的主要因素。

排列图用双直角坐标系表示，左边纵坐标表示频数，右边纵坐标表示频率，分析线表示累积频率，横坐标表示影响质量的各项因素，按影响程度的大小（即出现频数多少）从左到右排列，通过对排列图的观察分析可以抓住影响质量的主要因素，样式见图4-4。

(4) 因果图

因果图，又名特性因素图，是由日本管理大师石川馨先生发明出来的，故又名石川图。因果图是一种发现问题"根本原因"的方法，原本用于质量管理。

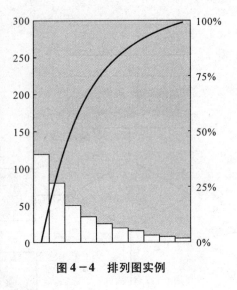

图4-4　排列图实例

问题的特性总是受到一些因素的影响，人们从各种角度找出这些因素，并将它们与特性值一起，按相互关联性整理而成的层次分明、条理清楚，并标出重要因素的图形就叫特性因素图。因其形状如鱼骨，所以又叫鱼骨图，它是一种透过现象看本质的分析方法。同时，鱼骨图也用在生产中，来形象地表示生产车间的流程，样式见图4-5。

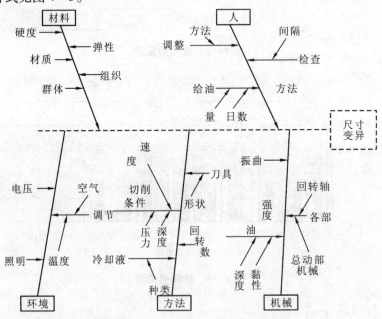

图4-5　因果图实例

(5) 散点图

散点图是表示两个变量之间关系的图，又称相关图，用于分析两测定值之间相关关系，它且有直观简便的优点。通过作散布图对数据的相关性进行直观地观察，不但可以得到定性的结论，而且可以通过观察剔除异常数据，从而提高用计算法估算相关程度的准确性。散点图将序列显示为一组点。值由点在图表中的位置表示。类别由图表中的不同标记表示。散点图通常用于比较跨类别的聚合数据。

散点图通常用于显示和比较数值，如科学数据、统计数据和工程数据。当要在不考虑时间的情况下比较大量数据点时，使用散点图。散点图中包含的数据越多，比较的效果就越好，样式见图4-6。

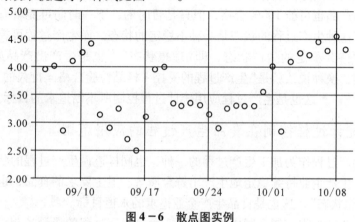

图4-6 散点图实例

4.3.3 统计过程控制的现代应用情况

从20世纪20年代，Dr. Walter A. Shewhart公布了他的第一个控制图表开始，一直到1931年他撰写了《制造品质量经济控制》(*Economic Control of Manufactured Product*)一书为止。不幸的是，Dr. Walter A. Shewhart的理念在工业上未被广泛认识和使用。当贝尔实验室的许多人了解他此项工作时，没有几个管理者和工程师有过统计学的训练。因此，他的控制图表技术被看做是一种理论。它仅被用于特殊的例子，或者有助于解决一个较难的工程问题。但是，工业界人士对在生产中如何使用它没有一个全面认识，并且管理者不知道如何使用它们来管理企业。

戴明在西方电力公司与Dr. Walter A. Shewhart共事，并且很快了解了Dr. Walter A. Shewhart控制图表技术的作用。第二次世界大战期间，戴明有机会在战争原料的生产过程中推动控制图表技术的使用。

20世纪80年代以后，随着全球产品质量意识的加强，在戴明的倡导下，统计过程控制得以推广使用。现在它已成为现代工业生产的产品质量控制工具之一，广泛应用于从普通的机械产品、电子产品加工到航天飞行器的零件加工过程的质量控制。

4.4 统计过程控制在食品生产过程中的应用

根据戴明和Wheeler博士两位统计过程控制专家对生产过程变化和状态的观点，物质的生产过程的变化有两种类型，可控制变化和失控变化，其中可控制变化是由于共同因素("chance" cause or constant cause)所导致,失控变化是由于特殊因素("assignable" cause or special cause)所导致。同时,所有生产过程也可以表现为4种状态中的一种,分别是理想状态(the ideal state)、开始状态(the threshold state)、混乱边缘(the bank of chaos)和混乱状态(the state of chaos)。4种状态的区别在于生产过程是否受控和产品的合格率。混乱边缘和混乱状态的出现是由于特殊因素的原因所导致,这两种状态下的生产过程是失控的,在此状态下生产出来的产品也可能100%合格,但只是暂时的,下一时间可能就有不合格产品的出现,这种生产过程的状态是一种不稳定的状态。而生产过程可控制变化的状态是一种持久稳定的生产状态,即"理想状态",也是生产出产品质量持续、稳定的关键,换种说法就是"生产过程的受控+样品检验合格=持久的、100%生产产品的合格"。这也是生产过程应用统计过程控制所不断追求的目标。

4.4.1 统计过程控制在食品生产过程的应用范围

食品生产过程作为加工生产过程的一种,也同样遵循生产过程的状态的变化规律。食品生产企业持续稳定地生产出符合质量、卫生要求的食品,也就是食品生产的"理想状态",这也是食品生产企业追求的永恒目标。

目前,统计过程控制在国内主要应用于食品生产过程的质量控制,在食品生产过程的安全卫生控制方面的应用报道很少。食品生产过程的质量控制的应用主要是用于质量控制失控的特殊因素的识别,质量控制失控的可预见性的纠偏和质量控制的持续改进等方面,如某类食品包装数量、质量的控制。

···统计过程控制在微生物控制方面应用···

某公司已经应用了统计过程控制技术来不断改进其鸡微生物检验系统。他们的一个方法是选取鸡胴体,检测 *Escherichae. coli*。这样来判定鸡是否带有过量的 *Escherichae coli* 或其他细菌。

1. 方法:

取样:利用统计抽样方法,鸡胴体在完成滴水工序后,在冷冻工序后期,在无菌条件下取样。取样期间,应用整鸡清洗技术。

检验:所选样品被放在装有600mL磷酸缓冲液的袋子中。下一步,它们将被里外冲洗大约1min,冲洗同时以30r/min的速度被转动。冲洗的水被收集,利用AOAC17.3.04(食品中大肠杆菌和大肠菌群的检测—再水化干膜法)方法涂片。检测报告以cfu/mL方式出具。

数据处理:这些数据将利用统计方法进行分析,相应地进行控制策略的调整。这种清洗方法已经被"拭子"取样法所取代,但这种方法所体现的过程控制的概念仍然有所借鉴。

2. 过程分析——过程稳定

图1显示出利用柱形图和X-mR控制图对数据进行的分析。在取样年度的第一段时间,统计分析表明该生产过程即稳定又可多产。

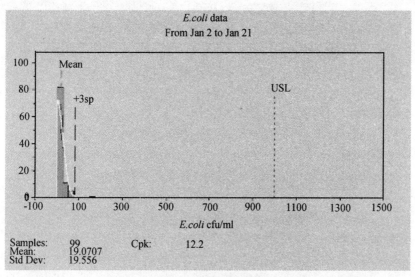

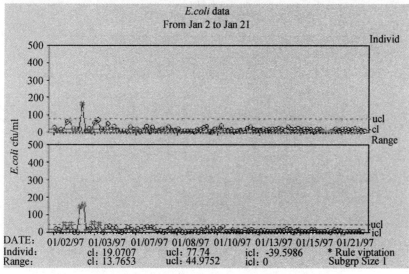

图1　*E.coli* 数据　1月2日~1月21日

3. 识别问题和纠偏

在1月份末期,该公司的生产过程发生了一个重大变化,由此导致了鸡中 *E. coli* 含量有轻微的升高(见图2)。此时 *E. coli* 含量水平仍低于关键限值。幸运的是,因为生产控制过程十分可靠,所以这个问题被发现,并成立了由工厂运营、品质保障、维修、补给部门人员组成的纠偏小组,该小组负责找出问题的根源并将其清除。作为解决问题的一部分,补给人员与生产人员紧密合作,提高进厂原料火鸡的品质水平。并且,在采摘工序后的工序流程中,增加了新设加氯消毒的喷水仓。第一和最后的水洗仓工序被改进,增设了加氯消毒系统。增大了水压。氯含量和水压控制检验也被加入到工序中。在进入冷藏系统前的最后一道水

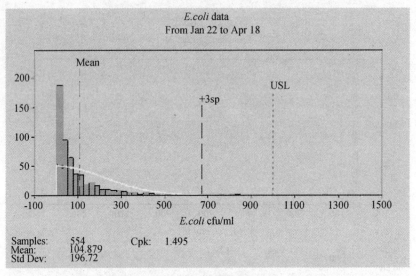

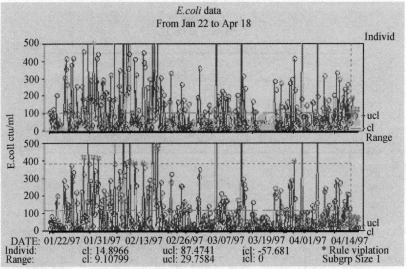

图2 *E. coli* 数据 1月22日~4月18日

洗工序中,增派了更多的检验人员。

4. 纠偏结果

采取这些措施后,鸡肉 *E. coli* 含量迅速下降,见图3。平均水平低于1月2日~1月21日的水平。生产控制过程又回到稳定可靠的状态。这些都稳固了过程,重新回到了统计的控制的过程之中。任何时间只要控制图表显示过程改变或数据偏离了统计控制,问题的原因都会被调查并最终解决问题。

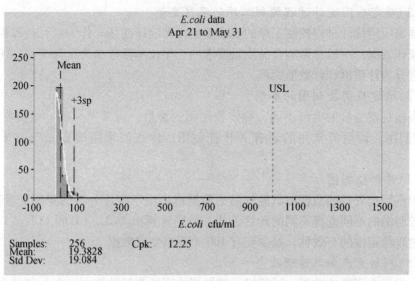

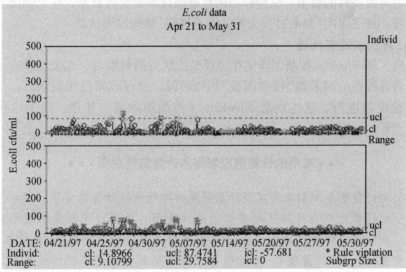

图3 *E.coli* 数据 4月21日~5月31日

4.4.2 统计过程控制在食品生产过程的应用步骤

应用统计过程控制通常的步骤是：应用统计过程控制工序的描述→确定应用统计过程控制工序的观察变量→确定应用控制图的类型→绘制控制图→判断生产加工过程状态→纠偏或过程改进。

(1) 应用统计过程控制工序的描述

应用统计过程控制的工序确定后，详尽描述应用统计过程控制工序的操作步骤和具体的要求，包括各项操作的准确技术参数。如食品生产工艺流程，各工序的技术参数，如食品体积大小、数量、重量、原料种类、加工的温度或时间要求等等。必须"准确、完备、详尽"。此步是确定观察变量的基础。

(2) 确定应用统计过程控制工序的观察变量

确定应用统计过程控制工序的观察变量，即统计变量。作为统计过程控制分析的统计数据，一般是影响食品质量要求的工序技术参数作为统计变量。统计变量通常分为计量值和计数值两种。

(3) 确定应用控制图的类型

根据观察变量的类型不同，确定控制图的类型。通常单一的计量值常用 X-mR 控制图，计量值常用的还有 X-R 控制图；计数值常用的有 p，np，c 等控制图。

(4) 绘制控制图

根据历史资料的数据或试验样品的数据得出用于统计分析的观察变量数据。根据控制图的不同选择不同的计算公式，分别计算出 UCL、CL 和 LCL 值。为了保证过程稳定性的有效性，最少要有 100 个观察变量数据。

(5) 判断生产加工过程状态

根据历史资料的数据、试验样品的数据或现场测量的数据，在控制图上描点绘制曲线，然后应用"判断过程失控的四条规则"判断过程状态。

(6) 纠偏或过程改进

最后，Shewhart's 控制图应用在过程受控状态的判断后，在失控状态下，利于生产者寻找产生因素即"特殊因素"加以消除，使过程恢复受控状态，生产能够持续稳定地进行。这也就是 Shewhart's 控制图的另一作用：用于过程持续改进。

···常用的计量值控制图和计数值控制图···

统计数据是我们采用某种计量尺度对事物进行计量的结果。但采用不同的计量尺度会得到不同类型的统计数据。根据计量尺度的结果来看，我们可以将统计数据大体上分为两种类型：定性的数据（计数值）和定量的数据（计量值）。定性数据也称品质数据，它说明的是事物的品质特征，是不能用数值表示的，其结果通常表现为类别，这类数据是由定类尺度和定序尺度计量形成的。定量数据也称数量数据，它说明的是现象的数量特征，是能够用数值来表现的，这类数据是由定距尺度和定比尺度计量形成的。对不同类型的数据，可采用不同的统计方法来处理和分析。

常用的计量值控制图有：平均值与极差控制图、中位数与极差控制图、平均值与标准差控制图。其中，平均值与极差控制图是通过求出每组数据的平均值和极差，并分别在平均值和极差控制图上打点。平均值控制图主要是观察和分析平均值的变化，极差控制图主要是观察分析各组数据的离散波动变化。平均值与极差控制图通常用于控制选择的尺寸、质量、时间、强度、成分、浓度阻值等计量数值。中位数与极差控制图从效果看，在统计意义上不如平均值与极差控制图理想，但是中位数不用计算，只要找出测量数据中最中间的那个数值就可以直接描点于控制图上，使用起来既方便又快捷，是基层人员最易接受的计量控制图，也通常用于控制产品和过程特性，如长度、厚度、质量、浓度等。平均值与标准差控制图一样属于计量控制图，适用于批量大、加工过程稳定的情况，适用于每次抽样数大于或等于10，小于或等于25。

常用的计数值控制图有：不良率或不合格率控制图、不良数或不合格数控制图、缺点数控制图。其中，不良率或不合格率控制图是一种广泛应用的计数值控制图，是把被检查的零件或项目记录成合格或不合格，是通过产品的不合格率的变化来控制质量的。不良率或不合格率控制图常用于控制检查零部件外观、光学或电子零件的不合格率、合格率、材料利用率等。不良数或不合格数控制图是用来度量检验中不合格数的控制图，与不良率或不合格率控制图的不同在于其表示不合格品的实际数量（在实际数量比比率更有意义或更容易报告时），而不是样本的比率，两图的适用情况相同。缺点数控制图是用来监控某个过程缺点数的变化，是指单位产品的缺点数或不合格数，如铸件上的砂眼数、匹布上的疵点数、平方玻璃的气泡数等。

思考题

1. 什么是统计过程控制？
2. 简述过程失控的 4 个判断原则。
3. 论述统计过程控制在食品生产质量控制的应用方法。

推荐阅读书目

统计学. 袁卫，庞皓等. 高等教育出版社，2005.

统计制成管制. 官生平. 厦门大学出版社，2004.

Chambers. understanding statistical process control. Donald J. Wheeler and David S. Tennessee, 1992.

Quality control. Dale H. Besterfield. Philippines, 2001.

相关链接

卫生统计之家　http：//www.hstathome.com

医学统计之星　http：//www.medstatstar.com

第5章 食品安全控制与 HACCP 体系

重点与难点
- 了解良好生产规范(GMP)及其内容;
- 掌握卫生标准操作程序(SSOP)的8个方面;
- 理解 HACCP 7 个原理,掌握 HACCP 计划建立的方法;
- 了解可追溯体系在食品安全控制方面的应用。

5.1 良好生产规范(GMP)
5.2 食品生产加工企业的卫生标准操作程序(SSOP)
5.3 HACCP 体系
5.4 可追溯体系及其在食品安全控制中的作用

在传统的食品终成品微生物检验控制不能确保食品安全的情况下，一种全面分析食品状况预防食品不安全的体系——HACCP(hazard analysis and critical control point)，即危害分析与关键控制点，也就应运而生。HACCP 的目标是确保食品的安全性。它运用食品加工、微生物学、质量控制和危险评价等有关原理和方法，对食品加工以至最终食用产品过程中存在的潜在危害进行分析判断，找出对最终产品质量有影响的关键控制环节，以良好生产规范(GMP)、卫生标准操作程序(SSOP)等为基础，采取相应控制措施，使食品危害性减至可接受程度，从而达到最终产品有较高安全性的目的。近40年来，HACCP 已经成为国际上共同认可和接受的用于确保食品安全的体系。虽然 HACCP 初始是出于控制食品微生物学的安全性而产生的，目前它已经扩大到对食品中化学性和物理性危害的安全控制。近年来，官方和消费者对食品安全性的普遍关注和食品传染病的持续发生是 HACCP 体系得到广泛应用的动力。

5.1 良好生产规范(GMP)

5.1.1 GMP 简介

食品生产卫生规范，又称良好生产规范(good manufacture practice，简称 GMP)，是政府强制性的对食品生产、包装、贮藏卫生制定的法规，是保证食品具有安全性的良好生产管理体系。我国《食品工业基本术语》(GB/T15091—1994)对 GMP 定义是：生产(加工)符合食品标准或食品法规的食品，所必须遵循的，经食品卫生监督与管理机构认可的强制性作业规范。GMP 的核心包括：良好的生产设备和卫生设施、合理的生产工艺、完善的质量管理和控制体系。GMP 要求食品企业应具备合理的生产过程、良好的生产设备、正确的生产知识、完善的质量控制和严格的管理体系，并用以控制生产的全过程。GMP 是食品生产企业实现生产工艺合理化、科学化、现代化的首要条件。

GMP 可以概括为一种包括4M 管理要素的质量保证制度，即选用规定要求的原料，以合乎标准的厂房设备，由胜任的人员，按照既定的方法，制造出品质既稳定又安全卫生的产品的一种质量保证制度。其基本精神包括3个方面：降低食品制造过程中人为的错误；防止食品在制造过程中遭受污染或品质劣变；要求建立完善的质量管理体系。

•••GMP 产生的历史背景•••

食品良好生产规范是从药品生产质量管理规范中发展起来的。早在第一次世界大战期间美国新闻界披露美国食品工业的不良状况和药品生产的欺骗行径之后，促使美国诞生了《联邦食品、药品和化妆品法》，开始以法律形式来保证食品、药品的质量,由此还建立了世界上第一个国家级的食品药品管理机构——美国 FDA。第二次世界大战后,由于科学技术的发展,使人们认识到以成品抽样分析检验结果为依据的质量控制方法有一定的缺陷,从而产生了全面质量控制和质量保证的概念。

1961 年发生了一起源于欧洲,进而波及世界 28 个国家,20 世纪最大的药物灾难。事件是在前联邦德国发现许多没有臂和腿、手直接连在躯体上,很像海豹的畸形儿。经调查是孕妇服用名为"反应停"的药物而引起的,殃及澳大利亚、加拿大、日本以及拉丁美洲、非洲的 28 个国家,发现畸形胎儿 12 000 余例。美国是少数几个幸免此次灾难的国家之一,因此 1962 年美国修改了《联邦食品、药品和化妆品法》,将全面质量管理和质量保证的概念变成法定要求。1963 年美国制定颁布世界上第一部药品的良好生产规范——GMP。食品和药品都是与人类生命息息相关的特殊商品,在药品 GMP 取得良好成效之后,GMP 很快就被应用到食品卫生质量管理中,并逐步发展形成了食品 GMP。

5.1.1.1 我国食品生产企业 GMP

(1)我国出口食品 GMP

随着国际上卫生注册制度的兴起和发展,20 世纪 70 年代开始,前联邦德国、英国、荷兰等一些欧洲国家开始对我国相关出口肉类食品加工厂实行注册制度。70 年代初,原国家进出口商品检验局(以下称原国家商检局)首次向前联邦德国提交了 24 个国营食品加工厂名单及出口注册代号。为了保证我国出口食品质量和卫生,满足进口国卫生注册制度的规定,根据国际食品贸易发展的需要,1984 年 7 月,原国家商检局会同卫生部联合发布了《出口食品卫生管理办法(试行)》,其中规定商检部门对出口食品的加工厂、屠宰场、冷库、仓库和出口食品进行卫生监督和检验,并实施出口厂、库卫生注册登记制度。1984 年 10 月,原国家商检局发布了类似 GMP 的卫生法规《出口食品厂、库最低卫生要求(试行)》和《出口食品厂、库卫生注册细则(试行)》,对出口食品生产企业提出了强制性的最低卫生要求。

根据食品贸易全球化的发展以及对食品安全卫生要求的提高,《出口食品厂、库最低卫生要求》已经不能适应形势的要求,1994 年 11 月原国家商检局发布了《出口食品厂、库卫生要求》。在此基础上,对出口速冻蔬菜、畜禽肉、罐头、水产品、饮料、茶叶、糖类、面糖制品、速冻方便食品和肠衣等 10 类食品企业的卫生注册进行了规范。为保证出口食品的安全卫生质量,规范出口食品生产企业的安全卫生管理,根据《中华人民共和国食品卫生法》《中华人民共和国进出口商品检验法》及其实施条例等有关规定,国家质量监督检验检疫总局对 1994 年发布的《出口食品厂、库卫生要求》进行了修改,于 2002 年 5 月发布实施了《出口食品生产企业卫生要求》。这一规定是我国对出口食品生产企业加工操作的官方要求,也是我国出口食品生产企业的良好生产规范(简称出口食品 GMP)。在此基

础上,又陆续发布了以下9个专业卫生规范:

①《出口肉类屠宰加工企业注册卫生规范》;

②《出口罐头生产企业注册卫生规范》;

③《出口水产品生产企业注册卫生规范》;

④《出口饮料生产企业注册卫生规范》;

⑤《出口速冻方便食品生产企业注册卫生规范》;

⑥《出口速冻果蔬生产企业注册卫生规范》;

⑦《出口脱水果蔬生产企业注册卫生规范》;

⑧《出口肠衣生产企业注册卫生规范》;

⑨《出口茶叶生产企业注册卫生规范》。

根据《出口食品生产企业卫生要求》规定,出口食品生产企业的卫生质量体系包括下列基本内容:卫生质量方针和目标;组织机构及其职责;生产、质量管理人员的要求;环境卫生的要求;车间及设施卫生的要求;原料、辅料卫生的要求;生产、加工卫生的要求;包装、贮存、运输卫生的要求;有毒、有害物品的控制;检验的要求;保证卫生质量体系有效运行的要求。

(2) 我国食品 GMP

1994年,我国卫生部采用 FAO/WHO 食品法典委员会(CAC/RCP REC. 2—1985)《食品卫生总则》,并结合我国国情,制定了国家标准《食品企业通用卫生规范》(GB 14881—1994),以此作为我国食品 GMP 的总则。《食品企业通用卫生规范》(GB 14881—1994)基本卫生要求包括:原材料采购、运输的卫生要求,工厂设计与设施的卫生要求,工厂的卫生管理,生产过程的卫生要求,卫生和质量检验的管理,成品贮存、运输的卫生要求以及个人卫生与健康的要求。

从1988年开始,我国先后颁布了17个食品企业卫生规范。重点对厂房、设备、设施和企业自身卫生管理等方面提出卫生要求,以促进我国食品卫生状况的改善,预防和控制各种有害因素对食品的污染。1998年,卫生部颁布了《保健食品良好生产规范》(GB 17405—1998)和《膨化食品良好生产规范》(GB 17404—1998),这是我国首批颁布的食品 GMP 强制性标准。同以往的"卫生规范"相比,最突出的特点是增加了品质管理的内容,对企业人员素质及资格也提出了具体要求,对企业硬件和生产过程管理及自身卫生管理的要求更加具体、全面和严格。迄今为止,共制定了21类食品加工企业的卫生规范(即类似于国际上普遍采用的 GMP 标准),形成了我国食品 GMP 伞体系。近期,卫生部还组织了对部分已发布的卫生规范的修订工作。

21类食品加工企业的卫生规范如下:

①《罐头厂卫生规范》(GB 8950—1988);

②《白酒厂卫生规范》(GB 8951—1988);

③《啤酒厂卫生规范》(GB 8952—1988);

④《酱油厂卫生规范》(GB 8953—1988);

⑤《食醋厂卫生规范》(GB 8954—1988);

⑥《食用植物油厂卫生规范》(GB 8955—1988);
⑦《蜜饯企业良好生产规范》(GB 8956—2003);
⑧《糕点厂卫生规范》(GB 8957—1988);
⑨《乳品厂卫生规范》(GB 8958—1988);
⑩《肉类加工厂卫生规范》(GB 12694—1990);
⑪《饮料厂卫生规范》(GB 12695—2003);
⑫《葡萄酒企业良好生产规范》(GB 12696—1990);
⑬《果酒厂卫生规范》(GB 12697—1990);
⑭《黄酒厂卫生规范》(GB 12698—1990);
⑮《面粉厂卫生规范》(GB 13122—1991);
⑯《饮用天然矿泉水厂卫生规范》(GB 16330—1996);
⑰《巧克力厂卫生规范》(GB 17403—1998);
⑱《膨化食品良好生产规范》(GB 17404—1998);
⑲《保健食品良好生产规范》(GB 17405—1998);
⑳《熟肉制品企业生产卫生规范》(GB 19303—2003);
㉑《乳制品企业良好生产规范》(GB 12693—2003)。

5.1.1.2 GMP 与 HACCP 的关系

(1) GMP 是 HACCP 体系建立的基础

GMP 对食品生产、加工、包装、贮运、人员的卫生健康、建筑和设施、设备、生产和加工控制管理等硬件和软件两方面作出了详细的要求和规定。GMP 规定了食品生产的卫生要求,食品企业制订并执行 SSOP 计划、人员培训计划、设备维护保养计划、产品回收计划、产品识别代码计划等必须以 GMP 为依据,上述计划又是 HACCP 体系建立的基础。

(2) GMP 是 HACCP 体系有效实施的基础

GMP 特别注重在生产过程实施对食品卫生安全的管理。只有 GMP 有效实施,解决了基本问题,终产品基本合格的前提下,通过对关键点的控制来消除安全隐患、提高食品的安全质量才可能成为现实,GMP 为 HACCP 体系的有效实施奠定了基础。

(3) GMP 对 HACCP 体系具有指导作用

GMP 所规定的内容是食品生产企业必须达到的最基本条件,是覆盖全行业的全局性规范。各工厂和生产线的情况都各不相同,涉及许多具体的独特的问题。为了更好地执行 GMP 规范,主管部门允许食品生产企业结合本企业的加工品种和工艺特点,在 GMP 基础上制订自己的良好加工的指导文件。HACCP 就是食品生产企业在 GMP 的指导下采用的自主的过程管理体系,针对每一种食品从原料到成品,从加工场所到加工设备,从加工人员到消费方式等各方面的个性问题而建立的食品安全体系。企业生产中任何因素的变化都可能导致 HACCP 体系的调整更改。GMP 与 HACCP 构成了一般与个别的关系,GMP 为 HACCP 明确了总的规范和要求，具有良好的指导作用。

(4) GMP 对 HACCP 体系具有促进作用

从理论上讲两者有各自的食品安全卫生控制重点，但在实际运用中它们又是动态和变化的。GMP 作为食品安全卫生控制的依据起基础调节作用，企业 GMP 执行得好，将控制食品加工中的大部分危害，为此可减轻 HACCP 工作强度和降低工作成本，反之，则加重其负担。充分有效的 GMP 将简化 HACCP 计划，确保 HACCP 计划的完整性和加工产品的安全性。

(5) GMP 和 HACCP 体系是相互协调、相互补充的独立体系

GMP 和 HACCP 都是一个相对独立的体系，从不同方面规范了食品安全质量的管理，但其又各有侧重，有所区别，GMP 作为法规要求对食品加工安全卫生的方方面面进行控制，而 HACCP 只针对某一方面加以控制。一般来说，涉及产品本身或某一加工工艺、步骤的显著危害由关键控制点(CCP)来控制。有些危害(如微生物危害)可能由 GMP 和 HACCP 共同控制，GMP 将有效控制或削弱这些危害，并最终由 HACCP 防止、消除或降低到可接受水平。

总之，GMP 是基础、依据和指南，是食品安全卫生管理的通用要求；HACCP 是贯彻落实 GMP 的要求的具体手段和方法。HACCP 脱离了 GMP，就会变成空中楼阁、无水之源，就不能有效控制食品安全。

5.1.2 GMP 的内容

5.1.2.1 美国的 GMP

美国的 GMP，即《食品企业良好生产规范(GMP)法规》(21 CFR 110)是以法规的形式颁布的，此法规适用于所有食品，作为食品的生产、包装、贮藏卫生品质管理体制的技术基础，具有法律上的强制性。

21 CFR 110 包括以下内容：

A 分部——总则

110.3 定义

110.5 现行的良好生产规范

110.10 人员

110.19 例外情况

B 分部——建筑物和设施

110.30 厂房和场地

110.35 卫生操作

110.37 卫生设施及管理

C 分部——设备

110.40 设备和工器具

D 分部——(本节预留作将来补充)

E 分部——生产和加工控制

110.80 加工和控制

110.93 仓储与销售

F 分部——（本节预留作将来补充）

G 分部——缺陷行动水平

110.110 食品中对人体无害的天然或不可避免的缺陷

5.1.2.2　CAC 有关卫生实施法规

CAC 的宗旨是通过建立国际协调一致的食品标准体系，保护消费者的健康，促进食品贸易的公平竞争。这些规范或标准是推荐性的，一旦被进口国采纳，那么这些国家就会要求出口国的产品达到此规范要求或标准规定。

CAC 现已制定包括《食品卫生总则》[CAC/RCP 1—1969, Rev.4(2003)]在内的 37 个卫生规范，其中包括鲜鱼、冻鱼、贝类、蟹类、龙虾、水果、蔬菜、蛋类、鲜肉、低酸罐头食品、禽肉、饮料、食用油脂等食品生产的卫生规范。

CAC《食品卫生总则》[CAC/RCP 1—1969, Rev.4(2003)]适用于全部食品加工的卫生要求，作为推荐性的标准，提供给各国。

总则为保证食品卫生奠定了坚实的基础，在应用总则时，应根据情况结合卫生操作规范和微生物标准导则来使用。总则按食品由最初生产到最终消费的食品链，说明每个环节的关键控制措施。尽可能地推荐使用以 HACCP 为基础的方法，提高食品的安全性，达到 HACCP 体系及其应用导则的要求。

总则中所述的控制措施是保证食品食用的安全性和适宜性的国际公认的重要方法。可用于政府、企业(包括个体初级食品生产者、加工和制作者、食品服务者和零售商)和消费者。

总则包括 10 个部分：

①目标；

②范围、使用和定义；

③初级生产；

④加工厂：设计与设施；

⑤生产控制；

⑥工厂：养护与卫生；

⑦工厂：个人卫生；

⑧运输；

⑨产品信息和消费者的意识；

⑩培训。

••• 加拿大的基础计划 •••

加拿大的基础计划内容相当于 GMP 的内容。

基础计划的定义：在一个食品加工企业中为在良好的环境条件下加工生产安全卫生的食品所采取的基本的控制步骤或等同程序。

在一个企业实施 HACCP 时，第一步是检查和验证现有的程序是否符合基础计划的所有要求，是否所有必需的控制管理和文件(如文本性的计划、负责的人员和监控记录)都已经存在。评估基础计划是否符合要求：

①要监控计划的有效性；
②要适度保持所要求的记录。

基础计划包括6个方面：
①厂房——外部环境、建筑、卫生设施、水/汽/冰的质量计划；
②运输和贮藏——食品运输工具、温度控制、原辅料、非食用化学物质和成品的贮藏；
③设备—— 一般设备设计、设备安装、设备维护和校准；
④人员——培训、卫生和健康要求；
⑤卫生和虫害的控制——卫生计划、虫害控制程序；
⑥回收——回收程序、分发记录。

5.1.2.3 我国出口食品 GMP 的主要内容

(1) 质量体系的要求

①企业应当建立出口食品的卫生质量体系，并制定指导卫生质量体系运转的体系文件。
②建立文件化卫生质量体系文件，而不仅限于质量手册。
③要求制定卫生质量方针、目标和责任制度，明确组织机构。
④重点强调卫生质量体系持续有效运行。

(2) 人员的要求

①与食品生产有接触的人员经体检合格后方可上岗。
②生产、质量管理人员每年进行一次健康检查，必要时做临时健康检查；凡患有影响食品卫生的疾病者，必须调离食品生产岗位。
③生产、质量管理人员保持个人清洁，不得将与生产无关的物品带入车间；工作时不得戴首饰、手表，不得化妆；进入车间时洗手、消毒并穿着工作服、帽、鞋，工作服、帽、鞋应当定期消毒。
④生产、质量管理人员经过培训并考核合格后方可上岗。
⑤配备足够数量的、具备相应资格的专业人员从事卫生质量管理工作。

(3) 环境的卫生要求

①出口食品生产企业不得建在有碍食品卫生的区域，厂区内不得兼营、生产、存放有碍食品卫生的其他产品。
②厂区路面平整、无积水，厂区无裸露地面。
③厂区卫生间应当有冲水、洗手、防蝇、防虫、防鼠设施，墙裙以浅色、平滑、不透水、无毒、耐腐蚀的材料修建，并保持清洁。
④生产中产生的废水、废料的排放或者处理符合国家有关规定。
⑤厂区建有与生产能力相适应的符合卫生要求的原料、辅料、化学物品、包

装物料贮存等辅助设施和废物、垃圾暂存设施。

⑥生产区与生活区隔离。

(4)生产车间的卫生要求

①车间面积与生产能力相适应，布局合理，排水畅通；车间地面用防滑、坚固、不透水、耐腐蚀的无毒材料修建，平坦、无积水并保持清洁；车间出口及与外界相连的排水、通风处应当安装防鼠、防蝇、防虫等设施。

②车间内墙壁、屋顶或者天花板使用无毒、浅色、防水、防霉、不脱落、易于清洗的材料修建，墙角、地角、顶角具有弧度。

③车间窗户有内窗台的，内窗台下斜约45°；车间门窗用浅色、平滑、易清洗、不透水、耐腐蚀的坚固材料制作，结构严密。

④车间内位于食品生产线上方的照明设施装有防护罩，工作场所以及检验台的照度符合生产、检验的要求，光线以不改变被加工物的本色为宜。

⑤有温度要求的工序和场所安装温度显示装置，车间温度按照产品工艺要求控制在规定的范围内，并保持良好通风。

⑥车间供电、供气、供水满足生产需要。

⑦在适当的地点设足够数量的洗手、清洁消毒、烘干手的设备或者用品，洗手水龙头为非手动开关。

⑧根据产品加工需要，车间入口处设有鞋、靴和车轮消毒设施。

⑨设有与车间相连接的更衣室，不同清洁程度要求的区域设有单独的更衣室，视需要设立与更衣室相连接的卫生间和淋浴室，更衣室、卫生间、淋浴室应当保持清洁卫生，其设施和布局不得对车间造成潜在的污染风险。

⑩车间内的设备、设施和工器具用无毒、耐腐蚀、不生锈、易清洗消毒、坚固的材料制作，其构造易于清洗消毒。

(5)原料、辅料的卫生要求

①生产用原料、辅料应当符合安全卫生规定要求，避免来自空气、土壤、水、饲料、肥料中的农药、兽药或者其他有害物质的污染。

②作为生产原料的动物，应当来自于非疫区，并经检疫合格。

③生产用原料、辅料有检验、检疫合格证，经进厂验收合格后方准使用。

④超过保质期的原料、辅料不得用于食品生产。

⑤加工用水(冰)应当符合国家《生活饮用水卫生标准》(GB 5749—2006)等必要的标准，对水质的公共卫生防疫卫生检测每年不得少于两次，自备水源应当具备有效的卫生保障设施。

(6)生产过程的卫生控制

①生产设备布局合理，并保持清洁和完好。

②生产设备、工具、容器、场地等严格执行清洗消毒制度，盛放食品的容器不得直接接触地面。

③班前班后进行卫生清洁工作，专人负责检查，并做检查记录。

④原料、辅料、半成品、成品以及生、熟品分别存放在不会受到污染的

区域。

⑤按照生产工艺的先后次序和产品特点,将原料处理、半成品处理和加工、工器具的清洗消毒、成品内包装、成品外包装、成品检验和成品贮藏等不同清洁卫生要求的区域分开设置,防止交叉污染。

⑥对加工过程中产生的不合格品、跌落地面的产品和废弃物,在固定地点用有明显标志的专用容器分别收集盛装,并在检验人员监督下及时处理,其容器和运输工具及时消毒。

⑦对不合格品产生的原因进行分析,并及时采取纠正措施。

(7) 包装、贮存、运输的卫生要求

①用于包装食品的物料符合卫生标准并且保持清洁卫生,不得含有有毒、有害物质,不易褪色。

②包装物料间干燥通风,内、外包装物料分别存放,不得有污染。

③运输工具符合卫生要求,并根据产品特点配备防雨、防尘、冷藏、保温等设施。

④冷包间和预冷库、速冻库、冷藏库等仓库的温度、湿度符合产品工艺要求,并配备温度显示装置,必要时配备湿度计;预冷库、速冻库、冷藏库要配备自动温度记录装置并定期校准,库内保持清洁,定期消毒,有防霉、防鼠、防虫设施,库内物品与墙壁、地面保持一定距离,库内不得存放有碍卫生的物品;同一库内不得存放可能造成相互污染的食品。

(8) 有毒、有害物品的控制

严格执行有毒、有害物品的贮存和使用管理规定,确保厂区、车间和化验室使用的洗涤剂、消毒剂、杀虫剂、燃油、润滑油和化学试剂等有毒、有害物品得到有效控制,避免对食品、食品接触表面和食品包装物料造成污染。

(9) 检验的要求

①企业有与生产能力相适应的内设检验机构和具备相应资格的检验人员。

②企业内设检验机构具备检验工作所需要的标准资料、检验设施和仪器设备,检验仪器按规定进行计量检定,检验要有检测记录。

③使用社会实验室承担企业卫生质量检验工作的,该实验室应当具有相应的资格,并签订合同。

(10) 卫生质量体系有效地运行要求

①制订并有效执行原料、辅料、半成品、成品及生产过程卫生控制程序,做好记录。

②建立并执行卫生标准操作程序并做好记录,确保加工用水(冰)、食品接触表面、有毒、有害物质、虫害防治等处于受控状态。

③对影响食品卫生的关键工序,要制订明确的操作规程并得到连续的监控,同时必须有监控记录。

④制定并执行对不合格品的控制制度,包括不合格品的标识、记录、评价、隔离处置和可追溯性等内容。

⑤制定产品标识、质量追踪和产品召回制度,确保出厂产品在出现安全卫生质量问题时能够及时召回。

⑥制订并执行加工设备、设施的维护程序,保证加工设备、设施满足生产加工的需要。

⑦制订并实施职工培训计划并做好培训记录,保证不同岗位的人员熟练完成本职工作。

⑧建立内部审核制度,一般每半年进行一次内部审核,每年进行一次管理评审,并做好记录。

⑨对反映产品卫生质量情况的有关记录,应当制定并执行标记、收集、编目、归档、存储、保管和处理等管理规定。所有质量记录必须真实、准确、规范并具有卫生质量的可追溯性,保存期不少于2年。

5.1.3 GMP 的实施

GMP 作为国家强制性的法规要求,通常是一个国家的食品安全控制体系(计划)的重要组成部分;同时作为实践经验总结,GMP 又是食品企业进行工厂设计、人员管理以及建立卫生操作程序的一般指南。企业一方面应满足 GMP 法规要求;另一方面可依据 GMP 完善食品加工卫生条件和安全卫生管理,以良好地执行 GMP。

企业应根据 GMP 法规的要求,建立保证食品安全的卫生质量体系,并制定指导卫生质量体系运转的体系文件,建立企业自身的 GMP。

5.2 食品生产加工企业的卫生标准操作程序(SSOP)

5.2.1 SSOP 的含义

SSOP 是卫生标准操作程序(sanitation standard operation procedure)的简称。SSOP 是食品生产企业为了保证达到 GMP 所规定的卫生要求,保证加工过程中消除不良的人为因素,使其所加工的食品符合卫生要求而制定的指导食品生产加工过程中如何实施清洗、消毒和卫生保持的作业指导文件。

GMP 构成了 SSOP 的立法基础。GMP 规定了食品卫生的卫生要求,SSOP 具体列出卫生控制的各项目标,是为达到 GMP 要求所采取的行动,制订相关控制计划。

GMP 的规定是原则性的,包括硬件和软件两个方面,是相关食品加工企业必须达到的基本条件。SSOP 的规定是具体的,主要是指导卫生操作和卫生管理的具体实施,相当于 ISO 9000 质量体系中过程控制程序中的"作业指导书"。

美国 FDA 在颁布《水产品 HACCP 法规》(21 CFR 123)时,要求加工企业采取有效的卫生控制程序,充分保证达到 GMP 的要求,并未强制加工企业制订书面的 SSOP 计划,而在此后颁布的《果蔬汁 HACCP 法规》(21 CFR 120)中提出食品生产企业必须制订书面的 SSOP 计划;国家认证认可监督管理委员会在 2002 年第

3号公告中发布的《食品生产企业危害分析和关键控制点(HACCP)管理体系认证管理规定》中明确规定:"企业必须建立和实施卫生标准操作程序"。

5.2.1.1 我国对SSOP的要求

国家认证认可监督管理委员会在2002年第3号公告中发布的《食品生产企业危害分析和关键控制点(HACCP)管理体系认证管理规定》中已明确规定,企业必须建立和实施卫生标准操作程序,达到以下卫生要求:

①接触食品(包括原料、半成品、成品)或与食品有接触的物品的水和冰应当符合安全、卫生要求;

②接触食品的器具、手套和内外包装材料等必须清洁、卫生和安全;

③确保食品免受交叉污染;

④保证操作人员手的清洗消毒,保持洗手间设施的清洁;

⑤防止润滑剂、燃料、清洗消毒用品、冷凝水及其他化学、物理和生物等污染物对食品造成安全危害;

⑥正确标注、存放和使用各类有毒化学物质;

⑦保证与食品接触的员工的身体健康和卫生;

⑧清除和预防鼠害、虫害。

也就是说,企业制订的SSOP计划应至少包括以上8个方面的卫生控制内容,企业可以根据产品和自身加工条件的实际情况增加其他方面的内容。

5.2.1.2 SSOP的一般要求

①加工企业必须建立和实施SSOP,以强调加工前、加工中和加工后的卫生状况和卫生行为;

②SSOP应该描述加工者如何保证某个关键的卫生条件和操作得到满足;

③SSOP应该描述加工企业的操作如何受到监控来保证达到GMP规定的条件和要求;

④每个加工企业必须保持SSOP记录,至少应记录与加工厂相关的关键的卫生条件和操作受到监控和纠偏的结果;

⑤官方执法部门或第三方认证机构应鼓励和督促企业建立书面的SSOP计划。

由于SSOP计划不但对总体卫生作出了规定,而且提供了具体的、可行的方案,因此对于那些劳动密集型、技术含量低的行业尤其适用。

5.2.1.3 SSOP与HACCP的关系

食品出现的安全危害来源于两个方面——食品加工环境和加工过程中物理的、化学的和生物的污染;食品加工工艺流程不合理或控制不良所造成的食品不安全。只有对以上两方面实施了有效的控制,才能使最终产品卫生和安全。

SSOP具体列出了卫生控制的各项目标,包括了食品加工过程中的卫生、工厂环境的卫生和为达到GMP的要求所采取的行动。如果SSOP实施了对加工环境和加工过程中各种污染或危害的有效控制，那么按产品工艺流程进行危害分析而实施的关键控制点（CCP）的控制就能集中到对工艺过程中的食品危害的控制方面。因此，HACCP计划中CCP的确定受到SSOP有效实施的影响，即HACCP体系建筑在以GMP为基础的SSOP上。SSOP可以减少HACCP计划中的CCP数量。当企业实施了SSOP后，HACCP体系就能集中到与食品或其生产过程中相关的危害控制上，而不是在生产卫生环境上，HACCP计划更能体现对特定食品危害的控制。

5.2.2 SSOP的内容

5.2.2.1 水（冰）的安全

生产用水（冰）的卫生质量是影响食品卫生的关键因素，食品加工企业应考虑与食品接触或与食品表面接触水（冰）的来源与处理符合有关规定，并考虑与非生产用水及污水处理的交叉污染问题。

（1）生产加工用水的要求

食品加工企业加工用水必须保证来源安全、卫生且充足。通常情况下，安全卫生的水是指符合国家饮用水标准的水。

在食品加工中应使用符合国家规定的《生活饮用水卫生标准》（GB 5749—2006）的水。水产品加工中原料冲洗使用海水的应符合《海水水质要求》（GB 3097—1997）。某些食品（如啤酒、饮料等），水质理化指标还要符合软饮料用水的质量标准《软饮料用水标准》（GB 1079—1989）。

（2）监控

无论是城市供水还是自备水源或海水，都必须充分有效地加以监控，确保生产用水可安全地用于食品和食品接触表面。

生产加工企业应制订详细的供水网络图，以便日常对供水系统管理与维护，车间的每个出水口应按顺序编号。冷、热水管必须着色标识。

对于城市供水每年最少二次经当地防疫部门进行全项目检测，并有检测报告。企业实验室应每月进行一次微生物指标检测。

对于自备水源，在企业投产前必须经当地防疫部门进行全项目检测。投产后每年不少于二次。企业实验室应每周进行一次微生物指标检测，每天对余氯进行检测。发现异常时应增加检测的频率。

使用海水加工的，其水质应符合《海水水质要求》（GB 3097—1997），检测的频率应比城市供水或自备水源频繁。

每月应对饮用水管道和非饮用水管道及污水管道的硬（永久性）管道之间的可能出现问题的交叉连接进行检查。为防止潜在的水污染，对于虹吸管回流或不适当的使用软管（如直接进入槽中、放在地面上）引起的交叉连接，应增加检查频率（每日）。在开工前应检查是否有虹吸管回流产生的交叉连接。消除虹吸管回流最有效的方式是在水源和水池、容器或地面上的水之间形成简单的空气隔断（空间），也可使用真空排气阀防止回流。

直接与产品接触的冰应使用符合饮用水标准的水制成。制冰设备和盛装冰块的器具应保持良好的卫生状况。除了对水源的安全性和相连的管道进行监控外，用这些水制成的冰也必须进行定期的监控。冰的贮藏、运输、粉碎、铲运等都应在卫生条件下进行，防止与地面将接触造成污染。定期对冰和盛装冰的器具进行微生物检测。

（3）纠正措施

当监控发现加工用水存在问题时，企业必须对其进行评估。如果必要，应终止使用此水源的水直至问题得到解决。另外，必须对在这种不良条件下生产的所有产品进行隔离、评估。对交叉连接发现的问题应及时纠正并填写每日卫生控制记录。

（4）记录

要有水质检测报告、余氯检测报告、管网维修检查记录等。

5.2.2.2 食品接触表面的状况和清洁

接触食品的表面以及在正常加工过程中会将水溅在食品或食品接触表面上的那些表面，称为食品接触表面。食品加工过程中的食品接触表面包括加工过程中使用的所有设备、工器具和设施，以及工作服、手和包装材料等。

（1）食品接触表面的材料要求

食品接触表面应选用无毒、不吸水、抗腐蚀、不与清洁剂和消毒剂发生化学反应、表面光滑易于清洁和消毒的材料。

在食品加工中一般使用300系列等级的不锈钢材料。不锈钢具有抗腐蚀、防磨损、抗热应力的能力，而且容易清洗，耐消毒剂腐蚀。车间内禁止使用竹木器具、易生锈的材料。

对于手套、围裙、工作服等应根据用途采用耐用材料合理设计和制造，禁止使用布手套。手套、围裙、工作服等要定期清洗、消毒，存放于干净和干燥的场所。

（2）设备的设计、安装要求

食品接触表面的制造和设计应本着便于清洗和消毒的原则，制作精细、无缝隙、无粗糙焊接、无凹陷、无破裂、表面平滑等。固定的设备安装时应离墙一定的距离，并高于地面安置，以便于清洗、消毒和维修。

（3）食品接触表面的清洁和消毒

食品接触表面的清洁和消毒是控制病原微生物污染的基础，良好的清洗和消毒通常包括以下步骤：

①清扫　用刷子、扫帚等清除设备、工器具表面的食品颗粒和污物。

②预冲洗　用清水冲洗被清洗器具的表面，除去清扫后遗留微小颗粒。

③使用清洁剂　清洁剂类型主要有普通清洁剂、碱、含氯清洁剂、酸和酶。根据清洁对象的不同，选用不同类型的清洁剂。目前多数企业使用普通清洁剂（用于手）和含氯清洁剂（用于工器具）。

④冲洗　用流动的清水冲去食品接触表面上的清洁剂和污物，要求冲洗干净，不残留清洁剂和污物，为消毒提供良好的表面。

⑤消毒　在食品接触表面清洁以后，应使用许可的消毒剂，杀死和清除食品接触表面上存在的病原微生物。消毒剂的种类很多，有含氯消毒剂、过氧乙酸、醋酸、乳酸等。目前，食品加工企业常用的是含氯消毒剂，如次氯酸钠溶液。消毒的方法通常为：浸泡、喷洒等。消毒的效果与食品接触表面的清洁度、温度、pH值、消毒剂的浓度和时间有关。

⑥清洗　消毒结束后，用流动的清水进行清洗，尽可能减少消毒剂的残留。

(4) 工作服、手套、车间空气的消毒

对工作服、手套等集中由洗衣房清洗消毒，需要注意的是不同清洁区的工作服应分别清洗消毒，清洁工作服与脏工作服要分区域存放，存放工作服的房间应设臭氧消毒器，定期对工作服进行消毒。

车间空气消毒一般用臭氧发生器产生的臭氧进行消毒。紫外线灯由于所产生的紫外线穿透能力差，车间内一般不使用紫外线灯。

(5) 食品接触表面的监控

为确保食品接触表面的设计和安装便于卫生操作，维护和保养符合卫生要求，以及能及时充分地进行清洁和消毒，必须对食品接触表面进行监控。

①监控内容　食品接触表面的状况；清洁和消毒措施；消毒剂的类型和浓度；工作服清洁状况和保养状况。

②监控方法　视觉检查——感官检查食品接触表面是否清洁卫生，有无残留物；化学检查——主要检查消毒剂的浓度，消毒后的残留浓度，如用试纸测试次氯酸钠消毒液的浓度等；表面微生物检查——推荐使用平板计数，一般检查时间较长，可用来对消毒效果进行检查和评估。

③监控频率　根据被监控的对象的不同而不同，如设备是否锈蚀、设计是否合理，应每月检查一次，消毒剂的浓度应在使用前进行检查，视觉检查应在每天班前(工作服、手套)、班后清洗消毒后进行。

(6) 纠正措施

在检查发现问题时，应采取适当的方法及时纠正，如重新清洗消毒、检查消毒剂浓度、对员工进行培训等。

(7) 记录

记录包括卫生消毒记录、个人卫生控制记录、微生物检测结果报告、臭氧消毒记录、员工消毒记录等。

5.2.2.3　防止交叉污染

交叉污染是通过食品加工者或食品加工环境把污染物转移到食品的过程。

(1) 交叉污染的来源

①企业选址、设计、车间工艺布局不合理　企业由于选址、设计上的失误，建在环境有污染的地方，厂区附近有医院、制药厂、水泥厂等污染源，地下水可

能被污染。车间设计上不合理，清洁区与非清洁区界限不明确，可能造成产品交叉污染。

②生、熟产品未分开　生的食品含有引起食品腐败的微生物，也可能含有病原微生物，导致人类患病，这些微生物可能直接来自于动植物生长过程，也可能是初加工后发生的污染。加工中如果生的食品与熟的食品不能严格分开，生的食品上所带的病原微生物就有可能污染熟的食品，所以要采取措施防止熟的或即食的食品被生的食品、加工生的食品的食品接触表面、加工生的食品的员工污染。

③加工人员个人卫生不良及卫生操作不当　加工人员的手、工作服不清洁，可能导致污染产品。员工的不良习惯，如随地吐痰，对着产品打喷嚏，吃零食，戴手饰，进车间、入厕后不按规定程序洗手消毒，生区和熟区人员来回串岗等都可能对产品造成污染。

(2) 交叉污染的预防

①企业的选址、设计、周围环境不造成污染　在车间设计上应根据不同的产品，不同的生产加工工艺，从原料到初级加工、精加工、冷冻、包装贮藏环节，由非清洁区到准清洁区，再到清洁区来合理安排车间布局。初加工、精加工、成品包装分开。原料库与成品库分开。

②生、熟产品分开，明确人流、物流、水流、气流的方向：

人流——从高清洁区到低清洁区，且不能来回串岗；

物流——不造成交叉污染、可用时间、空间分隔；

水流——从高清洁区到低清洁区；

气流——从高清洁区到低清洁区，正压排气。

③加工人员的卫生控制　生产加工人员应具有良好的卫生习惯，进入车间、入厕后应严格按照洗手消毒程序进行洗手消毒。所有直接与食品、食品接触表面及食品包装物料接触的人都应遵守卫生规范，工作中应尽可能地避免食品污染。

(3) 交叉污染的监控

预防来自不卫生的物体污染食品、食品包装材料和其他食品接触表面导致的交叉污染。其范围包括从工器具、手套、工作服和生的食品到熟制食品或即食食品。

①指定人员应在开工时或交班时及在工作期间定期进行监控，确保所有卫生控制计划中的加工活动按要求进行，包括生的产品加工区域与熟制或即食食品的分离和员工个人清洁卫生，衣着适当。

②如果员工在生的加工区域活动，那么他们在进入熟食区时，必须进行手的清洗和消毒。

③当员工由一个区域到另一个区域时，还应当清洗鞋、靴或采取其他的控制措施。

④当设备、工器具或运输工器具由生的产品加工区移向熟制或即食产品的加工区域时，也应进行清洁、消毒。

⑤产品贮藏区域(如冷库)应每日检查，以确保熟制和即食产品与生的产品

完全分开。通常可在生产过程中或班后进行检查。

(4) 纠正措施

对任何可能导致交叉污染的状况应及时采取纠正措施，从而避免食品和食品接触表面的潜在污染。采取的纠正措施包括：必要时停产，直到问题被纠正；采取步骤防止再发生污染；评估产品的安全性，如有必要，改用、再加工或弃用受影响的产品；记录采取的改正措施。

(5) 记录

记录包括员工卫生检查记录、每日卫生监控记录、纠正措施记录、培训记录等。

5.2.2.4 手的清洗与消毒，卫生间设施的维护

员工在处理食品、接触食品包装材料及食品接触面时，应进行手部清洗和消毒。如果手在处理食品前没经过清洗、消毒，那么它们很有可能成为致病微生物主要来源或者对产品造成化学污染。食品企业必须建立一套行之有效的手部清洗程序。为防止企业里污物扩散和致病微生物的传播，卫生间设施的维护是手部清洗程序的必要部分。

(1) 洗手消毒与卫生间设施

①洗手消毒设施　车间入口处设有与车间内人员数量相适应的洗手消毒设施。洗手水龙头配置比例为每10人1个，200人以上的每增加20人增设1个。

洗手水龙头必须为非手动开关。洗手处有皂液盒。有温水供应，水温43℃为宜。盛放手消毒液的容器，应与使用人数相适应并合理放置，以方便使用。

干手用品应为不导致交叉污染的物品，如一次性纸巾、干手器等。

车间内适当的位置应设足够数量的洗手消毒设施，以便于员工在操作过程中定时洗手消毒，或在弄脏手后能及时洗手。

②卫生间设施　卫生间的位置应与车间相连接，卫生间的门不能直接开向加工作业区。卫生间的墙壁、地面和门窗应该用浅色、易清洗消毒、耐腐蚀、不渗水的材料建造，并配有冲水、洗手消毒设施，防蝇设施齐全，通风良好。卫生间的数量与加工人员相适应。

(2) 洗手消毒程序

进车间洗手的程序为：工人更换工作服→换鞋→清水洗手→用皂液或无菌皂洗手→清水冲净皂液→0.05mL/L的次氯酸钠溶液浸泡30s→清水冲洗→干手（干手器或一次性纸巾）。

入厕程序为：更换工作服→换鞋→入厕→冲厕→清水洗手→用皂液或无菌皂洗手→清水冲净皂液→0.05mL/L的次氯酸钠溶液浸泡30s→清水冲洗→干手（干手器或一次性纸巾）→换工作服→换鞋→洗手消毒进入工作区域。

应根据不同的操作和不同的加工产品规定不同的洗手消毒频率。如每次进入车间时、上完卫生间后；咳嗽、打喷嚏、吸烟后、吃完东西或喝完饮料之后；产品前处理期间，若需要去除内脏及污染物；在处理完脏的设备和工器具后等均需

要进行及时的洗手消毒。

(3)手清洗消毒与卫生间设施维护的监控

员工进入车间,入厕后应设专人随时监督检查洗手消毒情况。生产区域、卫生间和洗手间的洗手设备设施每天至少检查一次,确保处于正常使用状态,并配备有温检测水、皂液、一次性纸巾等设施。定期检测消毒液的浓度。化验室定期做表面样品检验。

对于卫生间设施状况的检查,要求每天开工前至少检查一次,保证卫生间设施的正常使用,并经常打扫保持清洁卫生,以免造成污染。

(4)纠正措施

当卫生间和洗手设施卫生用品维护不当或缺少时,应马上修理或补充卫生用品;若手部消毒液浓度不适宜,则将其倒掉并配置新消毒液,修理不能正常使用的卫生间;当不良情况出现时,记录所进行的纠正措施。

(5)记录

记录包括每日卫生控制记录、消毒液浓度记录、纠正记录等。

5.2.2.5 防止外部污染

在加工过程中,应防止食品、食品包装材料和食品接触表面被各种微生物的、化学的和物理的污染物污染。

(1)外部污染产生的原因

①有毒化合物的污染 食品生产中的非食品级润滑油可能导致产品污染,因为它们可能含有有毒物质;用于控制企业内虫鼠害的杀虫剂和灭鼠剂有可能污染产品;不恰当的使用(如直接的喷洒或间接的烟雾作用)清洁剂和消毒剂可能会导致产品污染。

②冷凝水产生的污染 冷凝水中可能含有致病菌、化学残留物和污物,导致产品被污染;缺少适当的通风会导致冷凝水滴落到产品、食品接触表面和包装材料上。

在不可能接触到食品的区域(如已包装好产品的冷库)里的冷凝水,不需要列入卫生监控。

③无保护装置的照明设备、不卫生的包装材料、死水导致的污染。

(2)如何控制外部污染

①企业的设计应考虑外部污染问题 车间要相对封闭,正压排气,加工状况应该考虑人流方向、设备的布局设计、物流方向以及通风控制,地面平整不积水,车间使用防爆灯,对外的门设置挡鼠板,车间内使用臭氧发生器消毒等。

②冷凝水 它可以导致外部污染,其控制措施如下:良好的通风,进风量要大于排风量;车间温度控制;将热源(如蒸柜、漂烫、杀菌等)单独设房间,集中排气;顶棚呈圆弧形。

③包装物料与贮藏库 包装物料要专库存放,干燥清洁、通风、防霉,内外包装要分别存放,上有盖布下有垫板,并设有防虫鼠设施。内包装进厂要进行

微生物检测。贮藏库要保持卫生，不同产品、原料与成品应分别存放。化学品应正确使用和妥善保管。对工器具消毒后应用清水冲洗干净，以防消毒剂残留。

(3) 外部污染的监控

任何可能污染食品或食品接触表面的外部污染物，如有毒化合物、不卫生的水（包括不流动的水）和不卫生的表面所形成的冷凝水，建议在开始生产时及工作时间每4个小时检查一次。

(4) 纠正措施

对于任何可能导致产品污染的行为应该及时加以纠正，从而避免对食品、食品接触表面或食品包装材料造成污染。

纠正措施包括：除去不卫生表面的冷凝物；调节空气流通和房间温度以减少凝结；安装遮盖物以防止冷凝物落到食品、包装材料或食品接触表面上；清扫地面，清除地面上的积水；清洗因疏忽暴露于化学污染物的食品接触表面；在非产品区域操作有毒化合物时，设立遮蔽物以保护产品；丢弃没有标签的化学品；评估由于不恰当使用有毒化合物所产生的影响，以评估食品是否被污染；加强对员工的培训，纠正不正确的操作。

(5) 记录

记录包括每日卫生控制记录。

5.2.2.6 有毒化合物的正确标记、贮藏和使用

食品加工企业使用的化学物质包括清洁剂、消毒剂、灭鼠剂、杀虫剂、润滑剂、添加剂等。在使用这些化学物质时应按产品说明书使用，做到正确标记、使用和贮藏，否则可能导致产品污染。

(1) 有毒化合物的种类

① 清洗剂、消毒剂　如洗洁净、次氯酸钠、95%酒精、过氧乙酸等。

② 灭鼠剂、杀虫剂　如灭害灵等。

③ 润滑剂　如润滑油等。

④ 化验室药品　如甲醇、氰化钾等。

⑤ 添加剂　如亚硝酸盐、磷酸盐等。

(2) 有毒化合物的标记、贮藏和使用

应编写有毒、有害化学物质一览表。

原包装容器的标签必须标明制造商、使用说明和批准文号、容器中的试剂或溶液名称。工作容器标签必须标明容器中试剂或溶液名称、浓度、使用说明，并注明有效期。所使用的有毒化合物应有主管部门批准生产、销售和使用证明、主要成分、毒性、使用浓度和注意事项和正确使用方法等。

建立有毒化合物的购买、领用、配制、使用制度，由经过培训的专人负责，填写领用、配制、使用记录，使全过程处在受控状态。

有毒化合物的贮藏要设单独的区域、封闭上锁，食品级化合物应与非食品级化合物分开存放。存放过清洁剂、消毒剂的容器不能用于存放食品。

(3) 有毒化学物品的监控

监控有毒化合物是否被正确标记、贮藏和使用。经常检查以确保符合要求，建议每天至少检查一次，加工过程中随时注意有毒化合物的标记、贮藏和使用情况。

(4) 纠正措施

纠正措施包括将存放错误的有毒化合物转移到规定区域；将标签不全的化合物退还给供货商；对于不能正确辨认内容物的工作容器重新标记；不使用不合适或已损坏的工作容器；评估不正确使用有毒化合物所造成的影响；对保管、使用人员的培训。

(5) 记录

记录包括化合物使用控制记录、消毒液浓度配制记录、清洗剂、消毒剂领用记录、实验室培养基配制记录等。

5.2.2.7 员工健康状况的控制

食品生产企业的生产人员是直接接触食品或食品接触表面的人，其身体健康及卫生状况直接影响产品卫生质量，甚至可能造成疾病的流行。我国《食品安全法》规定，食品生产经营人员每年应当进行健康检查，取得健康证明后方可参加工作。

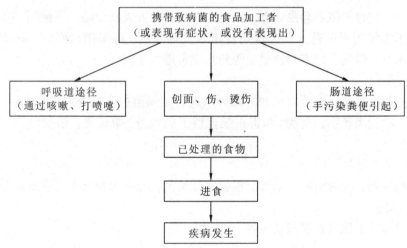

图 5-1　由食品加工者引起的疾病传播路线

(1) 食品加工人员的健康卫生要求

食品生产企业应制订员工健康体检计划，并设有健康档案。患有痢疾、伤寒、病毒性肝炎等消化道传染病的人员，以及患有活动性肺结核、化脓性或者渗出性皮肤病等有碍食品安全的疾病的人员，不得从事接触直接入口食品的工作。

生产人员要养成良好的卫生习惯，如有疾病应及时向领导汇报，进入车间要更换清洁的工作服、帽、口罩、鞋等，不得化妆、戴首饰、手表等。尽量避免咳嗽、打喷嚏等会污染食品的行为。

(2) 员工健康状况的监控

监控员工健康的主要目的是控制可能导致食品、食品包装材料和食品接触表面的微生物污染状况。员工上班前健康检查、定期健康检查。

(3) 纠正措施

患病或手有外伤的人员可调离生产岗位直至痊愈。

(4) 记录

记录包括每日卫生检查记录、健康检查记录。

5.2.2.8 清除和预防鼠害、虫害

害虫的防治对食品加工企业非常重要。若食品加工设施中有害虫会影响食品的安全卫生，可导致食源性疾病的发生，如苍蝇和蟑螂可传播沙门氏菌、葡萄球菌、产气夹膜梭菌、肉毒梭菌、志贺氏菌、链球菌及其他致病菌；啮齿类动物是沙门氏菌和寄生虫的来源；鸟类是多种致病菌的寄主（如沙门氏菌和李斯特菌）。

(1) 厂区环境应保持清洁卫生

企业要制订详细的厂区环境卫生计划，定期对厂区进行清扫，特别注意不留卫生死角。厂区应平整、无积水，无蚊蝇孳生地。生活垃圾应及时清理。厂区卫生间专人负责，每天清扫。

(2) 防治措施

企业应制订灭鼠、除虫计划。绘制防鼠图，设置灭鼠设施。可使用粘鼠板和鼠笼，不能使用灭鼠药。厂区定期使用杀虫剂喷洒。可采用灭蝇灯、风帘、水帘、翻水弯、纱网、暗室和挡鼠板等防止虫害进入车间。

(3) 监控

应对加工区域、包装区域和贮藏区域进行定期监控，检查害虫是否存在（包括昆虫、啮齿类动物、鸟类）和害虫最近留下的痕迹（如粪便、啃咬痕迹和造巢材料等）。

(4) 纠正措施

发现问题，及时清除或杀灭。根据实际情况，及时调整灭鼠、除虫计划。

(5) 记录

记录包括虫鼠害控制记录表等。

5.2.3 SSOP 的制定

食品加工企业应按照 5.2.2 中推荐的 8 个重要方面（可视情况增加内容），结合本企业的实际情况制定具体的 SSOP。

SSOP 文件可以由以下 4 个方面组成：SSOP 的要求和实施程序、SSOP 的监控程序、SSOP 的纠正措施及 SSOP 相关记录。

(1) SSOP 的要求和实施程序

SSOP 内容应包括对 SSOP 的每个方面的应达到的要求和目标，需要的硬件设施和条件，具体的实施程序和步骤。

(2) SSOP 的监控程序

在建立 SSOP 之后，企业还必须制订监控程序。企业在制订监控程序时，应描述如何对 SSOP 的卫生操作实施监控，必须指定何人、何时及如何完成监控。企业一旦建立了监控程序就要按 SSOP 中的规定实施监控并记录结果。

监控程序应该包括：

①实行了什么程序和规范，如何实行。

②由谁对实施卫生程序负责。

③实施卫生操作的频率和地点。

④建立卫生计划的监控记录。

(3) SSOP 的纠正措施

企业必须制订纠正措施。如果通过监控显示发生偏离，则必须按照预先制订好的纠正措施进行纠正并记录。简单地说，如果卫生不合格的状况发生了，就必须采取措施以纠正这种情况。

(4) SSOP 相关记录

SSOP 中必须包括预先设计好的各种记录表格，包括执行记录表、监控和检查记录表、纠正记录表等。

卫生计划中的监控和纠正措施的记录说明企业不仅遵守了 SSOP，而且实施了适当的卫生控制。另外，通过记录也可以发现存在的问题，还可以显示出卫生计划中需要改进的地方。

食品加工企业日常的卫生监控记录是工厂重要的质量记录和管理资料，应使用统一的表格，并归档保存。

SSOP 各个方面的内容应该是具体的、具有可操作性的，并与企业的基础设施和加工品种相适应，与企业的 HACCP 计划相配合，以有效地控制产品的卫生安全质量。

5.3 HACCP 体系

在社会不断进步、科技迅速发展的今天，随着食品加工方式的深化和贸易链条的延长，人们认识到食品的不安全因素日趋多样化。在以往的措施无法控制日益复杂的食品安全危害的情况下，HACCP 体系以其科学性和实用性在食品加工产业迅速推广。

CAC《食品卫生通则》(CAC/RCP-1)1997 年修订 3 版对 HACCP 的定义是：鉴别、评价和控制对食品安全至关重要的危害的一种体系。也就是说，HACCP 体系是对可能发生在食品加工过程中的食品安全危害进行识别、评估，进而采取控制的一种预防性食品安全控制方法。在短短的 50 年时间里，作为最经济、最有效的食品安全控制体系被广泛接受，为政府和企业有效控制食品安全危害，提高食品安全的整体水平，降低生产成本提供了积极帮助。虽然 HACCP 体系不能达到零风险，但它在对生产过程进行科学的风险评价和危害分析基础上，通过预防措施和 CCP 控制潜在危害，最大限度地保证了工业化食品的安全。它的出现不仅彻底转变了人类对食品安全危害的控制理念，也使食品企业的安全控制体系进入了一个新纪元。

···中国果蔬汁出口企业顺利通过美国食品药品管理局的检查···

美国 FDA 于 2001 年 1 月 18 日发布《果蔬汁 HACCP 法规》(21CFR120)，要求向美国出口果汁、蔬菜汁的企业必须按照该法规的要求建立并实施 HACCP 体系。该法规于 2004 年 1 月 20 日起全面实施。

我国是果汁和蔬菜汁出口量最多的国家。据海关统计，2003~2004 年"榨季"，我出口浓缩苹果汁 48.7 万 t，创汇 3.25 亿美元，其中美国为最大的进口国，占我国出口总量的 49.6%。中国浓缩苹果汁成为陕西、山西等西部地区农产品出口的支柱产业。

《果蔬汁 HACCP 法规》发布实施后，FDA 于 2005 年 9 月 5~23 日派检查员对山东、江苏、河南、陕西 4 省的 7 家浓缩苹果汁生产企业进行了实地检查。FDA 检查员按照美国《食品企业良好生产规范(GMP)法规》(21 CFR 110)、《果蔬汁 HACCP 法规》和 FDA 官方验证程序实施现场检查，每个企业的检查时间都在 7~8h，最长达 9.5h。对原料的来源和产品去向问得非常仔细，并详细询问生产工艺流程和具体的工艺参数。

在现场检查过程中，FDA 检查员对 GMP 和 SSOP 实施情况核查的同时，还对潜在危害的预防措施和关键控制点(CCP)进行了详细核查，并仔细查看了工艺流程每根管道的走向，设置的 CCP 点是否正确，是否严格实施 HACCP 计划，HACCP 体系是否及时确认、验证和更新，还随机抽查了企业 SSOP 和 HACCP 计划的执行、监控和纠偏等记录。

在检查过程中，FDA 检查员对我国果汁企业应用 HACCP 的水平印象深刻，被"点名"抽查的 7 家企业，都能够根据自己的实际情况进行危害分析而且制订了针对性很强的 HACCP 计划，有的企业有 3 个 CCP 点，有的是 4 个或 5 个；对 FDA 的提问，都能从科学的角度进行合理解释，让 FDA 检查员感叹不已。这次检查，为中国果蔬汁顺利出口奠定了基础。

5.3.1 HACCP 的来历及其发展

HACCP 的发展大致可分为两个阶段：创立阶段和应用阶段。

(1) 创立阶段

20 世纪 60 代初，美国生产太空食品的品食乐(Pillsbury)公司、美国军方的纳提克(Natick)实验室以及国家航天局(NASA)为保证太空食品的安全，基于批批检测的方式已不能满足要求，因而第一次提出 HACCP 的理念，但当时并未称做 HACCP，其原理也仅有 3 个。

1971年,品食乐公司在第一届美国国家食品保护会议上公开提出HACCP概念。

1972年,美国食品安全会议上再次讨论,形成决议,同时FDA开始培训有关技术人员。

1973年,品食乐公司出版了最早的HACCP培训手册,该手册后来被FDA用作培训手册。

1974年,美国政府授权FDA通过21CFR Part–113法规颁布,明确将HACCP原理应用于低酸罐头食品(LACF)的生产上。

1985年,美国科学院(NAS)发表"食品及原料的微生物学标准的作用的评价",就食品法规中的HACCP方式的有效性发表了评价结果,并发布了政府部门采用HACCP的公告。

1987年,美国成立食品微生物基准咨询委员会(NACMCF)。

1992年,NACMCF采纳了HACCP原理,提出了HACCP的7个原理。

1993年,CAC颁布《HACCP体系及其应用准则》。

1997年,CAC颁布《HACCP体系及其应用准则》修订版。该指南已被广泛地接受并得到了国际上普遍的采纳,HACCP概念已被认可为世界范围内生产安全食品的准则。

(2)应用阶段

近年来HACCP体系已在世界各国得到了广泛的应用和发展。

(1)CAC

1993年6月,在日内瓦召开的CAC第20次会议上,CAC考虑将修改 General Principles of Food Hygiene(《食品卫生总则》),把HACCP纳入该通则内。1994年5月,北美和西南太平洋食品法典协调委员会第3次会议强调了在CAC内加快HACCP发展的必要性,并将其视作食品法典在GATT/WTO SPS和TBT(贸易技术壁垒)框架下能取得成功的关键,其中,包括制订食品控制计划内HACCP应用的准则和风险评估应用协定的准则。

CAC积极倡导各国食品行业实施HACCP体系。CAC的食品卫生法典委员会(CCFH)进行了HACCP原理、原理的逻辑排序、判断树、工作单、培训和HACCP的应用等工作。CAC制定的法典规范或准则被视为衡量各国食品是否符合卫生、安全要求的尺度。HACCP体系,已经越来越广泛地应用于各国的食品生产和进出口管理之中。

(2)欧盟

欧共体理事会指令《关于食品卫生》(93/43/EEC)要求食品企业要建立以HACCP为基础的体系以确保食品安全。

2004年4月29日,欧洲议会/欧盟理事会发布新的食品卫生法规《关于食品卫生》(ECNo.852/2004),该法规于2006年1月1日后替代欧共体理事会指令93/43/EEC。该法规第1条中规定食品生产企业要执行食品生产的良好卫生规范(GHP)和HACCP,以强化食品企业的责任;法规第5条要求企业制订并执行

HACCP 安全控制程序，并列出了 HACCP 的 7 个原理。

(3) 美国

美国近年来在食品安全控制中应用 HACCP 体系，已取得了如下进展：

① FDA　1995 年 12 月 18 日，FDA 颁布了强制性的水产品 HACCP 法规 (21CFR-123&1240)，规定所有在美国市场上销售的水产品企业（包含国外企业）必须建立 HACCP 体系，否则产品不得在美国市场上销售。2001 年 9 月，FDA 颁布了美国第二个强制性的 HACCP 法规——果蔬汁 HACCP 法规 (21CFR 120)，规定对所有在美国销售的果蔬汁企业（包含国外企业）必须建立和保持 HACCP 体系，否则产品不得进入美国市场。现在，FDA 正在着手制定有关奶制品的 HACCP 法规，并将逐步推广到其他食品，以保证美国消费者的健康。

② USDA　USDA 把 HACCP 在肉和禽类企业的应用视作预防食品危害的一种有效手段，用于控制、减少和防止肉和禽类致病菌的污染。1989 年，美国农业部食品安全检查署 (FSIS) 宣布将在所有禽肉加工企业中实施 HACCP。1996 年，USDA 颁布了肉禽类产品《减少致病菌、危害分析和关键控制点 (HACCP) 系统最终法规》，于 1996 年 7 月 25 日生效。为了便于企业建立 HACCP 体系，FSIS 提供了肉禽类食品 HACCP 模式。

HACCP 法规的颁布和实施，反映了美国在食品安全控制上的重大变化，即从强调终成品的检验和测试阶段转换到对食品生产的全过程实施危害的预防性控制的新阶段。

(4) 加拿大

1991 年，加拿大政府制订了《食品安全强化计划》。该计划鼓励、支持所有联邦注册的肉类、乳制品、蜂蜜、枫糖浆、果蔬产品、蛋和蛋制品等生产企业建立、实施并保持 HACCP 体系。2001 年 2 月 1 日，加拿大食品检验署 (CFIA) 发布经修改的《FSEP 实施手册》，用于帮助 CFIA 人员和生产企业正确执行 FSEP。目前，FSEP 已至少提出了 19 种食品的 HACCP 通用模式，包括腊肠、机械分割肉、盐干肉、干蛋白、单冻蛋、冻蔬菜、蜂蜜及高酸食品等。

1992 年，加拿大对国内销售的和出口的水产品生产企业实施强制的质量管理计划 (QMP)，该计划在国际上首创运用 HACCP 原理对食品实施强制性检查。该计划于 1996～2000 年重新进行了修订，与 CAC 的 HACCP 原理全面一致。

(5) 澳大利亚

澳大利亚检疫检验署 (AQIS) 建立了有关水产品、乳制品和蛋制品的检验体系，称为食品危害控制体系 (Food Hazard Control System，FHCS)。FHCS 把官方检验资源集中在食品生产中可能发生的危害上，而不是集中在终成品的评价上。

(6) 中国

20 世纪 80 年代，在国际 HACCP 理论的创建过程中，HACCP 在食品安全控制上的科学概念受到了中国食品进出口主管和执行部门的高度关注。从 90 年代初，HACCP 体系在我国出口企业开始应用，同时开展了广泛的科研、教育和培训活动。

1995年，在美国发布水产品HACCP法规后，我国对美出口的水产品生产企业陆续建立了HACCP体系。2001年，在美国发布果蔬汁HACCP法规后，我国出口果蔬汁企业也开展了HACCP体系的建立工作。

2002年3月20日，国家认证认可监督管理委员会发布了第3号公告《食品生产企业危害分析与关键控制点(HACCP)管理体系认证管理规定》，自2002年5月1日起执行。这一规章的出台规范了中国HACCP体系的认证、验证和监督管理工作，同时也标志着中国HACCP体系的认证、验证和监督管理工作逐步规范化和法制化。

2002年4月19日，国家质量监督检验检疫总局发布第20号令《出口食品生产企业卫生注册登记管理规定》(自2002年5月20日起施行)，明确规定列入《卫生注册需评审HACCP体系的产品目录》的出口食品生产企业，必须按照CAC《HACCP体系及其应用准则》的要求建立和实施HACCP体系后方可注册。该规定第一次强制性要求在罐头、水产品、肉及肉制品、速冻蔬菜、果蔬汁、速冻方便食品等6类出口食品生产企业中建立和实施HACCP管理体系，将建立HACCP管理体系列为出口食品法规的组成部分。

2002年5月31日，原中国认证机构国家认可委员会(CNAB)发布了《认证机构实施质量体系认证的基本要求》(CNAB-AC11：2002)，附件3为《认证机构实施基于HACCP的食品安全管理体系认证的认证基本要求》(试行)，2002年7月1日实施。

2002年6~7月，卫生部出台了《果汁和果汁饮料HACCP实施指南》《液态乳制品HACCP实施指南》《低温类熟肉制品HACCP实施指南》和《食品企业HACCP实施指南》。

2003年3月，国家认证认可监督管理委员会会同国家质量监督检验检疫总局、农业部、原国家经贸委、原外经贸部、卫生部、国家环境保护总局、国家工商总局和国家标准化管理委员会下发《关于印发〈关于建立农产品认证认可工作体系实施意见〉的通知》，明确提出在农产品领域积极推行HACCP管理体系及认证。

2003年8月，卫生部发布了《食品安全行动计划》，用于指导今后5年中国的食品安全工作。指出要在食品生产经营企业大力推行食品企业GHP和HACCP体系。

2004年4月，国家食品药品监督管理局会同商务部、农业部、卫生部、国家质量监督检验检疫总局等8个部委联合发布了《关于加快食品安全信用体系建设的若干指导意见》，要求加强企业信用，结合HACCP体系的建立，强化信用基础。

2004年6月，国家质量监督检验检疫总局发布了《食品安全管理体系要求》(SN/T 1443.1—2004)标准，完整包含了CAC公布的HACCP体系全部要求并适用于审核，用作HACCP食品安全管理体系建立、认证、验证和监督管理的依据。

2004年6月，国家质量监督检验检疫总局发布了《危害分析与关键控制点

（HACCP）体系及其应用指南》（GB/T 19538—2004），该标准等同采用了 CAC《危害分析和关键控制点（HACCP）体系及其应用准则》。

2009 年 2 月，国家质量监督检验检疫总局发布了《危害分析与关键控制点体系 食品生产企业要求》（GB/T 27341—2009）和《危害分析与关键控制点体系 乳制品生产企业要求》（GB/T 27342—2009）两项国家标准。该两项标准充分研究了 HACCP 体系在食品生产企业应用的通用要求和在乳制品生产企业应用的特定要求，吸收了 HACCP 研究领域的最新成果，其应用将进一步推动 HACCP 体系在中国的应用与发展。

2009 年 2 月 28 日，全国人民代表大会发布了《食品安全法》，于 2009 年 6 月 1 日开始实施，该法明确规定："国家鼓励食品生产经营企业符合良好生产规范要求，实施危害分析与关键控制点体系，提高食品安全管理水平"。

中国食品企业 HACCP 应用的发展经历了输美水产品企业的强制实行，出口水产品企业的大规模自愿实行，6 类出口食品生产企业的强制实行，内销食品生产企业的自愿实行，扩展到餐饮业及动物饲料加工企业实行的多个阶段，并经历了从 HACCP 体系向食品安全管理体系的转变。随着中国食品逐步进入国际市场和不同层面对 HACCP 的宣传和推广，越来越多的食品生产企业开始建立和实施 HACCP 体系，并陆续申请和通过第三方认证，HACCP 体系已在不同规模、不同品种的食品生产企业中得以推广。

5.3.2 食品安全危害

食品安全，指食品无毒、无害，符合应当有的营养要求，对人体健康不造成任何急性、亚急性或者慢性危害。CAC 对食品安全的定义是："在按照预期用途进行制备或食用时，不会对消费者造成伤害。"

危害（Hazard）或食品安全危害（Food Safety Hazard）是指食品中所含有的对健康有潜在不良影响的生物、化学或物理因素或食品存在的状态。就 HACCP 的应用而言，危害是指食品中能够引起人类致病或伤害的污染或情况。食品中出现昆虫、头发、污物或腐败，有经济欺诈行为或违反食品标准是不符合要求的，但只要这些缺陷不是直接地影响到食品的安全，一般不包括在 HACCP 计划内。

5.3.3 HACCP 的 7 项原理

5.3.3.1 进行危害分析和制定控制措施

危害分析与控制措施是 HACCP 原理的基础，要进行危害分析，首先应明确 HACCP 应控制的危害。潜在危害是指如不加以预防，将有可能发生的食品安全危害。显著危害是指如不加以控制，将极可能发生并引起疾病或伤害的潜在危害。显著危害具有发生的可能性和严重性两个特点。HACCP 只把重点放在控制显著危害上。

（1）危害分析

危害分析是对危害以及导致危害存在条件的信息进行收集和评估的过程，以确定出食品安全的显著危害,因而宜将其列入 HACCP 计划中。只有通过危害分析,找出可能发生的潜在危害,并正确判断这种危害是否是显著危害,然后才能在后续的步骤中加以控制。

危害分析分为两个阶段:第一,自由讨论分析危害。HACCP 小组从原料接收到成品的加工过程(工艺流程图)的每一个操作步骤危害发生的可能性进行讨论,在此基础上建立在加工过程中各步骤上可能引入、增加或需控制的生物的、化学的、物理的潜在危害一览表。第二,危害评估。对每个潜在危害的严重性和发生的可能性进行分析,确定哪些潜在危害必须列入 HACCP 计划内加以控制。

危害分析要把对安全的关注同对质量的关注分开。

(2)控制措施

控制措施是用于防止或消除食品危害或使其降低到可接受水平的行为和活动。

对于显著危害必须制订相应的控制措施。一种危害可能需要多个控制措施来控制;一个控制措施也可能控制多个危害。

下列例子可以作为控制措施,用来控制相应的危害。

①生物性危害

• 细菌:时间/温度控制(如适当的控制冷冻和贮藏时间可减缓病原体的生长);发酵和/或 pH 值控制(如产生乳酸的细菌抑制某些病原体的生长,使它们在酸性条件下不能生长);添加盐或其他防腐剂控制(如盐和其他防腐剂抑制某些病原体的生长);干燥控制(如干燥过程可以通过除去食品中的水分来抑制某些致病菌生长);来源控制(如在原料中大量病原体的存在可以通过从非污染源处取得原料来控制)。

• 病毒:蒸煮控制(如充分的蒸煮杀死病毒)。

• 寄生虫:饮食与环境控制(如防止食用动物感染寄生虫,对猪的饮食与环境进行控制可减少猪肉中旋毛线虫感染,然而,这种控制方法并不是对所有食用动物都有效,如野生鱼的摄食和环境就不能进行控制);失活/去除控制(如某些寄生虫可通过热、干燥或冷冻而失活,在某些食品中,通过肉眼检查可以剔除寄生虫,如"挑虫"工序,加工者通过灯光检查鱼体,手工剔除发现的寄生虫,但"挑虫"工序不能确保寄生虫被全部检出,因此应结合其他的控制方法,如冷冻)。

②化学性危害　来源控制(如供货商证明、原料检测报告);生产控制(如正确使用食品添加剂);标识控制(如成品正确标出配料和过敏原)。

③物理性危害　来源控制(如原料检测);生产控制(如磁铁、金属探测器、筛网、澄清器、X 射线设备的使用)。

5.3.3.2　确定关键控制点

(1)关键控制点(CCP)

CCP 是食品生产中的某一点、步骤或程序,通过有效的控制,可以防止、消除危害,或使之降低到可接受水平。控制点(CP)是能控制生物、化学、物理因素的任何点、步骤、工序。CCP 控制的是显著危害，而 CP 控制的不一定是显著危害。在工艺流程图中不能被确定为 CCP 的许多点可以定为 CP。CCP 一定是 CP，并不是所有的 CP 都是 CCP。

(2) CCP 确定的原则

①可作为 CCP 的点　能防止显著危害发生的点可作为 CCP，如通过冷藏或冷冻步骤抑制致病菌的生长，通过配料步骤防止化学性危害的产生；能消除显著危害的点可作为 CCP，如通过加热步骤杀死致病菌，通过冷冻步骤杀死寄生虫，通过金属探测步骤消除金属异物；能降低到可接受水平的点可作为 CCP，如通过净化步骤使贝类的致病菌降低到可接受水平。

②CCP 和危害的关系　一个 CCP 能用于控制多个危害，如冷冻或冷藏可以防止致病菌生长和组胺的生成。同样，多个 CCP 可用于控制一个危害，如鲭鱼罐头的组胺危害，需在原料收购、缓化、切片 3 个 CCP 来控制组胺的形成。

CCP 控制的是影响食品安全的显著危害，但是显著危害的引入点不一定是 CCP，可以在随后步骤或工序上控制其危害，那么后面的工序就是 CCP。例如，生产单冻熟虾仁的过程中，原料虾带有的致病菌是显著危害，但原料收购并不是控制致病菌的 CCP，而蒸煮过程才是 CCP。

③CCP 的特殊性　CCP 具有产品、加工过程特殊性，随着不同的产品、不同的加工过程而改变。如果企业的配方、加工过程、生产设备、卫生控制程序等发生改变，CCP 都可能发生改变。不同生产线的同一种产品，其 CCP 不一定相同。

(3) CCP 确定的方法

确定 CCP 的方法很多，可以采用"CCP 判断树"来确定。

判断树是由 4 个连续问题组成(见图 5-2)：

①问题 1：有控制措施存在吗？

如果回答"是"，则转到问题 2。

如果回答"否"，则回答是否有必要在这步控制食品安全危害。如果回答"否"，则不是 CCP；如果回答"是"，则说明加工工艺、原料或原因不能控制保证必要的食品安全，应重新修改步骤、过程或产品。

②问题 2：该步骤是否专门设计用于把危害的可能发生消除或降低到可接受水平？

如果回答"是"，则是 CCP。

如果回答"否"，则转到问题 3。

③问题 3：危害产生的污染是否会超过可接受水平或增加到不可接受水平？

如果回答"是"，则转到问题 4。

如果回答"否"，则不是 CCP。

④问题 4：后续步骤可否消除危害或将危害的发生降低到可接受水平？

如果回答"否"，则这一步是 CCP。

如果回答"是"，则这一步不是 CCP，而下道工序才是 CCP。

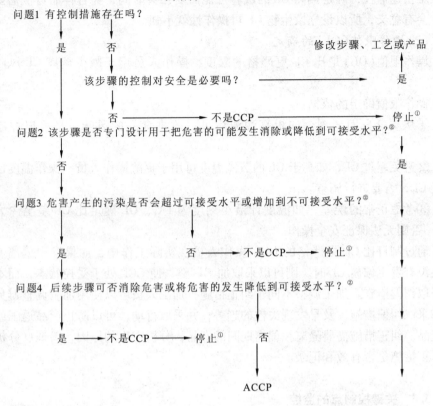

图 5-2 CCP 判断树

5.3.3.3 建立关键限值

(1) 关键限值(CL)的确定

CL 是区分可接收或不可接收的判定标准。

CL 的确定应该合理、适宜、可操作性强、实用。如果确定过严,会造成即使没有发生影响到食品安全的危害,也要去采取纠偏措施;如果过松,又会产生不安全的产品。

CL 的确定需要科学依据。合适的 CL 可从科学刊物、有关法律、法规规定的限量、专家及实验室研究等渠道收集信息,也可以通过试验来确定。

合适的 CL 应该是:直观,易于监控,保证食品安全,只出现少量偏离时就可采取纠正措施,不能违背法规,不能打破常规方式,不是 GMP 要求或 SSOP 措施。

在实际工作中,一般采用物理的(如时间、温度、大小等)和化学的(如 pH 值、水活度、盐度等)指标作为 CL,不采用微生物指标作为 CL。因为微生物指标很难快速监控，确定偏离 CL 的试验可能需要几天时间，而且样品可能需要很多才会有意义，所以设立微生物 CL 可操作性就不强。

(2) 操作限值(OL)的确定

操作限值(OL)是比 CL 更严格的限度，操作人员用于减少偏离 CL 风险的标准。

操作限值确定的依据：

①从质量方面考虑，如提高油温后可以改进食品的风味，又可以控制微生物。

②避免超过 CL，如高于 CL 的蒸煮温度可用于提醒操作人员，操作温度已经接近 CL，需要进行调整。

③考虑正常的误差，如温度计最小刻度为 1℃，OL 确定比 CL 差至少大于 1℃，否则无法保证安全操作。

通过制订比 CL 更严格的 OL，操作人员在实际工作中，如果发现偏离 OL，但还没有发生偏离 CL 时，则可以采取加工调整，使 CCP 处于受控状态，而不需要采取纠偏措施。加工调整不同于纠正措施，加工人员可以使用加工调整避免失误和采取纠偏措施，及早发现失控的趋势，并采取行动，可以防止产品返工或造成废品。纠正措施需要隔离在偏离期间的产品，分析产生的原因，验证、分析采取纠正措施是否有效和记录。

5.3.3.4 关键控制点的监控

(1) 监控的目的

监控是对被控制参数按计划进行的一系列监视或测量活动，以便评估某个步骤是否得到控制。

首先应制订监控程序，内容包括：监控什么、如何监控、监控频率和由谁监控。监控的目的是：

①跟踪加工过程操作并及时发现可能偏离 CL 的趋势，进而采取措施。

②在 CCP 发生偏离时，查明何时失控或是偏离 CL。

③提供加工控制系统的书面文件。

(2) 制订监控程序

① 监控什么　通常通过观察和测量产品或加工过程的特性，来评估 CCP 是否符合 CL。例如，对于加热工序 CCP，测量容器的温度；对于酸化食品的生产，测量产品的 pH 值。

② 如何监控　通常采用物理或化学的测量或观察来进行产品监控，要求迅速和准确。CL 的偏差必须快速地判定出来，以确保对产品及时采取适当的纠偏措施。因此，要求提供快速的结果，没有时间去做冗长的分析实验。而微生物实验既费时又费样品，而且代表性意义不大，所以一般不作为监控方法。

常用的监控方法有：温度计(自动或人工)、钟表、pH 计、水活度计、盐量计、传感器以及分析仪器。测量仪器的精度、相应的环境以及校验，都必须符合相应的要求或监控的要求。对于监控仪器的误差，在确定 CL 时应加以充分考虑。

③ 监控频率　监控可以是连续的，可以是非连续的。如果可能应尽量采取连续监控，如自动温度/时间记录仪、金属探测仪等。对于自动监控设备需要定期观察这些连续的记录（除非有自动报警系统），当发生偏离 CL 时，检查间隔的时间长短将直接影响到返工和产品损失的数量。检查应及时进行，确保不正常产品在出厂前被分离出来。

如果不能进行连续监控，应缩短监控的时间间隔，以便能及时发现偏离 CL 或 OL 的情况。在确定非连续监控的频率时，应充分考虑产品生产加工是否稳定或变化有多大？产品的正常值与 CL 是否相近？超过 CL 后受影响的产品量是多少？

④ 由谁监控　监控的人员为受过培训可以进行具体监控工作的人员。一般是生产线上的人员、设备操作人员、监督人员、质量控制保证人员和维修人员。由生产线上的人员和设备操作人员进行监控是比较合适的，因为这些人连续观察产品和设备，能够及时发现产生的变化。监控人员应具有以下水平或能力：经过 CCP 监控技术的培训；完全理解 CCP 监控的重要性；能进行监控活动；能准确地记录每次监控活动；随时报告偏离 CL 的情况，以便能及时采取纠偏措施。所有的 CCP 监控记录应由实施监控的人员填写和签名。

5.3.3.5　关键控制点的纠偏行动

(1) 纠偏行动的含义

当 CCP 监控的结果表明发生偏离时，所采取的纠正和纠正措施，称为纠偏行动。HACCP 纠偏行动应当在制订 HACCP 计划时就制订出来，以在发生偏离时可以立即投入使用。如果预先编制的纠偏行动计划不完善，可以根据实际采取的纠偏行动对其进行修订。如果连续出现偏离时，需要对 HACCP 计划进行重新验证。

(2) 纠偏行动的内容

纠偏行动的内容包括两个部分：

① 纠正和消除产生偏离的原因，使 CCP 回到受控状态之下　一旦发生偏离 CL，应立即报告，并及时采取纠正措施。这个过程的时间越短则加工偏离 CL 的时间就越短，就能尽快恢复正常生产，重新将 CCP 处于受控之下，而且受到影响的不合格产品（不一定是不安全的产品）就越少，经济损失就越小。

应分析产生偏离的原因并进行改正或消除，以防止再次发生。对于没有预料的偏离 CL（即无已制订好的纠正措施），或再次发生的偏离，应调整加工工艺或重新评估 HACCP 计划。重新评估的结果可以作为修订 HACCP 计划的依据。

② 隔离、评估和处理在偏离期间生产的产品

- 隔离偏离 CL 期间生产的产品，专家或授权人员通过物理、化学或微生物试验评估这些产品是否存在有食品安全危害。
- 如果评估认为这些产品没有危害，则可以放行。
- 如果评估认为这些产品存在潜在危害，确定产品能够被返工、重新加工

或改作它用；应确保返工、重新加工的产品不能产生新的危害。

- 如果有潜在危害的产品不能进行返工、重新加工或改作它用，则产品应销毁。这是昂贵的选择，经济损失较大，通常被认为是最后的处理方式。

(3) 纠偏记录

所采取的纠偏行动应该加以记录。纠偏记录是查找发生偏离的原理并采取适当措施，确保偏离不再发生的基础。纠偏记录提供了产品处理的证明。纠偏记录应包括以下内容：产品确认（如产品描述、持有产品的数量），描述偏离，采取的纠正措施（包括受影响产品的处理）；采取纠正措施负责人员的姓名，必要时，对采取纠正措施的评价。

5.3.3.6 记录保持程序

应建立有效地记录保持程序，以文件证明 HACCP 体系。"没有记录就没有发生"，准确的记录保持是一个成功 HACCP 体系的重要组成部分。

(1) 记录的要求

①总体要求　所有记录都应至少包括以下内容：加工者或进口商的名称和地址，记录所反映的工作日期和时间，操作人员的签字或署名。适用时，还可包括产品的特性以及识别代码，以及加工过程或其他信息资料。

②记录的保存期限　记录的保存期一般不少于两年；若法律、法规另有规定，按法律、法规的规定执行；法律、法规中未作强制要求的记录保存期限应超过产品保质期。

③可以采用计算机保存记录，但要求保证数据完整和统一。

(2) HACCP 体系的记录文件

①HACCP 计划和支持性材料　支持性文件包括：

- 制订 HACCP 计划的信息和资料：如书面的危害分析工作单，进行危害分析和建立 CL 的任何信息的记录。
- 各种有关数据资料：如建立商品安全货架寿命所使用的数据，制订抑制致病菌生长方法时的数据，确定杀死致病菌加热强度时所使用的数据等。
- HACCP 小组名单及其职责。
- HACCP 计划的前提计划：如 GMP、SSOP 等。

② CCP 监控记录　CCP 监控记录应为包含下列信息的表格：表头、公司名称和地址、时间和日期、产品描述、销售和贮藏方法、预期用途消费者、识别代码、实际观察或测量情况、关键限值、操作者的签名、复核者的签名和复核的日期。

③纠偏记录　见 5.3.3.5。

④验证记录　包括 HACCP 计划的修订（如配方、加工、包装、销售的改变），监控设备的校准记录，原料、半成品和成品的检验记录，对监控、纠偏、校准等记录的复查（见 5.3.3.7）等。

5.3.3.7 验证程序

(1) 定义

验证是通过提供客观证据对规定要求已得到满足的认定，包括使用监控以外的审核、确认、测量、检验和其他评估手段，对食品安全管理体系的符合性和有效性的认定。只有"验证才足以置信"。

HACCP 计划的宗旨是防止食品的危害，验证的目的是通过严谨、科学、系统的方法确认 HACCP 计划是否有效，是否被正确执行。

利用验证程序不但能确定 HACCP 体系是否按预定计划执行，而且还可确定 HACCP 计划是否需要修改和再确认。验证是 HACCP 最复杂的原理之一。尽管它复杂，但是验证程序的正确制订和执行是 HACCP 计划成功实施的基础。验证的要素包括确认、CCP 验证、HACCP 验证、执法机构的验证。

(2) 验证的内容

①确认　是通过提供客观证据对特定的预期用途或应用要求已得到满足的认定，包括获得 HACCP 计划中各要素有效性的证据。确认通过搜集信息进行评估，确定在 HACCP 体系正常实施时，是否能有效地控制食品中的安全危害。

确认的目的是提供 HACCP 计划的所有要素(危害分析、CCP 确定、CL 建立、监控程序、纠偏行动、记录保持等)都有科学依据的客观证明，从而证实只要有效实施 HACCP 计划，就可以控制能影响食品安全的潜在危害。

确认 HACCP 计划的信息通常包括：专家的意见和科学研究，生产现场的观察、测量和评价，如加热过程的所需加热时间和温度的科学证据和加热设备的热分布资料。

执行 HACCP 计划确认的人员为 HACCP 小组或受过适当培训或经验丰富的人员。

确认的内容是对 HACCP 计划的每一环节从危害分析到验证进行科学及技术上的复查。

对 HACCP 计划使用前应进行首次确认，即确定计划是科学的，技术是良好的，所有危害已被识别以及如果 HACCP 计划正确实施，危害将会被有效控制。同时，当 HACCP 计划执行中出现了难以解释的系统失效时，当产品、加工和包装发生显著变化时，当发现新的危害时，要进行再确认。

②CCP 的验证　通过对 CCP 制订相应的验证活动，确保所使用的控制措施的有效性以及 HACCP 计划的运行与 HACCP 计划的一致性。

CCP 的验证包括校准、校准记录的复查、针对性的样品检测、CCP 记录的复查。

- 校准：对监控设备的校准，是为了确保测量方法的准确度，同时验证监控结果的准确性。CCP 监控设备的校准是 HACCP 计划成功执行和运作的基础。如果监控设备不准确，监控结果将不可靠，进而 CCP 是否处于受控状态，食品安全危害是否能被有效控制就值得怀疑。如果此类情况发生了，那么就可以认为从记录中最后一次可接受的校准开始，CCP 就失去了控制。在制订校准频率时，此种情况应予以充分考虑。另外，校准的频率也受设备灵敏度的影响。

- 校准记录的复查：包括检查日期、校准方法和试验结果（如设备是否准确）。校准的记录应妥善保存和加以复查。
- 针对性的取样检测：例如，当原料接收是 CCP 时，供应商的证明是 CL，证明原料不含某种药物残留，监控过程为审核供应商提供的证明。为了检查供应商提供的证明是否真实有效以及供应商是否言行一致，应通过针对性的取样来进行验证。
- CCP 记录的复查：在每一个 CCP 至少有两种类型的记录，即监控记录和纠偏记录。这两种记录提供了书面的是否 CCP 正在安全参数范围内运行的记录，以及 CCP 是否以安全和合适的方式处理了发生的偏差的文献资料。通过经过培训的专业人员定期对这些记录进行复查，才能达到验证 HACCP 计划是否有效执行的目的。

③HACCP 体系的验证　通过 HACCP 体系的验证检查 HACCP 计划所规定的各种控制措施是否被贯彻执行。HACCP 体系验证的频率为每年一次或系统发生故障、产品及加工等发生显著变化后。验证的频率可根据 HACCP 体系的运行状况进行调整。例如，历次检查发现过程在控制之内，完全能保证安全，则可减少验证频率；反之则要增加验证频率。

HACCP 体系的验证包括审核和成品的微生物（化学）检验。

审核是收集验证所运用信息的一种有组织的过程，它是系统的评价，此评价包括现场观察和记录复查。审核人员通常是由不负责执行监控活动的人员来完成。审核的频率应以能确保 HACCP 计划被持续地执行为基准。该频率依赖若干条件，如工艺过程和产品的变化程度。

HACCP 体系的审核包括：检查产品说明和生产流程图的准确性；检查 CCP 是否按照 HACCP 计划的要求被监控；检查工艺过程是否在确定的 CL 内操作；检查记录是否准确并按要求的时间间隔完成。

记录复查的审核包括：监控活动是否在 HACCP 计划规定的位置执行；监控活动是否按 HACCP 计划规定的频率执行；监控表明发生了 CL 的偏差时，是否有纠偏行动；设备是否按 HACCP 计划中规定的频率进行了校准。

成品的微生物（化学）检测是验证的重要部分。HACCP 计划有效实施后，应能最大限度地确保成品的安全。通过对成品进行微生物（化学）检测，检测结果可以证明 HACCP 体系的有效。

④执法机构的验证　执法机构主要是验证 HACCP 计划是否有效及是否被贯彻实施。执法机构验证的内容包括：HACCP 计划及其修订的复查；CCP 监控记录的复查；纠偏记录的复查；验证记录的复查；现场检查 HACCP 计划执行情况及记录保存情况；随机抽样分析。

5.3.4　HACCP 体系的建立与运行

HACCP 计划在不同的国家有不同的模式，即使在同一国家，不同的管理部门对不同的食品生产推行的 HACCP 也不尽相同。

美国 FDA 推荐采用以下 18 个步骤来制订 HACCP 计划：
①一般资料；
②描述产品；
③描述销售和贮藏的方法；
④确定预期用途和消费者；
⑤建立流程图；
⑥建立危害分析工作单；
⑦确定与品种有关的潜在危害；
⑧确定与加工过程有关的潜在危害；
⑨填写危害分析工作单；
⑩判断潜在危害；
⑪确定潜在危害是否显著；
⑫确定 CCP；
⑬填写 HACCP 计划表；
⑭设置 CL；
⑮建立监控程序；
⑯建立纠正措施；
⑰建立记录保存系统；
⑱建立验证程序。

CAC 推荐采用以下 12 个步骤来实施 HACCP（见表 5-1）。

表 5-1　CAC 推荐的 12 个步骤

1	组成 HACCP 小组
2	产品描述
3	确定产品预期用途和消费者
4	绘制生产流程图
5	现场验证生产流程图
6	列出所有潜在危害，进行危害分析，确定控制措施
7	确定 CCP
8	确定每个 CCP 的 CL
9	确定每个 CCP 的监控程序
10	确定每个 CCP 可能产生的偏离的纠偏措施
11	确定验证程序
12	建立记录保存程序

5.3.4.1　HACCP 体系运行的前提条件

HACCP 不是孤立的体系，在体系文件中，除了与 HACCP 计划直接相关的文件(如危害分析工作单,HACCP 计划表,确定 CCP 和 CL 的支持性科学依据,执行 HACCP 所需的监控记录、纠偏记录和验证记录等)之外,其他必备的体系文件均可称为执行 HACCP 的前提计划。企业应建立、实施、验证、保持并在必要时更新和改进前提计划,以持续满足 HACCP 体系所需的卫生条件。在 HACCP 计划实施之前,应制订和实施前提计划。

前提计划应包括人力资源保障计划,GMP,SSOP,原辅料和直接接触食品的包装材料安全卫生保障制度,召回与追溯体系,设备、设施维修保养计划,应急预案等。企业前提计划应经批准并保持记录。

(1)人力资源保障计划

企业应组织制订并实施人力资源保障计划,确保从事食品安全工作的人员能够胜任。计划应包括对管理者和员工提供持续的 HACCP 体系、相关专业技术知识及操作技能和法律、法规等方面的培训,或采取其他措施,确保各级管理者和员工的能力和专业技术知识满足需求;评价所提供培训或采取其他措施的有效性;保持相关的记录。

(2)原辅料和直接接触食品的包装材料安全卫生保障制度

企业应防止在原辅料和食品包装材料中存在食品安全危害,所以应制订并实施采购卫生保障计划。采购卫生保障计划包括:制订原辅料和食品包装材料验收要求和程序,包括核对原辅料和包装材料的卫生合格证明、追溯标识;对原辅料和包装材料的食品安全特性实施有针对性的检验;制订供方的评价制度,包括不合格供方的淘汰制度等。

(3)标识和追溯计划

不论出于 HACCP 执行中的技术上的需要,还是进出口国官方对食品安全性管理上的要求,企业都必须建立产品的标识和可追溯性计划,确保识别产品及其状态的追溯能力。产品的识别代码要列出产品名称、生产日期(或班次)、批号等相关识别内容,并打印在产品包装上。应保存产品的销售记录,包括所有可确定的分销方、零售商、顾客或消费者。

(4)产品召回计划

召回,是指食品生产者按照规定程序,对由其生产原因造成的某一批次或类别的不安全食品,通过换货、退货、补充或修正消费说明等方式,及时消除或减少食品安全危害的活动。

企业应制订召回计划,并定期进行演练,验证召回计划的有效性。

①食品召回级别　根据食品安全危害的严重程度,食品召回级别分为三级:

一级召回:已经或可能诱发食品污染、食源性疾病等对人体健康造成严重危害甚至死亡的,或者流通范围广、社会影响大的不安全食品的召回;

二级召回:已经或可能引发食品污染、食源性疾病等对人体健康造成危害,危害程度一般或流通范围较小、社会影响较小的不安全食品的召回;

三级召回:已经或可能引发食品污染、食源性疾病等对人体健康造成危害,危害程度轻微的,或者属于含有对特定人群可能引发健康危害的成分而在食品标签和说明书上未予以标识，或标识不全、不明确的食品的召回。

② 召回计划的主要内容　负责启动和实施产品召回计划的人员的职责和权限；制订并实施受安全危害影响的产品的召回措施；制订对召回食品进行分析和处置的措施等。

(5) 维护保养计划

企业应制订和实施厂区、厂房、设备及设施等的维护保养计划，使之保持良好的状态，并防止对产品的污染。

(6) 应急预案

对于企业发生的紧急情况所采取的应对措施的计划，包括对水质不良、停水、停电时的应急预案等，以减少可能产生的安全危害的影响。企业应定期进行模拟应对措施的演练，验证应急预案的有效性。

5.3.4.2　预备步骤

在按照 HACCP 的 7 个原理制订 HACCP 计划之前，企业必须完成 HACCP 计划制订的准备工作。

(1) 组成 HACCP 小组

HACCP 小组应由不同部门的人员组成，包括卫生质量控制、产品研发、产品工艺技术、设备设施管理、原辅料采购、销售、仓储及运输部门的人员，必要时，可请外部的专家。小组负责人应熟知 HACCP 原理，经过 HACCP 原理的培训。

小组成员应具有与企业的产品、过程、所涉及的危害相关的专业技术知识和经验，并经过培训。

(2) 产品描述，确定预期用途和消费者

①写出加工者(企业)的名称和详细地址。

②描述产品　确定产品中水产品组分的商品名称和拉丁文学名，例如，金枪鱼(tuna)、对虾(shrimp)；对产品进行详细、完整的描述，例如，单冻熟虾仁、去壳生牡蛎肉；描述产品的包装形式，例如，真空塑料袋包装。

③描述销售和贮藏方法　产品贮藏和销售的方法，例如，冷藏、冷冻、烟熏等。

④确定预期用途　确定最终使用者或消费者怎样使用产品，例如，加热后食用、无须加热即可食用、生食或轻微加热后食用、须经充分加热后食用或做再加工使用。

⑤确定产品的消费者或使用人　例如，公众、特定群体(婴儿、老人等)、再加工的食品企业。

⑥描述产品以及销售的方式　应简明、准确。例如，

公司名称：ABC 虾业公司

地　　址：××省××市××大街 16 号

产　　品：冷冻熟的即食虾

贮存方式：塑料袋

销售方式：冷冻

消费人群：一般公众

消费方式：需要进一步加热或烹调

将相应信息记录在危害分析工作单和 HACCP 计划表首页。

(3) 绘制流程图并现场确认

HACCP 小组应在企业产品生产的范围内，根据产品的操作要求绘制产品的工艺流程图，此图应包括：每个步骤及其相应操作，这些步骤之间的顺序和相互关系，返工点和循环点（适宜时），外部的过程和外包的内容，原辅料和中间产品的投入点。

流程图的制订应完整、准确、清晰。每个加工步骤的操作要求和工艺参数应在工艺描述中列出。应由熟悉操作工艺的 HACCP 小组人员对所有操作步骤在操作状态下进行现场核查，确认与所制订流程图是否一致。

5.3.4.3 危害分析和制订控制措施

对加工的每一步骤（从流程图开始）进行危害分析，确定是何种危害，找出危害来源及预防措施，确定是否是 CCP。

(1) 建立危害分析工作单

进行危害分析记录的方式有多种，可由 HACCP 小组讨论分析危害后进行记录。危害分析工作单是较为适用的危害分析记录表格，见表 5-2。可以通过填写这份工作单进行危害分析，确定 CCP。

按照流程图的顺序，将流程图的每一步骤填入危害分析工作单第 1 列内。

表 5-2 危害分析工作单

企业名称：　　　　　　　　　　产品描述：
企业地址：　　　　　　　　　　销售和贮藏方法：
　　　　　　　　　　　　　　　预期用途和消费者：

(1)	(2)	(3)	(4)	(5)	(6)
配料/加工步骤	确定在这步中引入的、控制的或增加的潜在危害	潜在的食品安全危害是显著吗（是/否）	对第3列的判断提出依据	应用什么控制措施来防止显著危害	这步是关键控制点吗（是/否）
	生物的：				
	化学的：				
	物理的：				
	生物的：				
	化学的：				
	物理的：				

(续)

配料/加工步骤	确定在这步中引入的、控制的或增加的潜在危害	潜在的食品安全危害是显著吗（是/否）	对第3列的判断提出依据	应用什么控制措施来防止显著危害	这步是关键控制点吗（是/否）
	生物的：				
	化学的：				
	物理的：				
	生物的：				
	化学的：				
	物理的：				

（2）确定潜在危害

在危害分析工作单第2列对每一流程的步骤进行分析，确定在这一步骤的操作引起的或可能增加的生物的、化学的或物理的潜在危害。这些潜在危害可能是与加工食品品种相关的潜在危害，如双壳贝类品种可能带有贝类毒素；也可能是与加工过程相关的危害，如巴氏杀菌时间、温度不当，造成致病菌残存的潜在危害。

（3）分析潜在危害是否是显著危害

根据以上确定的潜在危害，分析其是否是显著危害（填入危害分析工作单第3列）。HACCP预防的重点是显著危害，一旦显著危害发生，会给消费者造成不可接受的健康风险。例如，含贝毒的双壳贝类被消费者食用后，可能致病，贝毒是显著危害。

（4）判断是否显著危害的依据

对危害分析工作单第3列中所判断的是否显著危害提出科学的依据（危害分析工作单第4列）。例如，在收购步骤，双壳贝类的贝毒是显著危害，判断依据为双壳贝类可能来自污染的海域。

（5）显著危害的预防措施

对此步骤确定的显著危害采取什么措施进行控制，填入危害分析工作单第5列。例如，拒收污染海区的双壳贝类原料预防贝毒危害；控制加热温度、时间预防致病菌的残存；通过金属探测器检测金属碎片等。

（6）确定这步骤是否为CCP

根据以上的分析，运用CCP判断树来确定这一步骤是不是CCP（填入危害分析工作单第6列）。如果分析的显著危害，在这一步骤可以被控制、被预防、消除或降低到可接受水平，那么这一步骤就是CCP。

5.3.4.4 HACCP 计划表

在HACCP计划表中，需要制订CCP的CL、监控程序、纠偏行动、记录及验证。

(1)填写 HACCP 计划表

推荐的一份 HACCP 计划表格,见表 5-3,可以通过填写 HACCP 计划表格完成 HACCP 计划的制订。

将在危害分析工作单上确定的 CCP 和显著危害逐一填写在 HACCP 计划表第 1 和 2 列中。

(2)建立 CL(HACCP 计划表第 3 列)

在完成危害分析后,应根据确定的 CCP 和相应的控制措施,确定 CCP 的 CL。CL 是确保食品安全的界限,每个 CCP 必须有一个或多个 CL。

(3)建立监控程序(HACCP 计划表第 4~7 列)

监控什么?如何监控?监控频率?由谁监控?这些问题的回答构成了监控的内容。

监控过程应该直接测量已经建立的 CL。监控频率应能及时发现所测量的特征值的变化。另外,监控时间间隔越长,便可能会有更多的产品在测量时被发现偏离了 CL。

监控可以由操作人员执行,或由生产监督人员、质检人员、任何其他能理解 CL 和会操作监控仪器的人执行。

(4)建立纠偏行动程序(HACCP 计划表第 8 列)

当监控显示 CL 不能满足时,描述要采取的措施。纠偏行动程序有纠正偏离起因、隔离偏离产品、重新评估产品、拒收和返工等。

(5)建立记录保持程序(HACCP 计划表第 9 列)

相关的记录有监控记录、纠偏记录、校准记录等。

(6)建立验证程序(HACCP 计划表第 10 列)

在 HACCP 计划表中的验证程序包括校准、监控和纠偏记录的复查、CCP 的

表 5-3 HACCP 计划表

HACCP 计划表										
企业名称: 　　　　产品描述:										
企业地址: 　　　　销售和贮藏方法:										
预期用途和消费者:										
1	2	3	4	5	6	7	8	9	10
关键控制点(CCP)	显著危害	对于每个预防措施的关键限值(CL)	监控				纠偏行动	记录	验证
			监控什么	如何监控	监控频率	由谁监控			

监控设备的校准和针对性地取样并检测。复查记录时间一般不超过一周。复查记录包括确认 CCP 按 HACCP 计划规定的监控程序在监控，CCP 在 CL 内运行，当超过 CL 时采取了纠偏行动，按纠偏行动程序进行纠偏，记录按规定真实地记录。

5.3.4.5 验证报告

企业在制订 HACCP 计划之后以及运行 HACCP 体系的过程中，应进行验证，并形成书面报告。验证报告包括确认报告、CCP 验证报告和 HACCP 体系的验证报告。

5.4 可追溯体系及其在食品安全控制中的作用

近年来食品安全问题日益突出，国内外食品安全质量事件时有发生。疯牛病、口蹄疫、禽流感等事件的发生使得人们愈发重视食品的安全问题，特别是如何加强对食品的"身份"管理，完善食品的可追溯体系，最大限度地降低不安全食品对消费者生命健康造成的危害已成为全球最关注的热点问题之一。

5.4.1 可追溯体系概述

CAC 与 ISO 把可追溯定义为："通过登记的识别码，对商品或行为的历史和使用或位置予以追踪的能力"。可追溯性是利用已记录的标识（这种标识对每一批产品都是唯一的，即标识和被追溯对象有一一对应关系，同时，这类标识已作为记录保存）追溯产品的历史（包括用于该产品的原材料、零部件的来历）、应用情况、所处场所或类似产品或活动的能力。CAC 指出，可追溯性是风险管理的关键。《食品安全管理体系——食品链中各类组织的要求》（GB/T 22000—2006/ISO 22000—2005）提出："组织应建立可追溯体系，以确定产品批次、原料批次和加工过程记录的关系"。

可追溯体系包括跟踪（tracking）和追溯（tracing）两个方面。跟踪是指从食品链的上游至下游，跟随一个特定的单元或一批产品运行路径的能力。追溯是指从食品链下游至上游识别一个特定的单元或一批产品来源的能力，即通过记录标识的方法回溯某个实体来历、用途和位置的能力。

对于食品生产或加工企业来说，确保产品的卫生安全是头等要务。为此，企业会采取各种具体措施，如建立 HACCP 体系等来保障产品安全。但是，在当前食品安全令人担忧的形势下，即使企业能够生产安全合格的产品，消费者也仍然会心有疑虑。也就是说，产品是安全的，而消费者却不一定放心。要使消费者放心，最好的办法就是将生产过程中与质量安全有关的信息记录下来，让消费者随时可以查询，给消费者以充分的知情权。食品可追溯体系正是这样一种能够连接生产和消费，让消费者了解符合卫生安全的生产和流通过程，提高消费者放心程度的信息管理系统。

5.4.2 可追溯体系的应用

国外对食品可追溯体系的研究早在20世纪90年代就开始了，其中欧盟、加拿大、新西兰、澳大利亚等农产品生产、出口大国研究得最为深入。

(1) 欧盟

欧盟为应对疯牛病问题，于1997年开始逐步建立食品信息可追溯体系。2000年7月，欧盟通过了《制定牛类动物和有关牛肉和牛肉制品标签识别和登记制度并废除理事会条例(EC) No. 820/97(EC)》(No. 1760/2000)，建立了对牛的验证与注册体系，同时对牛肉和牛肉制品的标签标识作出了规定，包括对牛耳标签、电子数据库、动物护照、企业注册等。欧洲议会和欧盟理事会规定食品法通用原则与要求，建立欧洲食品安全局以及规定食品安全相关程序的法规(EC) 178/2002《一般食品法》(General Food Law)，要求在食品链的所有阶段都必须执行可追溯性计划，欧盟内的所有食品企业都必须能够确认向他们提供食品、食品用的动物性原料、所用辅料的供应商以及其产品的销售商，并且必须能够向欧盟官方提供所要求的相关材料。2001年7月，欧盟通过了对转基因生物及其制品实施跟踪与标识的规定，要求企业经营者传达并保留其将转基因生物和转基因食品与饲料投放到市场上每个环节的信息。企业应建立一套制度，通过该制度能够识别其转基因产品的来源和销售的去向，有关转基因生物的信息通过商业链来传达，并保存5年。

(2) 美国

美国《2002年公共卫生安全与生物恐怖防范应对法案》要求所有的美国本土及出口到美国的食品及饲料企业都要进行事先确认登记制度，其食品和饲料产品都必须有可追溯性。美国农业部制定的《鱼类和贝类原产国标签的强制性暂行法规》要求：①提供给消费者的指定商品，所有在外包装箱、箱柜、展示柜、纸箱、柳条箱或者零售包装上的商标都应当包含原产地的信息及产品生产方式的信息（野生或养殖）。②在美国领土外实质性加工的野生和养殖的鱼贝类进口产品标签，如果从X国进口的指定商品在美国领土或经过美国注册的渔船上进行了实质性加工(参见美国海关及边检保护协定的要求)，这样的商品应当标注"产自X国，在美国加工"。③对在美国领土外经历了实质性加工的进口产品，如果混合了同样在美国领土外经历了实质性加工的进口产品或者原产地美国的指定商品，无论是否在美国领土上再次进行加工，都必须在原产地证明中说明所有包含的产品的原产地。④所有的记录都应当合法并可以是电子或文本格式。

(3) 加拿大

2004年1月，加拿大枫叶食品公司建立并启动了猪肉追溯系统，这个系统可以在数小时内对其销往各处的猪肉产品一直追溯到提供此块肉的肉猪的出生地点。加拿大枫叶食品公司通过DNA分型技术在猪肉生产与消费链所建立的追溯体系，能够保证消费者所购买的每一块动物肉能追溯到它所来源的动物。

(4) 新西兰和澳大利亚

新西兰、澳大利亚将保存有动物身份信息的电磁卡置于动物胃中，以克服耳标容易丢失或阅读不便等缺点。动物屠宰前经过扫描，计算机可阅读动物的有关信息，并与屠宰过程的相关信息链接，保证屠宰后的动物胴体追溯到所来源的饲养场。

(5) 中国

近年来我国开始关注食品的可追溯体系问题。

①水产品　国家质量监督检验检疫总局2004年5月出台的《出境水产品追溯规程(试行)》要求，出口水产品及其原料需按照该规程的规定标识，我国的出口水产品将可以通过产品外包装上的标识从成品追溯到原料。中国"放心水产品工程"质量可追溯及防伪系统已经完成，主要由生产加工历程、生产者信息、产品信息和养殖过程信息等共同组成。通过该系统，可以了解生产者信息、产品信息及养殖过程信息，还有水产品生产环境监测信息、水生动物疾病监测信息、水产投入品监测信息(药)以及水产投入品监测信息(饲料)。这个系统能保证相关鱼的身上都挂有一个与之相对应的唯一的电子标签，消费者拿着这个标签与相关商场超市设置的触摸屏进行连线，即可追溯查询到所买的每一条鱼的鱼种、繁殖、饲料、水质、产地、配送、销售等各个环节信息。

②肉类　我国各出口肉类企业在屠宰后的肉类包装上都标注了含有屠宰厂注册编号、生产日期以及备案饲养场代码的编码，通过该编码可以追溯到肉品所来源的养殖场。

我国《食品安全法》规定，食品生产者采购食品原料、食品添加剂、食品相关产品，应当查验供货者的许可证和产品合格证明文件；对无法提供合格证明文件的食品原料，应当依照食品安全标准进行检验；不得采购或者使用不符合食品安全标准的食品原料、食品添加剂、食品相关产品。

食品生产企业应当建立食品原料、食品添加剂、食品相关产品进货查验记录制度，如实记录食品原料、食品添加剂、食品相关产品的名称、规格、数量、供货者名称及联系方式、进货日期等内容。食品原料、食品添加剂、食品相关产品进货查验记录应当真实，保存期限不得少于二年。食品生产企业应当建立食品出厂检验记录制度，查验出厂食品的检验合格证和安全状况，并如实记录食品的名称、规格、数量、生产日期、生产批号、检验合格证号、购货者名称及联系方式、销售日期等内容。食品、食品添加剂、食品相关产品的生产者，应当依照食品安全标准对所生产的食品、食品添加剂、食品相关产品进行检验，检验合格后方可出厂或者销售。

食品经营者采购食品，应当查验供货者的许可证和食品合格的证明文件。食品经营企业应当建立食品进货查验记录制度，如实记录食品的名称、规格、数量、生产批号、保质期、供货者名称及联系方式、进货日期等内容。食品进货查验记录应当真实，保存期限不得少于二年。实行统一配送经营方式的食品经营企业，可以由企业总部统一查验供货者的许可证和食品合格的证明文件，进行食品进货查验记录。食品经营者应当按照保证食品安全的要求贮存食品，定期检查库存食品，及时清理变质或者超过保质期的食品。食品经营者贮存散装食品，应当在贮存位置标明食品的名称、生产日期、保质期、生产者名称及联系方式等内容。食品经营者销售散装食品，应当在散装食品的容器、外包装上标明食品的名称、生产日期、保质期、生产经营者名称及联系方式等内容。

另外，信息编码技术、电子标签技术、信息交换技术、广谱和色谱指纹技术、同位素追踪技术、微量元素分析技术，以及现代分子生物学手段等高新技术也正在开展研究并将逐步应用于食品的质量追溯体系中。

5.4.3 可追溯体系在食品安全控制中的作用

"民以食为天，食以安为先"。食品安全不仅关系着广大人民群众的身体健康，还关系着我国食品在国际市场上的竞争力。因此，为了保护消费者的安全和应对农产品出口面临日益加高的技术壁垒，建立我国的食品质量安全追溯体系迫在眉睫。

可追溯体系在食品安全控制中的作用如下所述。

(1) 是 HACCP 的基础条件和前提计划

在采用 HACCP 体系对"从农田到餐桌"的全过程进行控制的同时，还应该建立独立的追溯体系或者将追溯体系纳入 HACCP 体系中并形成文件化管理。实现从零售追溯到运输、包装、加工、农场、饲养，甚至到单个动物。追溯体系可以保证能实现"从农田到餐桌"和"从餐桌到农田"的双向查询。通过可追溯体系可实现下列目标：能辨识、追踪到加工厂的生产批次；能查到所有相关的产品加工及质量记录；能辨识出生产中所用原料、辅料、助剂、包装材料的生产批次及供应商；能追查出同批次的产品从下生产线到直接分销链所处的位置和数量（包括取样检测的位置和数量）；能辨认出由某一批次的原料生产的全部成品；能实现对供应商的追溯、对生产过程的产品追溯、对经销链的产品追溯。

(2) 是食品质量安全的保障

由于食品质量安全问题的客观存在，风险不可能降为零。信息的可追溯系统可以事先预测危害的原因与风险的程度，能清楚地掌握原辅料的出处，所以能分析、辨别所用原辅料的风险度，从而通过管理在生产过程中将风险控制到最低水平。

可追溯体系可以确保有质量安全隐患的被指定目标退出市场，便于对有害食品实行召回制度。可追溯目的是为了保护消费者的权益，同时也对企业的行为进行防范，防止企业有故意隐瞒的行为，督促企业及早采取措施，尽可能地将缺陷产品对民众安全造成的损害降到最低；另外，可以给消费者及相关机构提供信息，及时避免混乱的扩大。

(3) 可向消费者提供正确的信息进行公正交易

通过向消费者提供正确的信息，从而改善生产者和消费者信息不对称的现象，给予消费者知情权。消费者根据自己掌握的食品安全知识和偏好自行决定购买与否。如果消费者对食品安全问题不放心，可以要求食品供给者从计算机中调出档案，该食品的来源、原产地以及流通过程便呈现在消费者面前，从而减少食品供应商的欺诈行为，维持公正的市场经济秩序。

思考题

1. GMP 的定义是什么？
2. 卫生质量体系必须包括哪些内容？
3. SSOP 规定哪 8 个方面关键卫生条件？
4. 如何通过 SSOP 计划来控制有毒化学物质对产品造成的污染？
5. 简述 HACCP 的 7 个原理？

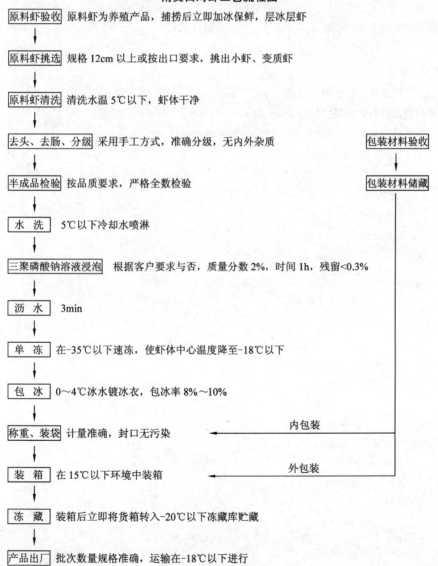

南美白对虾工艺流程图

6. 简述纠偏行动的内容?
7. 如何制订一份 HACCP 计划?
8. 请概述建立 HACCP 计划的基础工作和前提计划通常有哪些?
9. 请对提供的南美白对虾工艺流程图进行危害分析,对从第一步原料虾验收至第六步水洗的分析结果填写危害分析表,并根据南美白对虾工艺流程图(全过程)制订 HACCP 计划。
10. 可追踪体系在食品安全控制中的作用有哪些?

推荐阅读书目

中国出口食品卫生注册管理指南. 国家出入境检验检疫局. 中国对外经济贸易出版社,2001.

食品安全控制与卫生注册评审. 中国国家认证认可监督管理委员会. 中国标准出版社,2002.

食品加工的卫生控制程序. 顾绍平. 济南出版社,2001.

相关链接

国家认证认可监督管理委员会 http://www.cnca.gov.cn
美国食品药品管理局(FDA) http://www.fda.gov
食品法典委员会(CAC) http://www.codexalimentarius.net

第6章
食品防护计划

重点与难点
- 了解建立"食品防护计划"的背景及其重要意义;
- 理解食品安全与食品防护的关系;
- 掌握食品防护计划的概念,了解食品防护计划的原则;
- 理解掌握制订食品防护计划需要参考评估的内容;
- 理解食品防护计划的体系文件的编写与应用。

6.1　食品防护计划简介
6.2　食品防护计划评估的内容
6.3　食品防护计划的建立
6.4　食品防护计划的实施、运行和有效性

6.1 食品防护计划简介

2001年美国"9·11"事件发生后,全世界恐怖袭击事件不断,而食品行业也可能成为恐怖组织的袭击目标,因此防止食品受到故意污染或蓄意破坏的食品防护问题逐渐浮出水面。

2002年以来,相对于传统的食品安全,美国提出了"食品防护"的概念,旨在防止食品遭到恐怖主义袭击等非传统食品安全危害的威胁。美国FDA、美国农业部食品安全检验署(FSIS)等机构制订了多项供应链和生产企业的食品防护指南,如《食品生产、加工、运输防护指南》《化妆品生产、运输防护指南》《奶牛农场、运输、奶站、液态奶生产企业防护指南》《食品零售和服务业防护指南》《食品进口和分销防护指南》和《肉和禽类屠宰加工厂建立食品防护计划指南》等。日本食品业界也正在推行食品"安心"行动(安心=安全+食品防护),以取得消费者的信任。2008年11月,CAC的进出口食品检查和认证分委会(CCFICS)决定,在即将起草的《国家食品安全控制体系建立导则》中考虑增加食品防护内容。食品防护已逐步引起各国的重视。

近年来,我国发生的"苏丹红""孔雀石绿"等食品安全事件,特别是2008年发生的"三鹿奶粉"事件表明,在现阶段我国食品企业除面临因恐怖主义和反社会等原因而使食品遭到故意污染或蓄意破坏的问题外,因不法从业者追求不正当商业利益形成行业"潜规则"和恶性竞争等原因已使食品遭到故意污染或蓄意破坏的问题成为突出问题。

因此,我国食品防护的目标为防止食品因不正当商业利益、恶性竞争、反社会和恐怖主义等原因遭受生物的、化学的、物理的方面的故意污染或蓄意破坏。

食品防护(food defense):确保食品生产和供应过程的安全,防止食品因不当逐利、恶性竞争、社会矛盾和恐怖主义等原因影响而受到生物、化学、物理等方面因素的故意污染或蓄意破坏。这些故意污染或蓄意破坏能够对消费者造成伤害,包括一些天然的或非天然存在的物质或者是一些易被食品生产者忽视或常规不检测的物质。攻击者的目标可能是杀人或者是扰乱经济。攻击的途径可能是"从农田到餐桌"的任何一个环节,包括种植/养殖、加工、运输、贮存、分销、零售。这种故意的行动通常是不合常理的,而且是很难预测的。

食品防护与食品安全(food safety)的区别为:食品防护着重于防止食品在加工和贮藏过程中遭到人为的、故意的污染。食品安全着重于食品在加工和贮藏过程中,在生物性、化学性和物理性危害的影响下受到的一种偶然的污染。

为了进一步防止这种故意污染或破坏行动,将食品受到人为故意污染或蓄意破坏的危险降到最低,食品企业应当建立和实施食品防护计划。

6.1.1 食品防护计划的定义

食品防护计划是指为确保食品生产和供应过程的安全，通过进行食品防护评估、实施食品防护措施等，最大限度降低食品受到生物、化学、物理等因素故意污染或蓄意破坏风险的方法和程序。

食品防护计划能够帮助企业确定使其食品受到故意污染或蓄意破坏的危险降到最小化的步骤，以减少食源性危害因素，帮助对恐怖分子的袭击进行预防和作出反应，尤其在危机状态时，通过以科学为基础的方法解决公共卫生问题。食品防护计划可以提高企业的应对性，在遇到紧急情况时，企业面临的压力大而应对时间有限，这种文件化的程序将可提高快速应对的能力。

食品防护计划有助于企业为员工创造一个安全的工作环境，为顾客提供有质量保证的产品，保障企业的盈利和社会的稳定。

6.1.2 食品防护计划的原则

（1）评估原则

通过对食品生产和供应各环节面临的威胁、存在的弱点、造成的影响，以及三者综合作用带来风险的可能性进行食品防护评估，找出薄弱环节，从而采取有效的预防性措施，以防止食品生产和供应过程受到故意污染或蓄意破坏。这种评估基于风险分析的原则，内容包括外部、内部、贮藏、供应链、水/冰、人员、信息、实验室等。食品防护的评估过程应是科学合理的。

（2）预防性原则

通过对潜在的可能发生问题的环节进行调查分析，并针对环节制定措施防止其发生，形成预防性的食品防护计划，最大限度地降低食品受到故意污染或蓄意破坏的风险。

（3）保密性原则

通过对企业外部（如采购方等）和内部（如不同生产管理部门等）人员允许接触食品防护计划的范围和内容作出规定并进行有效控制，保护食品防护计划的评估过程等核心内容不被泄漏，防止被有故意污染或蓄意破坏意图的人员利用。

（4）整合性原则

通过整合企业现有的食品安全卫生管理体系，避免相互矛盾或重叠，使食品防护计划成为企业食品安全卫生管理体系的有效补充。已实施HACCP体系的食品生产企业进行危害分析时，可参考食品防护评估结果。

（5）沟通原则

通过企业内部之间以及企业与外部公众或社会组织之间信息的发送、接受与反馈的交流，识别发生故意污染或蓄意破坏食品安全事件的可能性，及时作出反应，改进食品防护计划的针对性，提高食品防护计划的有效性，预防重大食品安全事件的发生。

（6）应急反应原则

针对故意污染、蓄意破坏等突发事件和威胁，协调、整合相关资源和能力，建立、制定、维持相关的应急预案并进行演练,以提高准备、抵御、应对、恢复和减轻能力。在紧急情况发生时,根据应急预案采取行动,最大限度地降低食品安全事件造成的损失。

(7) 灵活性原则

通过分析自身情况,企业可制订独立的食品防护计划,也可以将食品防护计划与企业的食品安全卫生管理体系整合,或采取其他合理的方式,达到最大限度地降低食品受到故意污染或蓄意破坏风险的目的。

企业可以灵活掌握,既可以仅有食品防护措施无食品防护计划,也可以制订食品防护计划。目前,大多数企业根据实际的规模、产品的风险等因素制订了食品防护计划。企业采取食品防护的措施可以多种多样,食品防护计划的表格也不必拘泥于固定模式,企业应结合实际制订符合企业实际情况的食品防护措施或食品防护计划,保证食品安全。

(8) 动态原则

通过对影响食品防护计划有效性的因素及其变化的信息进行确定、收集和分析,及时调整食品防护评估、食品防护措施和食品防护计划,实现动态更新和持续改进,确保食品防护计划的有效性。

食品防护计划不应是一成不变的,国内外形式变化莫测,政治、经济、文化应时改变,企业的生产活动中所存在的危害因素并不固定,产品或加工改变或其他影响食品防护评估的情况出现时,如添加新的产品生产线、更换供应商、将生产过程外包、使用新工艺等,食品防护评估、食品防护措施和食品防护计划需及时应对食品防护对象的变化。企业应针对各种变化及时对食品防护计划做出调整。在运行中加强细小变化的"动态"管理和应对。例如,某个重点岗位员工的变化和调整都可能导致食品防护措施的调整。

6.2 食品防护计划评估的内容

食品防护计划通过对食品链各个环节进行风险评估,找出薄弱环节,从而制订成本有效的预防性操作计划,以防止食品链遭到故意的攻击和破坏。食品防护计划评估内容是制订整个食品防护计划的重要内容,针对不同产品、不同工厂可得出适合工厂自身特点的评估结论,从而有针对性地制订出具体化的食品防护计划。作为基础性工作的风险评估内容,具有涉及面广,检查环节多,分析内容复杂的特点,不仅要考虑硬件设施、设备等物理性因素,也要涉及技术和管理等软科学层面的知识。作为食品防护计划体系建立的第一步,工厂可以按照自身特点、加工品种以及厂房布局等方面全方位地进行评估自查,对于不适用的环节可以按照"不适用"进行评价,符合的环节以"符合"予以标注,不符合的方面作为风险评估内容中予以关注的重点,在食品防护计划体系后续步骤中要有相应的应对措施。防护计划的评估过程带有一定程度上的保密性特点,要从对整个企业和食品消费者负责的角度出发,翔实充分地对食品防护计划予以评估。

6.2.1 外部

外部安全是食品防护计划体系中的第一道物理性屏障,本着成本最小化的原则,外部防护安全可以非常有效地将工厂的生产安全和其他不安全因素隔离开来,是食品防护计划体系中不可或缺的一部分。外部防护所涉及的评估内容包括:

①厂区应采用足够高度的围墙、围栏等必要设施限制未经许可人员进入。应对出入人员进行登记,对人员和车辆进行检查,对厂区外围和厂区内进行定期巡视。

②厂区外围、厂区内应具备监控设施或夜间照明措施,能够发现任何可疑的活动。

③厂区外围除正常的大门外,其他出入口应具备一定的自动锁门或其他出入控制措施,以防止出入口的自由进出。

④对进入企业的访问者应提前通知并进行身份识别,如带有照片的身份识别证、进厂证等,只允许访问者进入许可参观或工作的区域。

⑤下列设施应采取安全防范措施以防止外来人员的进入:
- 正门和其他的门应采取严格程度不同的控制措施,对非经常出入门应采取更加严格的监控管理措施。
- 厂区或车间的窗户应只允许从内部开启。禁止开启的窗户应有标识,对非正常开启的窗户能在最短时间内识别并采取相应的措施。
- 对于屋顶开口处应采取合理有效的管理措施。对于供热、通风、空调等系统,仅允许许可的人员接触,对于进入屋顶的通道采取封闭管理措施。
- 通风口的设计应考虑防止人为破坏。通风口的位置应位于不易接近的区域。

⑥对进入厂区的运输工具应有足够的措施予以监控:
- 应对运输车辆进行备案,并定期检查,应有车辆操作人员的安排计划和管理措施。
- 应对进出厂区的私人运输工具进行管理。
- 应对私人运输工具予以登记,还可根据情况,检查携带物品。
- 应对商业运输工具进出工厂的路线、停放的区域进行规定和管理。

6.2.2 内部

内部防护是从车间的整个布局防护出发,涉及车间设计布局、人流和物流方向以及内部管理程序等一系列的内容和程序,车间的设备设施、水流、物流是工人接触最多的区域,也是最容易受到故意攻击且不易察觉的区域。内部防护所涉及的评估内容包括:

①车间的设计布局应按照敏感区域、重要程度的差异予以隔离。对于限制人员进入的区域应有警示性标志。

②车间的每个区域，特别是敏感的区域（如大规模混料区），应装有足够的停电应急灯。

③对内部设施和加工过程进行监控。企业可通过视频系统进行监控，并保证一定的视频存档期。

④车间应安装紧急预警系统，包括火警预警和发生人为故意污染或故意破坏时的紧急疏散系统，并定期进行检查或者进行演练，对员工疏散路线、疏散命令等有统一的要求。

⑤访问者或其他非加工区域人员进入工作区域前应经过身份的确认、资格的许可，有管理人员全程陪同，并保持相关记录。

⑥车间内无有毒、有害物质的藏匿场所。

⑦车间内的消毒剂、清洁剂等应有专门的存放场所，同时应有相关人员严格管理。

⑧对卫生间、个人储物柜及贮藏区等容易存放私人物品的地方应定期进行检查。

⑨工器具间应由专人负责，建立领用核销和使用管理制度。

⑩排风系统应设计合理，有防止异物或不明气体进入的设施。

⑪下脚料处理区域不易造成废料、气流的回流，无人为的破坏。

⑫通风系统、空调系统、供水系统、供电系统、消毒设施和电脑系统等应有防止未经许可人员进入的措施，定期检查。

⑬设备维修应经相关人员批准，由许可人员维修，应保持维修记录。

6.2.3 加工

食品加工过程是相对复杂的环节，不同的产品所要涉及的防护安全也有所不同，因其食品加工具有大规模化生产、产品成分较为复杂等特点，食品防护在加工过程中的应用就显得尤为重要。加工环节所涉及的评估内容包括：

①应按照加工工艺流程进行分区域管理，不同区域人员应通过易于识别的标志进行区分。不同加工区域应有所标志。按照加工工艺流程分区域进行加工管理，不同区域人员要有不同颜色的衣物或身份牌等易于识别的标识，卫生班和品管等也要有所区别。不同区域要有明显的警示标语。

②对于原辅料添加区、混合加工区等大规模的、多成分混合的区域应由专人管理，持续监控。对于原辅料添加区或混合加工区域要连续监控，高度重视，只允许经过培训的、责任心强的人员操作，盛放辅料和不同成分的容器清洁卫生，加贴标识，同时要注意加盖盖板。

③对于消毒剂、清洁剂等的使用应由专人负责。

④产品传送和传递过程应进行监控。产品传送和传递过程要有监管人员监控，避免传送带传送过程只有个别人或没有人监控，产品传递筐也同样注意传递程序步骤，做到多人工作，连续监控。

⑤产品的标识与包装应处于受控状态，以防止盗窃或误用。

⑥产品的包装和标识应具有破坏存迹(如充氮、抽真空)识别的特性。产品在生产加工的包装环节也是涉及食品防护关键的区域。包装的安全性对食品制造商来说是非常重要的，这不仅仅是从保护食品不致败坏及安全食用的角度出发，还包括来自于防止人为破坏、生物恐怖攻击及假冒产品等方面。制作各种安全特性一体化包装的基本原因是为了防止恶意损害，找到包装受损后留下的证据。破坏存迹包装可明确显示损害后留下的可见记号，证明已被拆开或密封已破损。例如，可以采用充气、抽真空等包装形式，包装上要有"一旦漏气，禁止食用"的警示标语。贴在包装袋上标识字条清晰，不易损坏。对已经包装的产品要严格检查，防止包装损坏产品进入成品库。

⑦加工过程中应防止故意向食品中添加非食用物质，超范围、超限量使用食品添加剂以及采用其他不适合人类食用的方法生产加工食品等问题的发生。

6.2.4 贮藏

食品加工的贮藏安全涉及原料、辅料、物料、半成品、成品以及清洁剂等化学物品等的存放和保存。出入库发放控制等一系列的核算和控制对食品的质量和安全有着举足轻重的影响，如若管理不善，将会引起产品变质或遭偷盗、丢失或私自挪用等事件发生，严重的遭到人为故意破坏，且破坏手段简单，容易得手。贮藏防护所涉及的评估内容包括：

①贮藏库的设计应能防止人为破坏。

②进入贮藏区域的人员应经过许可。严格控制贮藏区域人员的走动，贮藏区域有负责人严格管理，非本区域工作人员不得随意进出。最好有相应的视频监控系统，负责出入库人员以及货物的连续监控。

③贮藏区域应建立出入库登记管理制度。贮藏区域应建立详细有效的出入库管理台账，特别是要记录标识、货物数量、领用人员签字等内容。

④对贮藏区域的卫生和货物存放应定期进行检查。定期对贮藏区域进行检查审核，主要内容包括：场所设备清洁卫生、货物存放分类分架、加贴标识存放、距离墙面和地面均符合标准。使用遵循先进先出的原则。贮藏区域的门窗符合规定，封闭严格，不会有人为可疑接触货物的可能性。定期对冷库温度实地验证。

⑤杀虫剂等有毒、有害化合物的贮藏区域应远离加工区域，由经过培训的人员管理。应建立领用和核销记录。有毒有害化合物应标识清楚，在有效期内使用。贮藏对杀虫剂、清洁剂等的管理人员要经过培训，责任心强，要对入库货物认真验证有关证明，建立入库台账。对出库化合物严格管理，只有防护小组成员的签字同意后方可发放相关产品。

6.2.5 供应链

食品通过食品链达到消费者手中可能连接了许多不同类型的组织，一个缺陷的连接就可能导致不安全食品的产生，对食品供应方的损失也是相当大的，由于食品安全危害可以在任何阶段进入食品链，全过程严格的控制是必需的。供应链是指提供加工对象给食品链下一个组织加工使用的供应链条，如处于食品链中的水产品初级加工组织，它所加工使用的原料鱼、所使用的辅料、食品添加剂等都是该加工企业供应链条的组成部分。而作为食品加工企业，加工出的成品交给下一个深加工企业、批发商、零售商或消费者，那么这些组织包括运输者也都是供应链条的组成部分。食品供应链是保障食品安全生产的前提和基础，提供安全卫生的原辅料也是食品防护体系的关键环节。广义的供应链还包括运输原辅料的物流组织，仓储组织等一系列保障供应的部门，是农业、食品加工业和物流配送业等相关企业构成的较为广泛的网络系统。除传统的食品供应管理方法外，还可以借助于计算机及其网络识别系统等现代化科技手段，保障处于食品链下一级组织加工的安全。食品运输过程中的安全越来越受到普遍的关注，在食品链从源头到餐桌的整个安全控制过程中，食品的运输无疑处于举足轻重的地位，它直接关系到食品链防护的完整性和有效性。而这一环节安全往往处于被忽视的境地。

食品供应链防护所涉及的内容包括：

①应对食品原辅料、包装材料等供应方进行食品防护能力的评估。
②应对原辅料的生产管理进行食品防护能力的评估。
③应对饲料的生产、动物的养殖、作物的种植进行食品防护能力的评估。
④食品原辅料、包装材料等供应方应建立产品追溯和召回程序。
⑤应考虑在原辅料生产和供应中故意向食品中添加非食用物质，超范围、超限量使用农兽药和食品（饲料）添加剂的情况。
⑥应建立合格供应商评估制度并考虑故意污染方面的评估结果，及时获得供应商提供的相关证明性文件。
⑦在制订原辅料、包装材料等的验收要求和实施验收时，应考虑故意污染方面的评估结果。
⑧应对运输公司进行食品防护能力的评估。
⑨货车、集装箱等运输工具在厂区内应进行封闭式管理，禁止未经许可的人接近。
⑩货车、集装箱等运输工具装卸货物时，应由经过培训的人员进行监控，并保持相关记录。应对集装箱外观、温度、冷藏设施进行检查，确保无可疑的损坏。
⑪收发货的品种、数量、质量、标识等与货物运输文件相一致。
⑫货物出入库时应检查包装有无故意污染或蓄意破坏的痕迹。
⑬产品运输货车、集装箱等运输工具应保证清洁无毒，避免产品间相互污染。运输过程中对活动物的饲料和饮用水进行必要的防护。
⑭应对退运产品进行验收和实施防护。

6.2.6　水/冰

生产用水（冰）的卫生质量是影响食品卫生的关键因素，也是非常容易受到人为故意污染的环节，如水源地、中间贮水设施、水处理设施、输水管道等。水和冰防护所涉及的评估内容包括：
①加工用水符合国家标准和相关贸易国家要求。
②水源地、中间贮水设施、水处理设施应封闭，由专人管理。
③原辅料的种植/养殖或预加工基地的水源地保护。
④制冰设备应由专人管理，有防止无关人员进入或接近的措施。
⑤供水系统应定期检查。
⑥应确保在加工用水不符合要求时，能及时得到通知。

6.2.7 人员

人员是食品加工厂的生命力，直接参与操作，创造价值。食品加工人员的素质高低、能力强弱直接关系到整个企业的声誉和质量安全。可以采取进厂考核严把关，进厂之后勤管理的形式，提高整个工厂人员的素质和能力。食品防护计划是用于防止人为故意地破坏食品链，因此整个防护的关键还是心存破坏心理的人员，如恐怖分子、仇视社会的人、与老板或员工闹矛盾产生报复心理的工厂人员。由此可见，对人员的管理是整个食品防护计划的核心所在，除常见的建立相关管理程序制度予以管理之外，对人员工作区域的物理性隔离也是必要有效的手段。人员防护所涉及的评估内容包括：
①敏感区域，如与原辅料、半成品及成品密切接触及容易发生大范围蓄意破坏的区域(如混料区、包装的装填和封口等区域)的操作人员应进行身份背景等调查。
②按照工序、权限不同对员工采取不同的身份识别措施，如工作服颜色、上岗证等。
③对于轮岗人员或临时更换人员，如请假人员的代替者或新进人员应有人员识别清单。
④车间不同安全级别区域有相应的限制进入的设施和管理措施。
⑤对员工和访问人员的进出携带物品有必要的检查措施。
⑥对员工及管理人员应进行有针对性的、分层次的食品防护计划知识的培训、考核。
⑦管理人员应与员工进行定期交流，听取意见和建议。
⑧应对受处罚、降职、辞退等的人员情况进行跟踪。
⑨应有发现、报告和控制情绪不稳定员工及对其进行心理疏导的规定和程序。

6.2.8 信息

信息安全对工厂的食品防护也是至关重要的。如果将不该公开的信息泄露，可能会给故意破坏的人以可乘之机。如果与某些部门的联系信息失灵，可能就无法及时应对突发事件。例如，食品防护的评估结果、加工工艺、配方等需要保密的信息管理；允许参观的区域和允许公布的信息；与有关部门的联系方式的持续有效等。信息防护所涉及的评估内容包括：

①对企业外部（如采购方等）和内部（如不同生产管理部门等）人员允许接触食品防护计划的范围和内容作出规定并进行有效控制。食品防护计划制订的全过程和内容应有适当的保密规定并得到有效执行。

②加工工艺、配方等应有适当的保密规定并得到有效执行。

③应建立访客、客户、供应商联系档案，对参观内容、参观区域、对外公布信息进行评估。

④应建立紧急情况处理系统，建立相关政府主管部门的联系方式、电话和传真，并定期审核更新，定期验证联系方式有效性。

⑤应有专人负责收集国内外食品安全的动态等信息。

⑥应识别、收集故意污染信息（可来源于国内外食品安全动态、媒体报道、顾客反馈、行业内交流等），充分评估故意污染可能造成的危害，采取针对性的防护措施。应保持相关的记录以备政府主管部门检查。若发现故意污染具有行业普遍性，应及时向政府主管部门报告。

⑦应采取措施确保计算机信息的安全和网络的安全。

6.2.9 实验室

实验室安全制度建设是食品防护计划体系的重要组成部分，实验室安全防护包括很多方面，其中有关人为故意破坏防护的环节未曾引起足够的重视，最大的挑战是实验人员的安全防护意识及防护制度的建设。实验人员对食品防护的认识程度，是能否搞好安全防护的基础。只有认识到位，才能制订出切实可行的制度并付诸实施。实验室防护所涉及的评估内容包括：

①布局合理并与食品加工区域有效隔离。

②仅允许许可人员进入。对出入实验室人员要严格管理，特别是对敏感区域仅对许可管理人员开放。除实验技术培训外，对有关食品防护计划也要进行培训学习。

③对各种试剂药品特别是有毒、有害化合物应设立单独区域，由专人管理，建立核销台账，对过期药品的处理符合食品防护要求。

④应建立样品（包括阳性样品）处理程序。

⑤建立活菌株贮藏和处理的程序。

6.3 食品防护计划的建立

食品防护计划是通过对食品链各个环节进行风险评估，找出薄弱环节，从而制订成本有效的预防性操作计划，以防止食品链遭到故意的攻击和破坏的食品安全管理体系。食品防护计划是食品企业安全管理体系文件的一个有机的组成部分。企业在编制食品防护计划时，应充分考虑到与其他文件体系兼容的需要，避免相互矛盾或重叠。食品防护计划的成功应用，需要管理层的承诺和员工的参与。

企业应可以根据实际情况和产品特点，形成独立完整的食品防护计划，也可以将食品防护计划与企业其他食品安全卫生管理体系整合，但要考虑必要的保密要求。

食品防护计划应包括以下内容：食品防护评估、食品防护措施、检查程序、纠正程序、验证程序、应急预案、记录保持程序。

6.3.1 食品防护评估预备步骤

(1) 组成食品防护小组

食品防护小组的成员应具有责任心和诚信，还应具备必要的知识和经验。

食品防护小组的成员应包括熟悉食品原辅料采购、加工、卫生、保卫、现场管理、销售等方面的人员，必要时可获得外部专家的支持。

食品防护小组的成员应参加食品防护的评估、食品防护计划的制订、确认、实施和验证活动。

(2) 产品描述

对产品特性作全面描述，包括名称、成分、物理或化学特性、加工方式、包装、保质期、贮藏条件、配送方法等与食品防护有关的信息。

(3) 识别预期用途

预期用途应基于最终用户和消费者对产品的使用期望。在特定情况下，还应考虑易受伤害的消费群体。

(4) 法律、法规、标准等的识别

收集和确定企业生产活动和产品需遵守和执行的相关法律、法规、食品安全标准和其他要求等。

(5) 新的食品原料、食品添加剂新品种、食品相关产品新品种的识别

确定企业使用的食品原料、食品添加剂、食品相关产品是否属于需申请许可的新的食品原料、食品添加剂新品种和食品相关产品新品种。

(6) 绘制流程图

绘制包括所有食品生产和供应步骤的流程图和路径图，包括贮藏和运输环节的流程。

(7) 绘制布局图

绘制包括所有食品生产和供应相关区域的布局图。该布局图应包括厂区周边环境和厂区各种出入口、厂区建筑物布局、厂房及内部设施的布局、空气、水、能源等基础条件供给设施的布局等。

(8) 现场确认流程图和布局图

应对所有的流程图和布局图进行现场确认。流程图和布局图与实际情况不符的，应进行修改。

6.3.2 食品防护评估

6.3.2.1 制订食品防护评估表

食品防护小组或负责人员需要依据相关法律、法规、指南的信息,制订食品防护评估表。评估内容应至少考虑以下方面:外部、内部、加工、贮藏、供应链、水/冰、人员、信息、实验室等。

食品防护评估表举例见表6-1。

表6-1 食品防护评估表举例

食品防护评估表

一、外部安全

1. 企业在建筑物外部有哪些适当的食品防护措施?

	是	否	不适用
厂区能否确保阻止未经许可人员的进入(如:通过上锁的门或者出入口)?			
在夜晚/清晨建筑物外面是否有足够的光线对企业进行适当的监控?			
紧急出口是否有自动上锁的大门和/或警报器?			

2. 以下包括锁、封条、传感器等装置能否确保在不经人看守的情况下(如下班后/周末)防止未经许可人员的进入?

	是	否	不适用
外部通道和大门?			
窗户?			
房顶的开口?			
通风口?			
拖车(卡车)?			
蓄水池/竖井?			

3. 企业是否对进入或暂停在企业的人和/或车辆有食品防护程序?

	是	否	不适用
员工的车辆是否能够通过使用小牌、贴花或是其他一些形式的可视标识进行区分?			
被授权允许进入的参观者/客人的车辆是否能够通过使用小牌、贴花或是其他一些形式的可视标识进行区分?			

(以下略)

6.3.2.2 完成食品防护评估表

食品防护小组或负责人员对照流程图、布局图和评估表对企业中易受到故意污染或蓄意破坏的区域和环节进行评估,确定薄弱环节。在完成评估表时需要同时考虑潜在的内部和外部的威胁。评估的结果应该保密。

6.3.3 制订食品防护措施

通过食品防护评估，制订经济有效的食品防护措施。食品防护措施可以是企业新增加的控制措施，也可以是企业其他食品安全卫生管理体系中已有的控制措施。特别在确定企业的薄弱环节后，应制订针对性地食品防护措施进行重点防护。将针对薄弱环节制订的食品防护措施填写在表6-2中。

表6-2 薄弱环节食品防护措施表示例

薄弱环节	食品防护措施
外部	
内部	
（以下略）	

6.3.4 制订检查程序

制订食品防护措施的检查程序，及时发现食品防护措施实施不当或失效的情况。

6.3.5 制订纠正程序

制订食品防护措施的纠正程序，发现食品防护措施实施不当或失效时，评估事件的后果并采取相应措施，同时改进或重新制订食品防护措施。

6.3.6 制订验证程序

制订食品防护计划的验证程序，验证包括确认、薄弱环节验证和全面验证。验证程序应包括验证的方法和频率。

6.3.7 制订应急预案

食品防护计划还应包括发生食品防护紧急事件时的应急预案，包括但不限于以下方面：

①应急反应(预案)执行者的职责和权限。
②反应(应急)措施及疏散。
③防止受污染或可能产生危害的产品进入销售环节。
④对已进入销售环节的受污染或可能产生危害的产品实施召回。
⑤受污染产品的安全处置。
⑥在紧急事件发生时，允许授权人员进入企业的规定。

⑦应建立应急联系清单，发生食品防护威胁或者产品受到污染时，应及时通知相关方。

企业应定期演练和评估应急预案。特别是食品防护紧急事件发生后，应对应急预案的实施效果进行评估，对应急预案进行及时修订。

若企业原来已有应急预案并包括上述内容，可直接将其列为食品防护计划的一部分，不需再单独制订。

6.3.8 制订记录保持程序

食品防护计划的有关活动应有记录，制订并执行记录的标记、收集、编目、归档、存储、保管和处理等管理规定。所有记录必须真实、准确、规范并具有可追溯性，保存期不少于两年。

6.3.9 食品防护计划有效性的确认

应对食品防护计划的有效性进行确认，并保持记录。确认应在食品防护计划实施之前以及变更后进行。当确认结果表明不能满足上述要求时，应对食品防护计划进行修改和重新确认。确认内容包括以下几方面。

（1）企业是否建立了食品防护计划体系，是否有书面性的标准操作程序

食品防护计划体系偏重于预防故意的破坏食品链安全。虽然防护计划评估内容的某些环节可以通过食品安全规范予以预防，但仍需要建立规范性的书面性文件。

（2）是否组建食品防护小组，是否有专门的负责人

食品防护计划小组成员应有高度的责任心和诚信度。小组成员将对整个企业的食品加工过程予以评估和了解，对薄弱环节和易受攻击的区域较为熟悉，组内成员予以分工，各司其责，互相监督。

（3）食品防护小组内成员是否都经过该体系相应的培训

对小组的培训应根据具体岗位人员，具体负责部门分层次、分重点的培训。

（4）食品防护计划是否经过定期的防护计划演练

定期演练是对食品防护计划实施情况的全面检验，可采取一年两次的频率进行或者依据具体情况增减演练频率。演练可按照评估内容随机抽取某个环节进行，对评估内容为"符合"的选项也应进行演练。应鼓励员工举报有可能造成产品污染或破坏食品防护体系的现象。

（5）对食品防护计划的关键环节是否经过验证

食品防护计划的关键环节是指经过防护计划评估的，某些"不符合"的内容和环节。这些环节虽然经过后期纠正措施加以补充完善，但仍应进行评估验证。

（6）食品防护计划是否经过定期审核，计划变动后是否经过审核

食品防护计划审核是由防护计划小组负责人组织实施，小组成员按照评估内容逐一对涉及本部门的内容予以梳理，是较为全面的自查行为，负责人可以与小组成员分部门予以审核，审核过程发现不符合项时应及时采取措施，审核相关过

程和记录应保密存档。

(7) 食品防护计划是否包括应急预案时的联系信息,包括官方部门等

食品防护小组人员应与有关部门建立联系。应建立应急预案联系清单,包括企业相关责任部门及具体负责人,还应包括政府相关部门,例如工商、卫生、检验检疫、海关及公安等相关部门和人员的电话,传真,邮箱等,这些联系信息应定期验证,若更换应及时更新联系信息清单。一旦收到食品防护威胁或者观察到产品受到污染,应有通信手段通知执法和公共卫生官员以及检验官员等。

(8) 食品防护计划是否包括遇到紧急情况时的应急预案

尽管食品防护计划是预防性体系,但相关的应急预案也应制定并演练,应急预案的准备可以将危害发生时的损失降到最低。例如,产品召回计划属于应急预案一部分,产品追溯体系做的越完善,日常相关工作做的越翔实,实际情况发生时越能赢得主动,实际召回的受影响产品越少,同时也是向消费者体现其管理能力。

(9) 食品防护计划有效性确认表(见表6-3)

表6-3 食品防护计划有效性确认表

确认内容	确认结果(填写"是"或"否")
制订了食品防护计划,所有薄弱环节都制订了针对性的控制措施	
明确了实施食品防护相关人员的职责	
食品防护小组成员和其他企业员工进行了食品防护计划的培训	
有定期食品防护演练的要求	
有食品防护计划定期验证的要求	
有适当的保密措施	
有与当地公安和其他相关政府主管部门的应急联络信息,定期更新,并有可靠的联络手段	
制订了相应的应急反应程序	
建立了有效的内外部沟通机制	
制订了召回计划并能保证召回产品得到了恰当处理	
有故意污染信息一览表、评估结果和控制措施	

确认结论:_____(填写"有效"或"需进一步修改")

6.3.10 食品防护计划文件的框架

食品防护计划并没有固定的格式,企业可依据自身食品防护的要求,结合自身的管理特点,编制其食品防护计划。

作为一个企业,制订食品防护计划时,并不只限于经过评估后的薄弱环节的防护,而是应包括企业全方位的食品防护的方方面面。

食品防护计划通常包括如下内容：
①封面——文件名称、编号、版本号、企业名称和日期。
②目录。
③适用范围。
④颁布令。
⑤食品防护组织及职责。
⑥控制程序
- 食品防护制度的管理；
- 企业外部安全；
- 企业内部安全；
- 加工安全；
- 贮藏安全；
- 供应链安全；
- 水/冰的安全；
- 人员安全；
- 信息安全；
- 实验室安全；
- 其他方面。

⑦应急预案。
⑧紧急应急部门联系电话。
⑨记录表格样本。
⑩相关文件。

6.4 食品防护计划的实施、运行和有效性

6.4.1 食品防护计划的实施

（1）批准
食品防护计划应得到企业最高管理者的批准。没有管理层的支持，食品防护计划将不会得到有效的实施。

（2）职责和权限
最高管理者应确保企业建立与实施食品防护的职责和权限得到规定和沟通。

（3）资源提供
为保证食品防护的实施，最高管理者应确保资源的提供。

（4）培训
对全体员工进行食品防护知识的培训，培训应考虑相关职责和保密要求，并对培训的效果进行评价。应保持与培训有关的记录。

（5）运行控制
食品防护计划的各项措施应得到持续有效的实施，并保持相应的记录。

(6) 沟通

应建立、实施和保持有效的内部和外部沟通机制。企业应制订、实施和保持有效的安排，以便与有关人员就影响食品防护的事项进行内部沟通。企业员工应有监督和汇报可疑情况的意识和责任。应确保企业与食品链范围内的供方、消费者、食品安全主管部门以及其他产生影响的相关方进行必要的沟通。

6.4.2 食品防护计划的验证

企业应定期对食品防护措施进行验证并保持记录，以确保食品防护计划的有效运行和持续改进。

食品防护计划的验证包括确认、薄弱环节验证和全面验证。

6.4.2.1 确认

(1) 食品防护评估和食品防护措施的确认

每年应至少对食品防护评估进行一次确认，在产品或加工改变或其他影响食品防护评估的情况出现时，如添加新的产品生产线、更换供应商、将生产过程外包、使用新工艺等，应重新进行食品防护评估的确认。必要时，根据确认的结果对食品防护评估进行修订。

每年应至少对食品防护措施进行一次确认，当食品防护评估发生变更或其他影响食品防护措施的情况出现时，应重新进行食品防护措施的确认。根据确认的结果对食品防护措施进行修订。如果根据确认的结果，食品防护措施不需要修订，则应该保留相关的依据。

(2) 食品防护计划有效性的确认

应根据6.3.9食品防护计划有效性的确认的内容对食品防护计划的有效性进行确认，并保持记录。食品防护计划有效性的确认应在食品防护计划实施之前以及变更后进行。当确认结果表明不能满足要求时，应对食品防护计划进行修改和重新确认。

6.4.2.2 薄弱环节验证

经食品防护评估确定的薄弱环节，采取食品防护措施后，应对食品防护措施的效果重新进行评估和验证。

6.4.2.3 全面验证

应定期对食品防护措施进行演练。演练可按照评估内容随机抽取某个环节进行，对非薄弱环节也应进行演练。某些检验或演练可以包括检查那些将要被上锁的入口的状态，通过携带个人物品进入生产区域的方法来核实是否存在员工管理失控，检查危险物品目录记录是否保存完好等。

食品防护小组应定期对食品防护措施的实施情况进行全面验证，验证应进行策划并涵盖企业所有的区域和环节。对验证过程中发现的不符合项应及时采取纠正措施，必要时对食品防护计划进行修订，修订后应重新对食品防护措施实施情况进行验证。

6.4.3 食品防护计划的运行

企业在完成体系文件的编制并通过适当的审批后，就可以发布实施。此时，标志着食品防护计划已经进入实施运行阶段。

(1) 发布体系文件

企业在完成食品防护计划文件的编制后，为了保证文件的适宜性，要经过相关部门的确认和主管领导的审批。审批后的体系文件应对其版本或修订状态作出标志，并正式发布体系文件。

企业要将适用文件发放到食品防护计划运行的相关岗位，确保各个需要食品防护计划文件的岗位，都能得到适用文件的有效版本。文件的发放应保存记录。

各部门以及各个岗位在接到食品防护计划的文件后，要组织学习并按照体系文件的要求实施，包括：各部门组织实施本部门有关的体系文件；实施运行中按照体系文件的要求进行各种例行监控；按文件要求填写各种记录；对文件实施中发现的问题应做好记录，并及时向食品防护小组进行交流，以便进行评审和修订。

(2) 落实各职能和层次的职责

在体系建立中，已经对食品防护计划运行的作用、职责和权限作出了明确规定，并已形成文件。在体系开始运行后，应将所规定的职责和权限落实到各相关的部门，以至每个相关的个人。

(3) 文件控制

在文件发布后，企业应按照文件控制程序的要求对文件进行管理。应确保适用的食品防护计划文件的有关版本为现行的有效版本。

在运行中应注意对过期文件的误用，过期文件应从使用场所收回，并及时销毁。如出于某种目的需要保留过期或失效文件，要作出适当的标志。

对于在食品防护计划运行中所需要的外部文件，应作出标志，并对其发放予以控制。要特别注意有关文件的保密工作。

在实施运行中应注意了解文件的适用性，企业应充分征求使用者对文件适宜性的意见；必要时指定具有足够技术能力和职权的人员对文件进行评审。如需要修订，可由授权人员进行修订。文件修订后要重新颁布。文件修订中，应对文件的修订部分和现行修订状态作出标志，以防不同版本文件之间的混用。

(4) 体系运行中的培训

为了确保从事影响食品安全活动的人员所必需的能力，确保负责食品防护体系监视、纠正、纠正措施的人员受到培训，企业应首先确定可能影响食品安全的重要岗位，还应确定负有的职责和权限，代表其执行任务的、可能具有重大食品安全影响的所有人员所需的知识和技能。

培训应体现受培训人员在食品防护体系中所处岗位的要求，并考虑到接受培训的人员的现有知识水平。

在食品防护计划运行中，针对不同层次的员工，实施内容不同的培训。

(5) 对供方、合同方施加影响

企业应考虑合同方或供方管理其食品安全的因素，要求其实施相应的食品防护计划，遵守适用的法律、法规要求，并对其施加影响。企业应当建立相应的控制程序(如合同方、供方原辅料管理程序)或通过合同、协议对供方和合同方施加影响，并将其管理内容与合同方和供方进行必要的沟通。

企业中的责任部门在对合同方、供方施加影响中应完成下列工作：责任部门按合同方、供方管理程序的要求，针对其重要食品安全危害因素制订具体管理要求；与合同方、供方签订协议(或其他形式的文件)落实管理要求；检查合同方、供方执行相关协议的情况；调查合同方、供方对食品安全危害因素的控制状况及安全卫生控制指标等。

(6) 应急预案

建立、实施并保持应急预案，以管理能影响食品安全的潜在紧急情况和事故。每个企业都应根据自身情况制订应急预案。以便当紧急情况或事故出现时，避免或减少所造成的食品安全影响，程序中应当考虑异常运行条件，以及当潜在紧急情况和事故出现时可能造成的后果。

确定可能的紧急情况和事故，如火灾、洪水、生物恐怖、能源故障等潜在紧急情况和事故，针对这类情况，应采取必要的事前预防措施。在有关程序中规定紧急情况和事故发生时的应急办法，并预防或减少由此产生的不利影响。

在食品防护计划的实施运行中，为确保应急预案的有效性，应有如下措施：

①应急知识培训。在实施食品防护计划过程中，应对有关人员进行应急预案的培训，使他们熟悉程序的要求和掌握实施应急预案的技能。

②落实应急设备、设施及各种资源，按照应急准备和响应程序的要求，配备充分的设施、设备以及其他必需的资源。

③在运行中对各种应急设施进行检查，使应急设施处于良好状态，如消防设施和消防器材的定期检查等。

④对应急预案进行演练，并总结改进。对于所制订的应急预案和培训的有效性，应定期进行评价和试验。为此，应组织应急演练，在实际演练中检验应急预案的适用性以及相关人员的实际应急响应技能。

⑤当紧急情况或事故发生时，要按照应急预案的规定，冷静处理紧急情况或事故，保护现场人员并减少对食品安全的影响。事故发生后，要对应急预案进行评审，以确定预案的适用性和有效性，必要时对程序或预案进行修改。

(7) 食品防护计划的审核

食品防护小组应定期进行内部审核，以确定食品防护计划是否得到有效实施和更新，是否能有效保障产品安全。

食品防护计划审核的一个重要的目的是通过审核活动发现组织体系运行中可以改进的机会。审核不只是对成绩的肯定，而是通过审核找出问题、解决问题。

内部审核通常是周期性进行或是出现严重安全问题时实施。如果组织已建立质量管理体系，食品防护计划审核的内容常常会包含于质量管理体系内审范围之内，企业也可以组织实施只针对食品防护计划要求的管理过程的内部审核。

无论实施何种形式的内部审核，企业都应对审核的过程与要求实施完整的策划。策划的实施过程与要求应充分体现企业食品安全防护的特点，应特别关注重要的或是经常出现问题的部门与活动。对发现的问题与不符合受审核部门应进行系统的原因分析，制订相应的纠正措施。内审组应跟踪验证纠正措施的有效性。

内部审核要保持审核的公正性，克服不易发现自身问题的弊端，审核员不应审核自己的工作。对于内审的结果及其不符合项的跟踪验证情况等应向最高管理者系统报告。

6.4.4 食品防护计划的有效性

食品防护计划的有效性也体现在持续改进方面。持续改进是不断对食品防护计划进行强化的过程，实现对食品安全管理的总体改进。因此，持续改进应体现在体系管理水平的提高和食品安全管理效果的改善两个方面，是企业证明食品防护计划有效性的重要标志。

6.4.4.1 食品防护计划有效性判定的五大原则

（1）原则1　明确防护目标

识别操作中最薄弱的因素，了解威胁和保护的目标将有助于确保在最有效处实施预防措施。

（2）原则2　最关键因素应用最严密防护

食品防护措施、成本、实施和程序与危险程度、严重性、可能性和潜在危害的程度都应是适当的和成比例。并不是所有的企业的要素都需要同样的安全控制。企业根据具体情况对于不重要的因素可以使用低级保护措施，确保"好钢用在刀刃上"。

（3）原则3　分层次方法

企业需要制订各种措施应对各种可能存在的威胁。措施可分类为物理防护、人员防护和操作防护。物理的防护可作为最外层、最基础的保护措施，受过培训的人员作为中级的防护措施，操作防护为最核心的防护措施。

（4）原则4　将危害降低到可接受水平

消除所有的危害是不可能的，也是不经济的。对于每一个预防措施，均应考虑经济成本有效性，把危害降低到可接受水平。需要平衡预防措施和实际操作的有效性之间的关系。

（5）原则5　管理层支持

管理层的支持对于食品防护计划的有效运行特别重要。意识到食品防护与食品安全和质量控制同等重要，管理层应提供必要的财力和人力的支持和保障。

6.4.4.2 食品防护计划的持续改进

(1) 体系功能的不断完善

企业在食品防护计划实施运行中,应当不断评价其食品防护在实施中的缺陷,以确定管理体系改进的需求和机会。另外,在运行中也经常会遇到一些新的情况或新的问题需要解决;此外,企业的资源条件也会发生各种变化,需要不断改进体系以适应这些变化。这些改进的需求包括:从不符合的纠正、纠正措施和预防措施中得到的经验;食品防护计划审核的结果;对运行进行监视的结果;相关方的观点,包括员工、顾客和供方的意见;适用法律、法规和其他要求的变化;要适应这些变化和需求,企业就需要随着体系的实施,不断完善和强化食品防护计划的功能,提高管理水平。

(2) 控制措施与应急准备相应程序的不断完善

对与食品安全防护相关的控制措施,始终是食品安全防护计划的主要内容。企业实施食品安全防护体系的过程中,是否已对与重要食品安全防护因素有关的内容进行了真正识别和策划,是特别重要的。所以,应随着体系实施的深化,评价控制措施的有效性。不断完善这些措施,使各类重要食品安全防护因素得到确实有效的控制。

对于企业可能出现的紧急情况或事故的应急与相应措施,也要定期评审和改进。其各个部位的应急准备和响应的应急预案应具有针对性并足够具体。应针对不同类型的事故,制订不同的应急准备与响应程序(或预案),以使程序(或预案)能切实起到防止事故或降低事故影响的作用。

(3) 监控机制的不断深化

加强食品防护计划运行的监视和检查,对各种运行控制措施的实施状况进行必要的监督或检查的不断深化,增强体系自我发现、自我纠正的功能。

建立食品防护审核制度,确保所有区域在按企业的安全要求执行。定期召开食品防护小组会议,听取各部门食品防护工作情况,总结食品防护工作,提出食品防护要求,提高食品防护能力。

(4) 运行资源的不断强化

随着体系的深化,企业在产品开发、工艺控制和工艺改进等方面的内容会逐渐增加,组织机构与职责的设定应能适应体系实施内容拓展的这一变化,适时做出合理调整,使体系的实施与日常管理工作相结合。

不断扩展并深化培训内容,以满足不同层次员工的需要。

(5) 食品安全管理体系的不断强化

实施食品安全管理体系的目的是确保食品安全,进而实现食品安全与效益的协调发展。强化食品安全管理体系,实现整体食品安全管理水平的提高,其关键在于如何在全面深入地识别和评价食品安全危害因素的基础上,通过体系管理的不断强化,使食品安全管理体系取得应有的成效。对于食品加工型的组织通过持续改进可获得的食品安全有效性可表现在以下方面:

①改进过程控制和人员安全意识,降低产品潜在污染的可能性 食品生产加

工控制水平和人员安全意识提高了，污染的可能性也就降低了。

②提高产品的开发水平，产品工艺适合加工设施设备的安全水平　在设计新产品时，为了减少产品在制造过程中对食品安全的影响，应考虑采用新技术，评估新风险，使用较少的添加剂物质，以减少对食品安全的影响。

③改造工艺，降低生产过程中对食品安全的影响　多采用封闭式、管道化生产加工食品比人为随意性加工对食品安全的影响要小。减少化学物质的使用，可以降低这些物质在产品生产过程中或在产品流通过程中对其造成的污染。

6.4.4.3　季度计划测试

至少每季度进行一次演练来验证计划的有效性。某些检验或演练可以包括检查那些将要被上锁的入口的状态；通过携带个人物品进入生产区域的方法来核实是否存在员工管理失控；检查危险物品目录记录是否保存完好等。

6.4.4.4　食品防护计划评估和修订

必要时，至少每年一次或当工艺有所改变的时候，对计划进行审核并进行修改。也许需要调整计划来应对某些条件的改变，如添加新的产品生产线、更换供应商、将生产过程外包、使用新工艺等。

食品防护计划是预防性的体系，具有工厂的特殊性，不能照抄照搬。食品防护计划不是一成不变的，而是与实际密切相关发展变化的。企业在应用中应结合自身的实际，制订出经济有效的食品防护计划，达到防护食品安全的目的。

思考题

1. 什么是食品防护计划？
2. 食品防护计划评估至少涉及哪些内容？
3. 简述食品安全与食品防护的区别？
4. 为保持食品防护计划体系的持续运行，需要做哪些工作？
5. 试给某食品生产企业制订一个食品防护计划。

推荐阅读书目

食品防护计划的建立与实施．中国国家认证认可监督管理委员会．中国大地出版社，2008．

相关链接

美国疾病预防控制中心　http：//www.cdc.gov
美国食品药品管理局（FDA）　http：//www.fda.gov
美国食品安全检验署（FSIS）　http：//www.fsis.usda.gov

第7章
食品法律、法规、标准与食品质量评价

重点与难点
- 掌握目前国内外食品安全与质量相关的法律、法规；
- 了解我国食品标准体系；
- 了解世界主要国家的食品标准体系；
- 掌握食品安全质量的感官、理化、卫生学评价的定义、方法。

7.1 食品安全与质量相关的法律、法规
7.2 食品标准
7.3 食品安全与食品质量的评价方法

7.1 食品安全与质量相关的法律、法规

建立和完善食品安全与质量法规及标准体系，被世界各国当做一件战略性任务、基础性工作而给予高度重视。

近年来，随着我国经济的高速发展，人们生活水平不断提高，食品安全与质量问题日趋成为人们关注的焦点。同时，食品安全与质量问题也是一个世界性的问题：疯牛病、禽流感、二噁英、口蹄疫、三聚氰胺，还有引起众多争议的转基因食品等。

食品安全与质量是目前公众最关注的主要问题之一。食品安全状态，已经成为衡量一个国家人民生活质量、社会管理水平和国家法制建设的重要指标。

7.1.1 我国食品安全与质量法规及标准体系基本框架

食品安全与质量的法规及标准，是构建一个合理的、有效的食品安全与质量控制体系的核心内容。

目前，中国形成了以《食品安全法》《中华人民共和国产品质量法》《中华人民共和国农业法》《中华人民共和国农产品质量安全法》《中华人民共和国标准化法》《中华人民共和国进出口商品检验法》《中华人民共和国进出境动植物检疫法》等法律为基础，以《食品生产加工企业质量安全监督管理办法》《食品标签标注规定》《食品添加剂管理规定》以及涉及食品安全要求的大量技术标准等法规为主体，以各省级地方政府关于食品安全的规章为补充的食品安全法规体系，为保障食品安全，提升质量水平，规范进出口食品贸易秩序提供了坚实的基础和良好的环境。

7.1.2 发达国家食品安全与质量法规及标准体系概述

构建相对独立的法规体系是保障食品安全与质量的一个发展趋势。食品安全与质量的法律体系的建设是我国保证食品安全、提高产品质量的需要，也是便利国际贸易的需要。研究、借鉴发达国家食品安全与质量法规体系和其他国家的经验和教训，有利于我国食品安全与质量法规体系和产业政策的完善以及与国际市场的接轨。

美国十分重视食品安全与质量，有关食品安全与质量的法律、法规在美国非常多，如《联邦食品、药物和化妆品法》《食品质量保护法》和《公共卫生服务法》等。这些法律、法规覆盖了所有食品和相关产品，并且为食品安全与质量制定了非常具体的标准以及监管程序。在美国，联邦一级的食品安全管理机构主要有3个：卫生和人类服务部（HHS）的食品药品管理局（FDA）、美国农业部（USDA）的食品安全检验局（FSIS）和美国国家环境保护署（EPA）。食品上市销售，就必须符

合安全与质量的有关法律、法规和标准要求。

　　加拿大根据《食品与药品法》对食品和食品生产企业实施严格的检查制度，在食品的投入（标签和食品成分核查）、生产、加工、分销运输、零售餐饮等阶段都制定了严格的标准和要求，并由政府监管部门实行严格的检查。

　　欧盟也已开始实施食品及饲料安全管理新法规。该法规强化了食品安全的检查手段，大大提高了食品市场准入标准。欧盟是中国农产品的第二大出口市场。以欧盟为主销市场的出口企业占我国农产品出口企业总数的20%以上。

　　食品安全与质量管理历史悠久的德国是世界上四大食品出口国之一，饮食业出口约占制成品出口总额的13%，同时德国又是食品进口大国。德国食品安全与质量法规体系涉及全部食品产业链，包括植物保护、动物健康、动物福利、食品标签标识等。在德国，无论是国产还是进口食品，在包装的标签上都注明商标、食品成分和有效期，以及有关食品安全检测机构质量认可的显著标志。早在19世纪，德国就制定了《食品法》，目前实行的《食品法》包罗万象，所列条款多达几十万个。为了保证食品安全与质量，德国对食品生产和流通的每一个环节都进行严格的检查和监督。无论是屠宰场还是食品加工厂，无论是商店还是食品在转运过程中，食品必须处在冷却或冷冻状态，不新鲜的肉绝对不允许上市出售。为了保证有关食品安全的法律、法规得到实施，国家设立了覆盖全国的食品检查机构，联邦政府、每个州和各地方政府都设有负责检查食品质量的卫生部门。

　　长期以来，意大利十分重视食品安全与质量监督和管理，相继出台一系列全国和地方性法规。例如，政府陆续出台规定，要求在商店和各类市场出售的牛肉、鸡蛋、蔬菜、水果、蜂蜜等食品需要标明食品原产地、生产厂家和产品原材料等信息，以增强消费者对食品安全的信心。意大利南部坎帕尼亚大区政府还决定，在商店和商摊零售的面包需要经过包装才能出售，面包生产者还必须在包装纸上标明生产日期和生产企业标识，否则将对面包的生产者和零售商处以罚金。意大利各类食品企业每年投资几十亿欧元用于食品质量和安全检查，从事食品安全质量检查的员工平均占企业员工总数的20%以上。意大利在全国科研委员会中增设农业食品部，增拨资金，加强对农业食品生产技术和食品检测手段的研究。意大利还成立全国食品安全委员会。该委员会由意大利卫生部、农业部及一些重要农业大区的官员和专家组成，委员会的主要职责是应对食品安全危机，加强协调和危机处理能力。

　　日本政府根据修订后的《食品卫生法》于2006年5月底起正式施行《食品中残留农业化学品肯定列表制度》，明确设定了进口食品、农产品中可能出现的734种农药、兽药和饲料添加剂的近5万个暂定标准，对其未设标准而欧美国家也无标准可参照的农药推行"一律标准"，大幅抬高了进口农产品的门槛，对茶叶、蔬菜等中国优势农产品的出口影响巨大。日本是中国农产品的第一大出口市场。2005年，中国农产品对日出口额达80亿美元，占中国农产品对外出口总额的20%以上。以日本为主销市场的出口企业占我国农产品出口企业总数的30%以上。

7.2 食品标准

7.2.1 中国食品标准现状

7.2.1.1 中国食品标准体系的基本现状

食品的标准问题是一个世界性的问题,随着食品贸易的不断增长,国际市场关于食品安全与质量的纠纷也在增加。WTO 为促进世界贸易的自由化,解决国家之间贸易争端,达成了一系列协议。其中与食品相关的协议有两个,一是《技术性贸易壁垒协定》(TBT 协定),二是《卫生与植物卫生措施协定》(SPS 协定)。TBT 协定规定成员采用的标准是国际标准,SPS 协定所用标准明确是 CAC 制定的食品标准、国际兽医组织(OIE)制定的动物健康标准、国际植物保护组织(IPPC)制定的植物卫生标准,由于后两者属于动植物检疫范畴,所以 CAC 标准是食品方面最重要的国际标准。因此,中国加入 WTO 之后,我国对外食品贸易中最重要的工作之一就是要完善我国的技术法规和标准体系,使之符合 TBT 协定的要求。

从 1964 年颁布食品卫生管理条例开始,中国对食品卫生进行了较为系统地管理。改革开放后,质量标准逐渐成为食品方面问题的中心议题,政府也加强了立法和管理力度,先后发布了一系列有关食品标准的法律与法规。1989 年 4 月实施《中华人民共和国标准化法》;1993 年 9 月实施《中华人民共和国产品质量法》;1995 年实施《中华人民共和国食品卫生法》;2009 年 6 月 1 日开始实施《食品安全法》。截至 2007 年年底,中国现行的与食品安全有关的国家标准有 1 800 多项,行业标准 2 900 多项,其中强制性国家标准 634 项,使我国食品标准、食品卫生监督管理纳入了法制化、标准化的轨道。

2003 年 5 月,国家标准化管理委员会、农业部、国家质量监督检验检疫总局等 10 部委局联合下发了《全国农业标准 2003～2005 年发展计划》,提出了农业标准采用国际标准的比率达到 50% 以上的目标,重点是农药、兽药、饲料添加剂等有害物质限量标准和相应的检测方法标准,其目的就是加快此类标准的研究和制定,尽快与国际标准接轨,提高食品质量安全,为扩大中国农产品出口提供技术支持。

国家标准化管理委员会还会同农业部开展无公害农产品标准、产地环境要求、加工技术规范等标准的制修订工作,以配合全国"无公害食品行动计划"工作的开展。在较短的时间内,无公害农产品质量安全标准体系的建设取得了良好的成绩,已颁布 8 项无公害食品国家标准,210 项农业行业标准,很多省市的无公害农产品标准也已颁布。此外,国家标准化管理委员会按照党中央、国务院《关于做好农业和农村工作的意见》的精神,对现行的农产品质量国家标准、行业标准和地方标准进行一次了全面的清理和整顿,以加快采用国际标准的步伐。

我国的食品质量标准由产品质量标准、技术标准、基础标准组成,是以法律和管理条例的形式发布,如《食品卫生规范》《食品添加剂标准》《食品包装材料标准》《食品检验方法标准》《食品原料及产成品标准》《食品标签通用标准》；卫生部颁布的《辐照食品卫生管理办法》《食品添加剂卫生管理办法》《食用植物油卫生管理办法》；原轻工业部颁布的《全国特种营养食品生产管理办法》；国家质量监督检验检疫总局发布的《出口食品生产企业卫生注册登记管理规定》《进口食品国外生产企业注册管理规定》；原商业部发布的《肉和肉制品生产质量管理试行办法》；农业部1990年颁发《绿色食品标志管理办法》，2001年11月出台《农业部关于加强农产品质量安全管理工作的意见》等，建立了食品安全与质量法规规范和标准体系。

7.2.1.2 我国食品标准的分类

(1) 按《中华人民共和国标准化法》分类

根据《中华人民共和国标准化法》的规定，我国食品标准可分为：国家标准、行业标准、地方标准和企业标准。

①国家标准　对需要在全国范围内统一的技术要求，应当制定国家标准。国家标准由国务院标准化行政主管部门制定。

②行业标准　对没有国家标准而又需要在全国某个行业范围内统一的技术要求，可以制定行业标准。行业标准由国务院有关行政主管部门制定，并报国务院标准化行政主管部门备案，不同行业的代号各不相同。在公布国家标准之后，该项行业标准即行废止。

③地方标准　对没有国家标准和行业标准而又需要在省、自治区、直辖市范围内统一的工业产品的安全、卫生要求，可以制定地方标准。地方标准由省、自治区、直辖市标准化行政主管部门制定，并报国务院标准化行政主管部门和国务院有关行政主管部门备案，在公布国家标准或者行业标准之后，该项地方标准即行废止。

④企业标准　企业生产的产品没有国家标准和行业标准的，应当制定企业标准，作为组织生产的依据。企业的产品标准须报当地政府标准化行政主管部门和有关行政主管部门备案。已有国家标准或者行业标准的，国家鼓励企业制定严于国家标准或者行业标准的企业标准，在企业内部适用。企业标准一般都是强制性的。

国家标准和行业标准按性质分为强制性标准和推荐性标准两类。强制性标准必须强制执行，没有选择余地。对于推荐性标准，采用者有选择的自由，但一经选定，则该标准便成为必须绝对执行的标准了，"推荐性"便转化为"强制性"。食品卫生标准属于强制性标准，因为它是食品的基础性标准，关系到人体健康和安全。食品产品标准，一部分为强制性标准，一部分为推荐性标准。

(2) 按食品标准内容分类

我国食品标准按内容分类可分为：食品工业基础及相关标准、食品产品标准、食品卫生标准、食品标签标识标准、食品包装材料及容器标准、食品检验方法标准等，涵盖了从食品生产、加工、流通到最终消费的各个环节。

(3) 我国常用标准代号含义

CJ：城镇建设行业标准，如 CJ 94—2005《饮用净水水质标准》；

DB：地方标准，如 DB 2102/T033—2006《冻干即食海刺参》；

GB：强制性国家标准，如 GB 10344—2005《预包装饮料酒标签通则》；

GB/T：推荐性国家标准，如 GB/T 10781.1—2006《浓香型白酒》；

GH：供销合作行业标准，如 GH/T 1011—2007《榨菜》；

JJF：国家计量技术规范，如 JJF 1070—2005《定量包装商品净含量计量检验规则》；

LS：粮食行业标准，如 LS/T 3211—1995《方便面》；

NY：农业行业标准，如 NY/T 392—2000《绿色食品 食品添加剂使用准则》；

QB：轻工行业标准，如 QB/T 1505—2007《食用香精》；

SB：商业行业标准，如 SB/T 10412—2007《速冻面米食品》；

SC：水产行业标准，如 SC/T 3111—2006《冻扇贝》；

SN：检验检疫行业标准，如 SN/T 0800.8—1999《进出口粮食饲料 粗纤维含量检验方法》。

(4) 食品产品标准、食品卫生标准涵盖的范围

食品产品标准既有国家标准、行业标准、地方标准，也有企业标准。国家标准有 GB 15037—2006《葡萄酒》、GB 19048—2003《原产地域产品 龙口粉丝》等；行业标准有 SB/T 10412—2007《速冻面米食品》、NY/T 420—2007《绿色食品 西甜瓜》等；地方标准有 DB 22/T221—2007《吉林烧酒》等。

食品卫生标准涵盖了各类食品的卫生标准及食品中农药、兽药、污染物、有害微生物等限量标准，如 GB 2758—2005《发酵酒卫生标准》、GB 5749—2006《生活饮用水卫生标准》、GB 2761—2005《食品中真菌毒素限量》、GB 2762—2005《食品中污染物限量》、GB 2763—2005《食品中农药最大残留限量》等。

7.2.1.3 中国食品安全标准体系的框架结构

食品安全标准体系按产品可分为种植业(粮食)、果蔬业、水产业和畜牧业(畜禽)4部分。从总体上考虑，本着对食品实施"从农田到餐桌"的全过程监管，从产前、产中到产后的全过程都实行标准化控制的指导思想，食品安全标准体系还可按照整个生产过程分为产地环境要求、农业生产技术规程、工业加工技术规程、包装贮运技术标准、商品质量标准和卫生安全要求6个分系统。将最具共性特征的名词、术语、分类方法、抽样方法、分析检验方法和管理标准等作为通用标准列为标准体系的第一层；而6个分系统作为标准体系的第二层；每个分系统又可以分解为若干子系统，即第三层；以此类推，按照相互依存、相互制约的内在联系，将所有的标准分层次和顺序排列起来就可以形成食品安全标准体系，图7-1 所示为中国食品安全标准体系框架示意图。

(1) 种植业(粮食)标准体系

①产地环境要求是对灌溉水质量指标、环境空气质量指标、土壤环境质量指

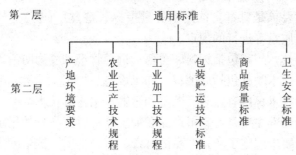

图7-1 中国食品安全标准体系框架

标进行的规定。

②农业生产技术规程包括种子、农药肥料使用、栽培技术、病虫害防治等标准。

③工业加工技术规程包括原辅料、加工设备、加工工艺等标准。

④包装贮运技术标准有包装、贮藏和运输、销售等技术标准。

⑤商品质量标准是对新鲜产品和加工品的规格、感官、理化指标的规定。

⑥卫生安全要求规定了新鲜产品的有毒、有害物质、农药残留、黄曲霉毒素等的最大残留限量,以及加工品中的食品添加剂限量。

(2) 果蔬业标准体系

①产地环境要求是对灌溉水质量指标、环境空气质量指标、土壤环境质量指标进行的规定。

②农业生产技术规程包括种子苗木、农药肥料使用、栽培技术、病虫害防治等标准。

③工业加工技术规程包括原辅料、加工设备、加工工艺等标准。

④包装贮运技术标准有包装、贮藏和运输、销售等技术标准。

⑤商品质量标准是对新鲜产品和加工品的规格、感官、理化指标的规定。

⑥卫生安全要求规定了新鲜蔬菜中的有毒、有害物质和农药残留限量,新鲜水果中的有毒、有害物质、农药残留和激素的最大残留限量,以及加工品中的食品添加剂限量。

(3) 水产业标准体系

①产地环境要求是对养殖区域、水质要求、底质要求进行的规定。

②农业生产技术规程包括苗种、饲料、养殖技术、病害防治和药物使用等标准。

③工业加工技术规程包括原辅料、加工设备、加工工艺等标准。

④包装贮运技术标准有包装、贮藏和运输、销售等技术标准。

⑤商品质量标准主要是对新鲜产品和加工品的感官指标的规定。

⑥卫生安全要求规定了新鲜产品的有毒、有害物质、抗生素的最大残留限量,微生物指标,以及加工品中的食品添加剂限量要求或标准。

(4) 畜牧业(畜禽)标准体系

①产地环境要求是对畜禽饮用水质量指标、畜禽厂(场)空气环境质量、生产加工环境空气质量等进行的规定。

②农业生产技术规程包括饲料、兽药、饲养管理和疫病防治等标准。

③工业加工技术规程包括原辅料、加工设备、加工工艺等标准。

④包装贮运技术标准有包装、贮藏和运输、销售等技术标准。

⑤商品质量标准主要是对新鲜产品和加工品的感官指标的规定。

⑥卫生安全要求规定了新鲜产品的有毒、有害物质、抗生素等的最大残留限量，微生物指标，以及加工品中的食品添加剂限量要求或标准。

7.2.2 国际食品标准简介

国际标准在协调国际贸易、消除贸易技术壁垒中发挥了重要作用。协调一致的国际标准可以降低或消除卫生、植物卫生和其他技术性标准成为贸易壁垒的风险。国际标准是国际间技术法规、标准和合格评定以及人类、动植物健康和安全保护措施的协调基础，是解决国际贸易争端的参考依据。

从事食品标准化的国际化组织及著名组织主要有：国际标准化组织(ISO)、联合国粮农组织(FAO)、世界卫生组织(WHO)、食品法典委员会(CAC)、国际乳制品联合会(IDF)、国际葡萄与葡萄酒局(IWO)、美国官方分析化学师协会(AOAC)等。但随着世界经济一体化的发展和 CAC 卓有成效的工作，CAC 制定的法典标准已成为全球消费者、食品生产和加工者、各国食品管理机构和国际食品贸易最重要的基本参照标准。

7.2.2.1 CAC

目前公认的国际食品标准主要指 CAC 标准。随着全球经济一体化发展，以及食品安全问题日益受到重视，全世界食品生产者、监管部门和消费者越来越认识到建立全球统一的食品标准是国际及国内食品贸易公平性的体现，也是各国制定和执行有关法规等的基础，同时有利于维护和增加消费者对食品产品的信任。正是在这样的一个背景下，1962 年，联合国的两个组织，即 FAO/WHO 共同创建了 CAC，并使其成为一个促进消费者健康和维护消费者经济利益，以及鼓励公平的国际食品贸易的国际性组织。该组织的宗旨是通过建立国际标准、方法、措施，指导日趋发展的世界食品工业，消除贸易壁垒，减少食源性疾病，保护公众健康，促进公平的国际食品贸易发展，协调各国的食品标准立法并指导其建立食品安全体系。该组织目前有 167 个成员国，覆盖了全球 98% 以上的人口。

CAC 作为 SPS 协议中被指定的 SPS 领域的协调组织之一，为成员国和国际机构提供了一个交流食品安全和贸易问题信息的平台。通过制定和建立具有科学基础的食品标准、准则、操作规范和其他相关建议以促进消费者保护和食品贸易。其主要职能为：保护消费者健康以及确保公平合理的食品贸易；通过或借助于适当的组织确定优先重点以及开始或指导草案标准的制定工作；促进及确保国际政府和非政府组织所承担的所有食品标准工作的协调一致；根据制定的情况及当前现状，在适当审查后修订已发布的标准；与其他机构已批准的国际标准一起，在由成员国政府接受后，作为世界或区域标准予以发布。

CAC 制定了食品法典和法典程序。食品法典包括标准和残留限量、法典和指南两部分，包含了食品标准、卫生和技术规范、农药、兽药、食品添加剂评估及其残留限量制定和污染物指南在内的广泛内容。法典程序则确保了食品法典的制定是建立在科学的基础之上，并保证考虑了各成员国和有关方面的意见。

截至 2008 年年底，CAC 发布标准、导则等共 2 210 个，内容涉及食品标准、卫生规定或技术规程、农兽药限量、食品污染物等方面。

作为 FAO/WHO 联合食品标准计划的执行机构，CAC 具有其严密的议事规则、章程及标准制修订程序，进而形成了一本涵盖所有 CAC 标准的《食品法典程序手册》。

CAC 并不是一个常设机构，它是通过每两年一次的全体成员国大会审议并通过国际食品标准和其他有关事项。CAC 的日常事务是由 FAO/WHO 联合食品标准计划秘书处完成的。该秘书处设在 FAO 总部，位于意大利罗马。CAC 下设执行委员会，负责全面协调 CAC 的工作。它有一个主席，两个副主席，这是大会根据一定程序选举产生的，每两年换届一次。

CAC 的主要工作是通过各分委员会及其他分支机构进行的。目前已有 25 个分委员会和 6 个地区委员会。所有这些分委员会都是政府间的标准协调机构。除极少数情况外，分委员会的一个特点是其由一个成员国主持，该成员国主要负责委员会的日常费用，管理以及任命一名主席。CAC 的法典分委员会根据所研究内容的差别，分为产品分委员会和一般问题分委员会。

产品分委员会负责制定某一特定或类别食品的标准。为区别于"横向委员会"并说明其专门职责，一般称之为"纵向委员会"，分别为：

油脂委员会	主持国 马来西亚
乳及乳制品委员会	主持国 新西兰
新鲜水果和蔬菜委员会	主持国 墨西哥
鱼和鱼制品委员会	主持国 挪威
加工水果和蔬菜委员会	主持国 美国
可可制品和巧克力委员会	主持国 瑞士
糖委员会	主持国 英国
加工肉禽制品委员会	主持国 丹麦
天然矿泉水委员会	主持国 瑞士
植物蛋白委员会	主持国 加拿大
谷物与豆类委员会	主持国 美国
浓汤和清汤委员会	主持国 瑞士
肉类产品委员会	主持国 德国
肉类卫生委员会	主持国 新西兰

天然矿泉水委员会　　　　　　　　　　主持国　瑞士
　　食用冰委员会　　　　　　　　　　　　主持国　瑞士
　　一般问题分委员会之所以称"一般问题分委员会",是因为它的工作涉及所有产品标准,因此与所有产品分委员会相关,一般问题分委员会有时也称做"横向委员会",分别是:
　　食品标签委员会　　　　　　　　　　　主持国　加拿大
　　分析和采样方法委员会　　　　　　　　主持国　匈牙利
　　食品卫生委员会　　　　　　　　　　　主持国　美国
　　一般原则委员会　　　　　　　　　　　主持国　法国
　　进出口食品检查和认证委员会　　　　　主持国　澳大利亚
　　营养与特殊膳食用食品委员会　　　　　主持国　德国
　　农药残留委员会　　　　　　　　　　　主持国　中国
　　食品添加剂委员会　　　　　　　　　　主持国　中国
　　食品添加剂与污染物委员会　　　　　　主持国　荷兰
　　食品中兽药残留委员会　　　　　　　　主持国　美国
　　此外,一般问题分委员会提出的概念和原则适用于一般食品、特殊食品以及各类食品;它还根据专家科研机构的意见,负责批准和审议法典产品标准中的有关条款,提出与消费者健康安全有关的重要推荐意见。

7.2.2.2　其他国家食品标准

(1)美国食品标准

美国政府对食品安全非常重视,由总统亲自抓食品安全。1997年美国总统拔专款启动一项食品安全计划,次年成立总统食品安全委员会。美国在联邦政府一级食品安全管理的机构主要有3个,一个是FDA,主要负责美国国内和进口的食品安全(除肉类和家禽产品外),制定畜产品中兽药残留最高限量法规和标准;二是USDA的FSIS,主要是负责肉类和家禽食品安全,并被授权监督执行联邦食用动物产品安全法规;三是EPA,主要负责饮用水、新的杀虫剂及毒物、垃圾等方面的安全,制定农药、环境化学物的残留限量和有关法规。其中,USDA作为行政和执法部门,对食品安全起着重大作用。从1967年FSIS就开始制定并执行国家年度残留监测计划(NRP),该年度计划列出了对美国国内动物产品和进口畜产品的检测数量、检测重点等,并根据动物所接触到的化合物产生的潜在危险对人体健康的影响,进行综合性评价。NRP计划主要解决3个方面的问题,一是对市场销售的畜产品中有毒、有害物质的残留情况进行检测评价并对超标的产品进行通报;二是组织屠宰处理超过残留限量的可食用动物;三是阻止超过残留限量的动物性食品进入市场。

美国认为,他们的食品供应是世界上最安全的,因为美国实行机构联合监管制度,在地方、州及全国的每一层次监管食品生产与流通。在美国,有关食品安全的法律、法规相当多,有如《联邦肉类检查法》这样的非常具体的法规,也有像《食品质量保护法》《公共卫生服务法》以及《联邦食品、药品和化妆品法案》《生物反恐法》等这样的综合性的法规。这些法律法规包含了所有食品的方方面面，为食品安全制定了非常具体的标准及监管程序。

美国的食品安全体系，以灵活、有力、科学的联邦和州政府法律为基础，同时也赋予食品以行业法律责任，以便生产安全的食品。联邦、州和地方政府在食品安全方面（包括规定食品及其食品的加工设施方面）发挥着相互补充、相互依靠的作用。食品安全体系的指导性原则主要是：只有安全、健康的食品才可以进入市场；政府有监管的责任；对于食品安全管理的决策要有高度科学的依据；制定过程公开透明，且公众可以参与并了解；制造商、分销商、进口商及其他相关贸易方必须遵守规定，否则责任自负。

(2) 欧盟食品标准

农业及食品部门在欧洲经济中占有着相当重要的位置，一项国际情况研究表明：欧盟是全世界最大的食品与饮料产品的生产者。农业部门每年拥有约 2 200 亿欧元的农产品产出，提供相当于 750 万个全职工作；食品与饮料产业是欧盟第三大产业雇主，拥有 2 600 多万雇员，其中 30% 的雇员在中小型企业。每年有 500 亿欧元的农产品、食品和饮料出口。因此，在国内、国外经济方面的重要性和食品在日常生活中的重要地位使得欧盟各国有着非常严格的食品标准。

欧盟建立了政府或组织间的纵向和横向管理监控体系，以协调管理食品安全问题。运作机制主要是通过立法制定各种标准、管理措施和方法，并进行严格的控制与监督，使法律得以执行，从而达到实现食品安全、保护人类健康与环境的目的。

欧盟的立法包括各种指令（Directive）、条例（Regulation）和决定（Decision）。指令仅对成员国有约束力，规定成员国在一定期限内所应达到的目标，至于为达到目标而采取的行动方式则由有关成员国自行决定；条例具有普遍适用性、直接适用性和全面约束力的特点；决定具有特定的适用性，可以针对特定成员国或所有成员国发布，也可以针对特定的企业或个人发布，对发布对象具有绝对的法律约束力。此外，欧盟还可以就某些问题形成建议（Recommendation）和意见（Opinion），但建议和意见不具有法律约束力，仅仅是反映发布这些建议和意见的欧盟机构关于某些问题的想法。通过以上法律、法规及相关建议等，形成了完备的食品标准体系。

(3) 日本食品标准

日本拥有较完善的食品安全与质量法规体系。其中主要有《食品卫生法》和《食品安全基本法》。根据相关法律规定，分别由厚生劳动省与农林水产省承担食品卫生安全方面的行政管理职能。《食品卫生法》颁布于 1947 年，以后经多次修订。该法由 36 个条款组成，其 4 项要点为：将权力授予厚生劳动省；厚生劳动省与地方政府共同承担责任；涉及对象众多；建立了 HACCP 控制系统。在《食品卫生法》不断完善的同时，2003 年日本又制定出台了《食品安全基本法》，并在内阁府设立食品安全委员会，以便对涉及食品安全的事务进行管理，并"公正地对食品安全做出科学评估"。《食品安全基本法》为日本食品安全行政管理提供了基本原则和要素。该法要点主要为：第一，确保食品安全。消费者至上；"从农田到餐桌"全程监控；基于科学的风险评估。第二，地方政府与消费者共同参与原则。食品行业机构对确保食品安全负首要责任；消费者应接受食品安全方面的教育并参与政策的制定过程。第三，协调政策原则。在决定政策之前应进行风险评估；风险评估员和风险管理者协同行动；促进风险信息交流；以必要的危害管理和预防措施为重点。第四，建立食品安全委员会。食品安全委员会将独立进行风险评估，并向风险管理部门（即农林水产省和厚生劳动省）提供科学建议；食品安全委员会为内阁下属部门，并直接向首相报告。

7.2.3 食品质量标准的文化特征

食品是人们日常生活中最为普遍、最主要的消费品之一。食品质量的好坏，不仅直接涉及人民群众的身体健康，而且关系到市场供给的稳定，以及社会主义市场经济的顺利发展。从保证产品质量出发，我国在1988年颁布的《标准化法》规定："企业生产的产品没有国家标准和行业标准的，应当制定企业标准，作为组织生产的依据。"

7.2.3.1 制定食品标准的一些原则

食品质量标准的制定与所处地域的文化特征有着密切的联系，由于长久以来东西方明显的文化差异，使东西方各国在制定食品质量标准的原则上也存在着区别。

近年来，随着改革的深化，我国经济体制已由计划经济向社会主义市场经济转变，企业走向了市场。企业尤其是食品工业企业，面对日益激烈的市场竞争，如何制定科学、合理、符合国家法律法规的食品标准尤为重要。

市场经济是以市场需求为导向，其原则是效益的最优化。当前市场上的食品竞争非常激烈，尤其是饮料产品和营养食品，而且大多数是新开发的产品，这些产品国家标准和行业标准还不健全。因此，要求我们着眼市场经济，根据市场经济的要求，制定出科学、合理的企业产品标准。这其中最主要的首先是更新观念，明确标准制定的原则。

市场经济要求企业必须保证产品适销对路，因为市场竞争追求的是"最适商品"，产品质量标准应落实在让用户满意的"适用性"上，一概"精益求精"的思想，是违背质量管理的经济规律的，我们必须克服传统习惯，尽快实现经营思想转变，质量观念应从生产导向型转变为市场导向型，标准的制定必须由生产型标准向贸易型标准过渡。

随着食品工业的系统化，东方食品工业面临着严峻的挑战，同时又是极好的机遇。我们必须把握机会，将东方食品推向世界。若你在中国或亚洲旅行，你会发现自己被多元文化所包围：可乐和麦当劳遍及每个角落，西式小吃土豆片等到处可见。大多数国际食品公司和原料供应商都出现在这一地区。经济的全球化改变着人们的饮食习惯。传统的东方食品正面临挑战，同时也是机遇，新技术、新概念、新思绪、新配方、新产品必须参与到古老的传统食品中去，改变现状以满足改变的市场。所以，我们也要制定相应的质量标准去保证食品质量。

随着农业生产力水平的提高，世界食品供应短缺的问题已得到一定程度的缓解。但与此同时，国际贸易中的食品质量安全问题越来越被各国所重视，因为任何一个国家的食物出现问题都有可能影响到其他国家消费者的健康，甚至发展成为国际性食品安全事件，给有关国家经济造成巨大损害，使食品质量安全问题突破国界而成为一个全球性问题，也必然关系到国际食品贸易的发展与繁荣。

7.2.3.2 食品质量安全问题的国际化

受食品质量安全问题的影响，各主要贸易国特别是发达国家纷纷加强和提高了本国的食品安全标准，加上新标准的不断涌现，对农产食品的贸易自由化构成了一种潜在威胁。国际上，以保护人类健康和国家安全为理由，限制或禁止进出口贸易的措施频繁出现，正在形成一道坚固的新型"绿色壁垒"，对世界食品生产链上的正常的供给关系造成障碍，引发双边或多边的国际食品贸易争端。这种新型贸易壁垒措施不仅给企业和国家带来巨大的经济损失，也可能影响国家形象，甚至影响国家之间的外交关系。

根据 WTO 的非歧视性原则，关税和配额的调控作用越来越小。但是，某些发达国家仍可以凭借其在科技、管理、环保等方面的领先优势，设置以安全法规、相关技术标准及合格评定程序等为主要内容的技术性贸易壁垒措施，对我国农产食品的出口设置苛刻的市场准入条件。其中，提高食品卫生检测标准，将食品质量安全问题作为"关口瓶颈"，已成为国外制约我国食品出口贸易的主要策略。

食品是我国除机电、纺织之外的又一重要出口商品。食品在我国出口商品结构中居于重要地位，但由于食品安全的原因，出口受到了严重影响。食品贸易的"绿色壁垒"给我国的进出口贸易和国内企业带来极大的生存威胁，食品安全成为影响我国对外贸易发展的重要因素。

近年，世界各国对食品安全的关注日益高涨。随着人们的生活水平不断提高，消费者对食品质量的要求越来越严格，食品加工亦趋向于国际化。

HACCP 要求在卫生方面对原料至最终产品生产过程中所要发生的可能有的危害进行控制和管理。国际社会普遍认可这种管理方式的有效性，在 WHO/FAO 联合食品标准中已作为国际标准加以引进，在欧盟也已对本地区内流通及进口的食品制造标准采用该方式。

在美国因食品而发生的疾病中，由于食用水产品而引发的食源性疾病占了很大比例。长期以来，消费者也一直要求确保食用水产品的安全性。尤其随着虾、金枪鱼、鲑等在美国的消费量的增加，国外的进口数量也不断增加。目前，美国的进口水产品数量占国内消费的 1/2。伴随着这种进口的增加带来了检查的不完善、进口检查手续的缓慢等等问题，为保证水产品的安全性及实现快捷有效的处理，改善其相应制度极为必要。为此，美国政府在水产品领域率先实行 HACCP 管理机制。

美国 FDA1995 年 12 月按照 HACCP 规则制定了新的水产品卫生管理制度，此制度于 1997 年 12 月 18 日实施以后，立即引起了秘鲁的农业、水产、食品业界对 HACCP 引进的极大关注。美国作为秘鲁食品最大的出口国，在食品卫生方面的制度和应用强化的动向，对秘鲁国内的有关厂家、出口商来说，当然至关重要。一方面，与 HACCP 相关的秘鲁政府的各项工作和民间团体的工作相比，动作明显迟缓，为了与农产品、水产品、食品的业界保持一致，秘鲁政府开始强化了 HACCP 的应对工作。秘鲁卫生部环境卫生局（DIGESA）除培养相关政府官员外，还和 FDA 签订了协定，规定向美国出口水产品的秘鲁企业，须持有秘鲁政府部门出具的符合美国卫生要求的检查证书。

美国是中国水产品出口的第三大市场，为保证我国的水产品能够顺利出口，我国政府有关部门和专家也做了大量的工作。首先，我国政府也高度重视 HACCP 的引进、建立和实施工作，我国检验检疫、认证认可、水产、卫生等部门从 1992 年开始，先后多次邀请了 FDA、FAO 和 APEC 专家来华举办培训班，对企业质量管理人员、各级政府主管部门的监管人员进行培训，并派员到国外接受培训。其次，组织我国有关专家跟踪研究相关 HACCP 管理体系，并结合我国的具体情况，制定了我国的一系列 HACCP 管理和技术措施。通过大量的工作，美国 FDA 已经认可由国家认证认可监督管理委员会推荐的符合美国要求的水产品和果蔬汁生产企业名单。HACCP 标准正逐渐成为国际食品加工的管理规范，应当引起我国食品加工企业的高度重视。

7.3　食品安全与食品质量的评价方法

7.3.1　食品感官评价

7.3.1.1　食品感官评价概述

长期以来，人们利用自身的感觉器官评价香肠的颜色和味道，分析烟丝的质量好坏，或者比较各种茶的香味。通常是由一些具有敏锐的感觉器官和某一方面的专家担任这种分析和辨别工作。一般来说，他们的评价结果具有绝对的权威性，如果几位专家的意见发生分歧，他们往往采用少数服从多数的简单方法决定最后的评价结果。这种方式被称为原始的感官分析。显而易见，这种依据经验和权威选择评价人员进行感官评价的做法具有很多的弊端：

①不同的人具有不同的感觉敏感性、嗜好和评价标准，所以，几个评价员对同一物品进行评价，往往得不到一致的结果。

②每个人的感觉器官的状态会随着环境条件的变化而变，这样会经常影响感官分析的结果。

③如果评价员存在感情倾向和利益冲突，就会使得评价结果出现偏向性。

④专家对物品的评价标准与普通消费者的看法存在差异。

上述问题的存在使得原始感官评价方法有时不被人们所接受。现代感官评价是在感官评价试验中逐渐引入了生理学、心理学和统计学方面的研究成果而形成的。现代感官评价在评价员的选择、试验环境的布置、试验方案的设定、结果的处理等方面，不再依靠经验和权威，而是依靠科学。

7.3.1.2　食品感官评价的作用及要求

食品感官评价学说是建立在人的视觉、嗅觉、触觉、味觉和听觉与食品变化的对应关系上的。

现代感官评价是以人的感官测定物品的特性和以物品来获知人的特性而决定的。每次感官评价试验根据目的由不同性质的评价小组承担，试验的最终结论是评价小组中评价员各自分析结果的综合。所以，在感官评价试验中，并不看重个人的结论如何，而是注重于评价员的综合结论。

感官评价的应用范围极为广泛，尤其在食品行业，从肉的色泽到香味，酒的勾兑到评优，新产品的研制到市场调查等，均离不开感官评价。而在机械、电子、纺织、印刷、化工等行业中，也都涉及感官分析，如彩色电视机的色调、电风扇的噪声、塑料制品的外形、布的手感等。概括起来说，食品感官评价主要有以下几方面的作用：①控制食品原材料的质量；②监督食品加工过程；③控制食品的质量；④研发新产品。

食品质量感官评价通常包括：

①食品的包装状态　即标签和标识的规范性、包装的良好性等。

②食品的感官性状　即色、香、味、澄清等。

③食品的组织状态　即软、硬、松、紧、黏、滑、涩、弹性、湿润、干燥等性状。

由于感官评价通常不需要检测设备，对于评价环境和人员的要求尤为严格。评价环境一定要达到标准要求，评价人员要熟练掌握产品的标准，明确各种产品的感官特点及感官对产品理化指标的影响。对于特殊的产品，评价人员要经过专门的培训，考试合格后，持证上岗，如对白酒和茶叶的感官评价。

7.3.1.3　食品感官评价的类型

食品感官评价的类型可分为两大类型，通常根据试验目的，明确选定其中一种类型。

(1) 分析型感官评价

把人的感觉器官作为一种测量分析仪器，来测定物品的质量特性或鉴别物品之间的差异，也称为Ⅰ型或A型感官评价。在进行此类型的感官评价试验中，必须注意以下3点：

①分析基准和尺度应统一和标准化　在用感官测定物品的质量特性时，为防止评价员采用各自的分析基准和尺度，使结果难以统一和比较，对每一测定评价项目都需要有明确具体的分析尺度和分析基准物，亦即分析基准应统一和标准

化，对同一类物品进行感官评价时，其基准品和分析尺度应具有连贯性和稳定性，制作标准样本是分析基准标准化的最有效的方法。

②试验条件要规范化　在感官评价试验中，为防止试验结果受环境、条件的影响出现大的波动，从而影响评价结果，试验条件应该规范化。

③评价员的选定　参加分析型感官评价试验的评价员，在经过恰当的选择和训练后，应维持在一定的水平。只有这样，评价结果才不受人的主观意志的干扰。

(2) 偏爱型感官评价

与分析型正好相反，偏爱型感官评价是以物品作为工具，来测定人的感官特性。也称为Ⅱ型或B型感官评价，在新产品开发过程中对试制品的评价，市场调查中使用的感官检查，都属于此类型分析。

与分析性感官评价不同的是，偏爱型感官评价是依赖人们生理和心理上的综合感觉。在分析时，人的感觉程度和主观判断起着决定性作用，而且分析结果也会受到生活环境、生活习惯、审美观点等多方面的因素影响，所以偏爱型感官评价的结果往往是因人因时因地而异。可见，偏爱型感官评价完全是一种主观的行为。表7-1所示为两种类型感官评价在食品行业中的应用。

表7-1　两种类型感官分析在食品行业中的应用

项目	分析型感官分析	偏爱型感官分析
市场调查		消费者饮食习惯，爱好的调查分析
确定产品概念		有关市售产品的评价
研制	摸索最佳的配方组合和加工条件，确认样品的保存性	对样品的外观、香味和口感的评价，消费者可接受性的确认
商标和包装的设计		商标和包装的评价和消费者可接受性的确认
确定生产规范	制定产品质量的检查方法，确定各个工序的要求	
加工过程的质量管理	原辅料的质量评价，产品的质量检查	
市售产品的检查和评价	本厂产品的抽查以及与其他同类产品的比较	本厂与其他同类产品的评价，消费者可接受性的确认
成立评价小组	评价员的选择和培训	

7.3.1.4　食品的感官性状

人的感觉是食品感官评价的生理基础，所以，要了解食品感官评价就必须先了解食品的感官特性。食品的感官特性主要表现在色、香、味及口感上。人们通过感官检查食品的色、香、味及口感的变化情况，可以获知食品的品种特征、新鲜度、成熟度及发生变化的程度等，因此是食品质量评价的重要方面。

(1) 食品的颜色

食品呈现的颜色主要来源于食品中固有的天然色素和人工调色剂。食品颜色是评价食品质量的一个极为重要的因素,也是首要因素。消费者在选择食品时,首先注意的是食品的颜色。对已知的食品,消费者希望所看到的颜色能与已在头脑中形成概念的色彩相吻合,并据此判断食品的新鲜度或质量等。因此,食品的颜色直接影响消费者的心理状态和购买欲望。

①食品中的天然色素　天然色素一般是指在新鲜原料中,眼睛能够感受到的有色物质,或者无色而能引起化学反应导致变色的物质。

天然色素的种类繁多,按来源的不同可分为三大类:

- 植物色素:如蔬菜的绿色(叶绿素)、胡萝卜的橙红色(胡萝卜素),草莓、苹果的红色(花青素)等。
- 动物色素:如肌肉的红色色素(血红素),虾、蟹的表皮颜色(类胡萝卜素)等。
- 微生物色素:如红曲霉菌中的红曲红色素等。

此外,天然色素也可按化学结构或溶解性质的不同而分类。天然色素的化学稳定性较差,在食品的贮存或加工过程中,往往会发生一系列的变化,使食品呈现出不同的颜色变化。例如,蔬菜在收获后的贮存过程中,随着时间的延长,绿色蔬菜中的叶绿素,受叶绿素水解酶、酸和氧的作用,逐渐降解为无色,使蔬菜绿色部分消失。同时,由于类胡萝卜素与叶绿素共存于叶绿体的叶绿板层中,当叶绿素降解为无色后,呈黄色的类胡萝卜素则显露出来,使蔬菜的绿色部分变为黄色。这种变色过程就是人们常见的绿色蔬菜发黄的现象。

②人工调色剂　在食品加工过程中,生产者为了使产品的色彩满足消费者的欣赏要求,吸引消费者购买或为了保持食品原料中原有的诱人色彩,常常需要添加一些与食品色彩有关的物质,用以调整食品的颜色,特别是外表颜色。这些物质统称为食品调色剂,包括脱色剂(漂白剂)、发色剂和着色剂三大类。

- 脱色剂(又称漂白剂):它的作用是将食品原有的颜色脱去。脱色剂除了具有很好的漂白作用外,还具有防腐作用。一般在食品中允许使用的脱色剂有:亚硫酸钠、低亚硫酸钠、焦亚硫酸钠或亚硫酸氢钠等。在蜜饯、饼干、水果罐头、葡萄糖、食糖、冰糖等食品生产中起漂白和防腐作用。
- 发色剂:它的作用是使食品的色泽显示出来,主要有硝酸钠和亚硝酸钠,应用在肉制品中。肉中的色素主要来自肌红蛋白及一小部分血红蛋白,它们易氧化而且对热不稳定,添加少量硝酸钠或亚硝酸钠后,能使肌红蛋白形成亚硝基肌红蛋白及亚硝基血红蛋白,并具有热稳定性,使肉制品呈现出鲜艳的红色。但这些物质可以与肉中存在的胺类物质进行反应,生成亚硝胺类的致癌物。因此,其使用量受到严格控制。
- 着色剂　它的作用是给食品上色,又称为食用色素,有天然和合成两类。食品合成着色剂比天然着色剂色彩鲜艳、性质稳定,并且成本低廉,使用方便。因此很受食品生产者的欢迎,但由于合成着色剂系以煤焦油为原料制成,其食品安全性令人怀疑。而天然着色剂是直接来自动植物组织的色素,一般对人体无害,有些还有一定的营养价值,已逐渐受到人们的重视,是今后的发展方向。

③褐变现象　褐变是食品中比较普遍的一种变色现象，在食品中广泛存在。食品在进行加工、贮存或机械损伤时，都会使食品变褐或比原来的色泽变深，这类变化称为褐变。例如，苹果、桃子等去皮后暴露在空气中变成褐色，面包经焙烤后产生的金黄色，都是褐变现象。

食品的褐变有些是人们所期望的，如酿造酱油的棕褐色，红茶和啤酒的红褐色，熏制食品的棕褐色，烤肉的棕黄色等。但就大部分食品而言，褐变是不受欢迎的，因为褐变后，不仅有损食品外观，而且风味和营养价值也会受到影响。

(2) 食品的香气

食品香气会增加人们的心理愉悦感，激发人们的食欲。所以，食品具有的香气是评价食品质量的一个重要指标。

食品的香气是由多种呈香的挥发性物质所组成。绝大多数食品均含有多种不同的呈香物质，任何一种食品的香气都并非由某一种呈香物质所单独产生的，而是多种呈香物质的综合反映。因此，食品的某种香气阈值会受到其他呈香物质的影响，如当它们互相混合到适当的配比时，便能发出诱人的香气，反之，则可能感觉不到香气甚至出现异味。也就是说，呈香物质之间的相互作用和相互影响，使得原有香气的强度发生改变。

呈香物质在食品中的含量是极为微量的。近几十年的科学技术的发展使得人们能够借助于仪器、理化分析方法鉴别出食品香气中的复杂组成和相对浓度。如果已经知道某呈香物质的阈值，那么就有可能估计出它的重要程度。判断一种呈香物质在食品香气中所起作用的数值称为香气值，也称发香值，它是呈香物质的浓度和它的阈值之比。

当香气值小于 1 时，人们的嗅觉器官对这种呈香物质就没有感觉。但实际上，迄今为止，人们还无法在评价食品香气时脱离感官分析方法，因为香气值只能反映出食品中各呈香物质产生香气的强弱，而不能完全、真实地反映出食品香气的优劣程度。

(3) 食品的味道

食品的味道除了酸、甜、咸、苦 4 种基本味觉以外，在我们的日常饮食生活中，还包括辣味、涩味和鲜味。

食品的味道与香气有密切的联系。当我们进食时，除了能感觉到各种味道外，同时还可能感觉到食品中存在的呈香物质产生的香气，或咀嚼时产生出来的口味，各种味相互混合而形成了食品的综合味道。

①酸味　酸味是由舌黏膜受到氢离子刺激引起的。因此，凡是溶液中能离解出氢离子的化合物都具有酸味。但由于舌黏膜能中和氢离子，使酸味感逐渐消失。

酸味强度主要受酸味物质的阴离子影响，有试验表明，在同一 pH 值下，酸味强度的顺序为：醋酸＞甲酸＞乳酸＞草酸＞盐酸。

乙醇和糖可以减弱酸味强度。甜味与酸味的适宜组合是构成水果、饮料风味的重要因素。

在酸味物质中，多数有机酸具有爽快的酸味。而多数无机酸却具有苦、涩味，并使风味变劣。

常用酸味剂包括食醋、醋酸、乳酸、柠檬酸、苹果酸、酒石酸等。

②甜味　食品的甜味是许多人嗜好的一种味道。作为向人体提供热能的糖类，是甜味物质的代表。

糖的甜度受多种因素影响，其中最重要的因素为浓度。甜度与糖溶液浓度成正比。浓度高的糖溶液甜度比固体的糖高，因为只有溶解状态的糖才能刺激味蕾产生甜味。例如，质量分数 40% 蔗糖溶液的甜度比砂糖高，这是因为砂糖溶于唾液达不到这样高浓度的缘故。

甜味剂有山梨醇、麦芽糖醇、木糖醇，以及汤类中的葡萄糖、果糖、蔗糖、麦芽糖、乳糖等。

③苦味　单纯的苦味让人难以接受，但可以应用苦味起到丰富和改进食品风味的作用。例如，茶叶、咖啡、可可、巧克力、啤酒等食品具有苦味，但却深受人们的喜欢。当然，不能说苦味物质在风味上具有独立的价值。

④咸味　咸味在食品调味中非常重要。除部分糕点外，绝大部分食品都添加咸味剂。咸味是中性盐所显示的味，只有氯化钠才产生纯粹的咸味。食盐中除了氯化钠以外，还常混杂有氯化钾、氯化镁、硫酸镁等其他盐类，这些盐类除咸味外，还带来苦味。所以食盐需经精制，以除去那些有苦味的盐类，使咸味纯正。

⑤辣味　辣味能刺激舌部和口腔的触觉神经，同时也会刺激鼻腔，属于机械刺激现象。适当的辣味刺激能增进食欲，促进消化液的分泌，并具有杀菌作用。

辣味按其刺激性不同分为火辣味和辛辣味两类。火辣味在口腔中能引起一种烧灼感，如红辣椒和胡椒的辣味。辛辣味具有冲鼻刺激感，除了作用于口腔黏膜外，还有一定的挥发性，能刺激嗅觉器官，如姜、葱、蒜、芥子等的辛辣味。

⑥涩味　当口腔黏膜蛋白质被凝固，就会引起收敛，此时感到的味道便是涩味。因此，涩味不是由于作用味蕾所产生的，而是由于刺激触觉神经末梢所产生的。未成熟柿子的味道含有典型的涩味。

⑦鲜味　食品中的肉类、贝类、鱼类等都具有特殊的鲜美滋味能引起强烈食欲。味精是最常用的鲜味剂，其主要成分是谷氨酸钠，具有强烈的肉类鲜味，添加到某些食品中，可以大大提高食品的可口性。当味精与食盐共存时，其鲜味尤为显著。

(4) 食品的口感

食品的口感在食品品质评价方面也很重要。食品的味道基本上是化学性的，而食品的口感是指物理性的。

食品口感包括食品的硬度、凝结性、黏性、弹性、附着力、脆性、咀嚼性、胶性、温度等物理特性。不同食品具有不同口感特性，因此人们对口感的要求也就不同。例如人们对饼干的口感要求是脆性大，对口香糖的要求是黏性好。

7.3.1.5　食品感官评价的方法

食品感官评价主要包括 3 种方法：区别法、描述法和情感法。

(1) 区别法评价

此类感官评价方法是最简单的感官分析，其仅仅试图回答两种类型产品间是否存在不同。包括 2 点法、3 点法、2-3 点法。

① 2 点法　以随机的顺序同时出示两个样品给评价员，要求评价员对这两个样品进行比较，判定整个样品或某些特征强度顺序的一种检验方法称为 2 点分析法。

此分析法可用于确定两种样品之间是否存在某种差别、差别方向如何，是否偏爱两种产品中的某一种。还可用于选择与培训评价员。具体分析方法如下所述：把 A、B 两个样品同时呈送给评价员，要求评价员根据问答表进行评价。在检验中，应使样品 A、B 和 B、A 这两种次序出现的次数相等。注意，为避免使评价员从提供样品的方式中得出有关样品性质的结论，可随机选取 3 位数组成样品编码，而且每个评价员之间所得的样品编码应尽量不重复。

② 3 点法　同时提供 3 个编码样品，其中有两个是相同的，要求评价员挑选出其中单个样品的检验方法称为 3 点法。

此方法适用于鉴别两个样品间的细微差别，也可应用于挑选和培训评价员或者考核评价员的能力。

具体操作为：向评价员提供一组 3 个编码的样品，并告知其中两个是相同的，要求评价员挑出其中单个样品。

③ 2-3 点法　先提供给评价员一个对照样品，接着提供两个样品，其中一个与对照样品相同。要求评价员挑选出那个与对照样品相同的样品的方法称 2-3 点法。

此分析法用于区别两个同类样品间是否存在感官差别，尤其适用于评价员很熟悉对照样品的情形，常用于成品检查。

具体操作时，先提供给评价员一个对照样品，再提供两个编码样品，并告知其中一个样品与对照样品相同。要求评价员挑选出那个与对照相同的样品。在检验对照样品后，最好有 10s 左右停息时间。两个样品作为对照样品的几率应相同。

(2) 描述法评价

此分析方法主要是对产品感官性质感知强度量化的分析方法。这些方法主要是进行描述分析，包括风味剖面法（一种简单的分类标准来表示这些特点的强度并排出顺序）、质地剖面法（这一技术采用一套固定的力相关和形相关的特性来表述食品的流变学和触觉特性以及咀嚼时随时间是如何变化）、定量描述分析法、光谱法、混合法等。

(3) 情感法评价

此类感官分析方法主要是试图对产品的好恶程度量化的方法。该方法主要采用对喜好进行均衡的 9 点划分：

极令人愉快的
很令人愉快的
令人愉快的

有点令人愉快的
不令人愉快也不令人讨厌的
有点令人讨厌的
令人讨厌的
很令人讨厌的
极令人讨厌的

7.3.1.6 食品感官评价与分析技术进展

(1) 口腔模拟器

英国食品实验室装备了一种可以模拟人的口腔活动的食品感官检测仪器，它可以模拟唾液的流动、呼吸和咀嚼、口腔顶部空间分析等，特别适合用于评定在口腔中释放挥发性风味的物质。

(2) 嗅觉气相色谱法

气相色谱嗅觉测定法也称为嗅觉气相色谱法，是将感官反应器连接到气相色谱上，对分离出的挥发性香味进行研究。先将香味(风味)物质分离出来，然后将分离出的香味(风味)物质放入载体，通过释放的气味来评价食品成分。

(3) "LC品尝"高温液相色谱法

高温液相色谱法高性能液相色谱能分离食品中的很多成分，但因为使用的溶剂(流动相)是有毒的，不能对分离出来的成分直接品尝。德国一家食品公司发明了一种称为"LC品尝"高温液相色谱法，不再使用有毒溶剂，可将液相色谱的流动相与人的感官味蕾连接到在线展示板上，并对食品中的物质作出评价。"LC品尝"能识别关键的香味物质，如香兰素、苦味素、氨基酸、缩氨酸、蔗糖、香味强化剂等。

7.3.2 食品理化指标的检验

理化检验是食品质量评价的重要组成部分，涉及多个专业，检验对象的形式种类多样，组分复杂且含量水平千差万别，使用的检验方法和仪器设备类型较多，操作过程也比较复杂，有经典的化学分析法也有先进的仪器分析法。常用的分析方法有：

①物理分析法　是使用设备测定食品的某些物理性质，从而直接或间接得到检验结果的方法。检验结果分为直读数据和间接数据。常见的直读数据如：冻品中心温度、蜂蜜的水分含量、糖水浓度等。常见的间接数据如：谷氨酸钠的含量、啤酒的麦汁浓度等。

②化学分析法　以物质的化学反应为基础的分析方法，称为化学分析法。化学分析法历史悠久，是分析化学的基础，又称为经典分析法。在食品分析中常用的有滴定分析法、质量分析法。我们目前使用的质量分析法主要用于测定食品中的水分、脂肪、灰分等原理相同的检验项目。

③仪器分析法　是通过测量物质的光学性质、电化学性质等物理化学性质来

求出被测组分含量的方法。它包括光学分析法、电化学分析法、色谱分析法等。光学分析法又分为紫外-可见分光光度法、原子吸收分光光度法、荧光分析法等，可用于测定食品中无机元素、碳水化合物、维生素、食品添加剂等成分。电化学分析法可以测定电导率、pH 值等指标。色谱分析法包括薄层层析色谱法、气相色谱法、液相色谱法，可用于测定食品中农药残留量、兽药残留量、食品添加剂、有害污染物、氨基酸、糖类、维生素等指标。

(1) 植物源性食品的主要理化指标

① 粮豆类　农药残留量、氰化物、氯化物、二氧化硫、砷、汞、农药残留量、黄曲霉毒素 B_1、稀土、氟、硒、锌、铬、苯并[a]芘、镉、生物碱、二溴乙烷等。

② 糕点、饼干、面包　酸价、过氧化值、砷、铅、铝、黄曲霉毒素 B_1、食品添加剂等。

③ 非发酵性豆制品　砷、铅食品添加剂等。

④ 发酵性豆制品、淀粉类制品　砷、铅、食品添加剂、黄曲霉毒素 B_1 等。

⑤ 食用植物油　酸价、过氧化值、羰基价、浸出油溶剂残留、苯并[a]芘、棉子油中游离棉酚、砷、黄曲霉毒素 B_1 等。

⑥ 色拉油　酸价、过氧化值、羰基价、砷、铅、黄曲霉毒素 B_1、食品添加剂等。

⑦ 食用豆粕　水分、灰分、蛋白质、溶剂残留、砷、铅、脲酶活性等。

⑧ 蒸馏酒及配置酒　甲醇、杂醇油、氰化物、铅、铁、锰、食品添加剂等。

⑨ 发酵酒　二氧化硫残留量、黄曲霉毒素 B_1、铅、N-二甲基硝胺等。

⑩ 酱油　氨基酸态氮、食盐、总酸、砷、铅、黄曲霉毒素 B_1、食品添加剂等。

⑪ 酱　食盐、氨基酸态氮、总酸、砷、铅、黄曲霉毒素 B_1、食品添加剂等。

⑫ 食醋　醋酸、游离矿酸、砷、铅、黄曲霉毒素 B_1 等。

⑬ 味精　麸酸钠、砷、铅、锌等。

⑭ 白糖、赤砂糖、红糖　砷、铅、铜、二氧化硫等。

⑮ 冷饮食品　铅、砷、铜、二氧化硫等。

⑯ 汽酒　铅、二氧化碳、食品添加剂等。

⑰ 茶叶　铅、铜、农药残留等。

⑱ 固体饮料　蛋白质、咖啡因、水分、铅、砷、铜等。

⑲ 植物蛋白质饮料　砷、铅、铜、蛋白质、氰化物、脲酶试验、食品添加剂等。

⑳ 新鲜蔬菜、水果　总砷、镉、汞、氟、农药残留等。

㉑ 果蔬类罐头　锡、铜、铅、砷、食品添加剂等。

㉒ 食品工业用浓缩果蔬汁(浆)　铅、砷、铜、展青霉素、防腐剂等。

㉓ 方便面　水分、酸价、过氧化值、羰基价、砷、铅、食品添加剂等。

㉔ 膨化食品　水分、酸价、过氧化值、羰基价、砷、铅、黄曲霉毒素 B_1、

食品添加剂等。

㉕油炸小食品　酸价、过氧化值、羰基价、砷、铅、食品添加剂等。

㉖蜜饯　铅、铜、砷、二氧化硫残留量、食品添加剂等。

(2) 动物源性食品的主要理化指标

①鲜(冻)猪肉、牛肉、羊肉、兔肉　挥发性盐基氮、汞等。

②肉松、肉干、肉脯　水分、食品添加剂等。

③肉灌肠　亚硝酸盐、食品添加剂等。

④烧烤肉　苯并[a]芘等。

⑤火腿　过氧化值、三甲基氮、亚硝酸盐等。

⑥板鸭、咸鸭　酸价、过氧化值等。

⑦肉类罐头　砷、铅、铜、锡、汞、亚硝酸盐等。

⑧西式蒸煮、烟熏火腿　亚硝酸盐、复合磷酸盐、铅、苯并[a]芘等。

⑨香肠、腊肠、香肚　水分、食盐、酸价、亚硝酸盐等。

⑩鲜(冻)禽肉　挥发性盐基氮、汞、四环素等。

⑪蛋　汞等。

⑫蛋制品　汞、铅、铜、锌、砷、pH值、食盐、挥发性盐基氮等。

⑬牡蛎　挥发性盐基氮、汞、无机砷、农药残留量等。

⑭海水贝类　挥发性盐基氮、汞、无机砷、农药残留量等。

⑮海水贝类干制品　汞、无机砷等。

⑯海水鱼类　挥发性盐基氮、组胺、汞、农药残留量、无机砷等。

⑰头足类海产品　挥发性盐基氮、汞、无机砷、农药残留量等。

⑱淡水鱼　挥发性盐基氮、汞、农药残留量、砷、氟等。

⑲烤鱼片　水分、砷、铅、汞等。

⑳河虾　挥发性盐基氮、汞、农药残留量等。

㉑海虾　挥发性盐基氮、汞、农药残留量等。

㉒海蟹　挥发性盐基氮、汞、农药残留量、无机砷等。

㉓鱼罐头　铅、铜、砷、锡、汞、苯并[a]芘、组胺、食品添加剂等。

㉔熟制鱼糜灌肠　pH值等。

㉕虾酱、虾油、蟹酱　氨基酸态氮、氯化钠等。

㉖鱼露　氨基酸态氮、氯化钠、砷等。

㉗蚝油、贻贝油　氨基酸态氮、氯化钠、铅、总酸等。

㉘咸昌鱼、咸带鱼、咸鳗鱼、咸鳓鱼、咸鲅鱼、鲜黄鱼、干明太鱼　酸价、过氧化值等。

㉙生鲜牛乳、消毒牛乳　比重、脂肪、全乳固体、杂质度、铅、铜、汞、黄曲霉毒素 M_1 等。

㉚全脂乳粉　水分、脂肪、酸度、杂质度、铅、铜、汞、黄曲霉毒素 M_1 等。

㉛脱脂乳粉、全脂加糖乳粉　水分、脂肪、溶解度、酸度、杂质度、铅、铜、汞、黄曲霉毒素 M_1 等。

㉜全脂加糖乳粉 水分、脂肪、蔗糖、酸度、溶解度、杂质度、铅、铜、汞、黄曲霉毒素 M_1 等。

㉝稀奶油 铜、铅、汞等。

㉞奶油 水分、乳脂肪、食盐、酸度、汞等。

㉟全脂加糖炼乳 水分、脂肪、蔗糖、酸度、全乳固体、铅、铜、汞、杂质度等。

㊱硬质干酪 水分、脂肪、食盐、水等。

㊲麦乳酪（含乳固体饮料） 水分、溶解度、蛋白质、脂肪、总糖、比容、灰分、铅、砷、汞、农药残留量等。

㊳含乳饮料 脂肪、蛋白质、糖精、铅、增稠剂等。

㊴蜂蜜 铅、锌、四环素等。

（3）微生物源性食品的主要理化指标

①乳酸菌饮料 蛋白质、总固体、总糖、酸度、砷、铅、铜、脲酶试验、食品添加剂等。

②食用菌 砷、铅、汞、农药残留量等。

③食用菌罐头 锡、铜、砷、铅、汞、农药残留量、米酵菌酸（仅限于银耳）、食品添加剂等。

7.3.3 食品卫生学评价

7.3.3.1 食品卫生学

食品卫生学是研究可能威胁人体健康的有害因素及其预防措施，以提高食品的卫生质量，保护食用者饮食安全的科学，目的是提高食品卫生质量，预防食源性疾病，保护消费者健康。

（1）食品卫生学所涉及的范围

食品卫生学研究的内容有：食品的污染及其预防，包括污染的种类、来源、性质、作用、含量水平、监测管理以及预防措施；各类食品的主要卫生问题；食品添加剂；食物中毒及其预防以及食品卫生监督管理等内容。

传统的食品卫生学内容较多的是指细菌性的食品污染，而随着工业生产的发展，不仅发现霉菌及其毒素，人畜共患病原菌、寄生虫、肠道病毒等也成为食品污染的重要因素，而且化学因素造成的食品污染也大量存在。例如，化学农药厂所造成的环境污染及其在环境中的残留物对食品的污染；工业"三废"引起的食源性疾病；N-亚硝基化合物、蛋白质热解产生的诱变物和致癌物污染食品；食品用具、盛器中带入的塑料、橡胶、涂料等分子单体及加工过程中所用助剂造成的食品污染等。在化学污染物中，有相当一部分可以通过生物链富集作用，使得原本对环境的轻度污染而转变成对食品的严重污染，这是应引起高度重视的食品卫生学内容。另外，放射性污染以其特有的来源、危害性质、检测手段和控制措施已纳入食品卫生学的新内容。

在食品卫生监督管理方面，现代食品卫生监督管理呈现了一些新的特点：首先是应用本学科最新理论和技术方法与成就，不断制定和修改各项食品卫生技术规范；其次是不断完善各项法律、法规；再次是加强国际合作，各专门委员会也都在各自工作方面做出类似的努力，目的是保护人类健康和克服食品国际贸易屏障。

（2）食品卫生学的研究进展

食品卫生学的发展经历了很长的历史过程，从人类会使用火，能对食物进行烹调时开始，甚至更早，就涉及了食品卫生学方面的内容。在很早以前，人们就知道加热杀菌、盐腌、冷藏可防止食品腐败，并对食物中毒也给予了极大的重视。到了19世纪，巴斯德发现了微生物繁殖导致腐败的原因，以及在此前后微生物的发现、沙门氏菌食物中毒本质的确定等，使食品化学、食品微生物学、食品毒理学、食品卫生及统计学等都成为食品卫生学的重要的基础学科。在这个基础上，食品卫生学归纳成为如下几个部分：

①食品中可能存在的有害的生物性因素、化学性因素的种类、来源、性质、作用、含量及其影响因素、检测方法和预防措施。

②各类食品的卫生问题。

③各类食品生产条件及生产工艺中的主要卫生要求。

④食物中毒等食源性疾病的预防方法等。

同时，食品卫生学的技术方法，即食品化学及生物化学的方法、食品微生物方法、食品中放射性物质的测定方法、毒理学方法，其他生物学与医学方法及调查统计方法等，也相应地发展起来了。

近年来，食品卫生学的发展也由于食品生产工艺中所发生的巨大变化和食品工程新技术的采用，以及有关的其他发展变化而得到促进和发展。例如，人造高分子物质在食品工业中的广泛应用，也促使塑料、涂料、橡胶的食品卫生学发展起来；远红外线和微波加热在食品工业中的应用，也促进了对远红外线加热工艺和微波加热工艺的食品卫生学研究；多种农药和化工合成的食品添加剂种类的迅速增加，及加工中使用的配剂、介质等，也加速了食品卫生毒理学的发展。另外，辐照食品、免疫食品的出现，也要求对食品的安全性进行深入的研究。这些使食品卫生学又有了新的发展方向。

食品科学与人类健康息息相关，随着相关学科的发展，食品卫生学的内容也有了相应的发展，主要表现在食品毒理学、食品免疫学及食品变态反应学方面，除了研究食品中的天然毒物、食品变态反应性疾病、食品过敏和其他特性反应之外，还从分子水平研究食品物理特性、化学结构、食品营养素、营养素体外加工工艺及体内消化吸收变化与人体健康关系、食品中的活性成分与人体发育、细胞分化、生长、成熟、老龄化生物基因表达调节之间的关系、食物与人类慢性疾病之间的关系等。

随着人类生活水平的提高，人们对食品的要求不再满足于食品的营养与感官功能，而对其提出保健功能的要求，对于功能食品的食品卫生，除了传统的食品卫生内容之外，还需要包括保健成分、功能保健机制等。保健食品或功能性食品

(functional food)的安全性以及功能的评价和研究已成为食品卫生学中一个新兴领域。食物成分的功能评价和开发研究最近也在营养学中占有一席之地,因为越来越多的发现表明营养素的功能已不仅仅是预防营养缺乏病,而是在慢性病预防中也有着重要的作用。因此,保健食品的功能评价和研究已成为食品卫生学和营养学的一个交叉领域,是当前学科发展中的一个新动向。随着消费者自我保健意识的日益增强,保健食品在全世界的市场竞争日益激烈;然而,要使保健食品确定有效和具有较长的市场寿命,必须把产品的研究开发建立在充分的科学依据上,必须建立在扎实的试验研究数据和临床观察结果的基础上。而在这方面,生物学标志物的选用是一个至关重要的技术关键。采用恰当和先进的生物学标志不但可使保健食品的开发具有可靠的依据,而且可以推动这方面学科的发展。

近年来,在食品卫生学研究中由于采用了核酸杂交、单克隆抗体、酶联免疫分析等生物技术,使食品微生物和毒物检测的灵敏度和速度进一步提高。在营养学研究方面,DNA重组等生物技术的应用,可使营养研究上的许多问题得以解决。目前,已出现营养分子生物学这一新的研究领域。应用生物技术,人们能够从基因和分子水平上了解营养物质的转运、吸收利用及其与细胞间的相互作用和所参与的代谢活动,确定出与营养代谢疾病有关的特殊基因,并可通过基因修饰和转基因技术使这些遗传因素发生改变,由此产生新的研究课题。例如,用酶修饰蛋白质以提高蛋白质吸收效果;增强代谢功能,纠正代谢紊乱的膳食研究,可能使营养调节基因表达成为一种新疗法而用于临床。

(3)食品污染的研究与发展

20世纪中叶,由于现代食品工业的出现和环境污染的日趋严重,发生或发现了各种来源不同、种类各异的食品污染因素,如黄曲霉毒素;化学农药广泛应用所造成的污染、残留;多环芳烃化合物、N-亚硝基化合物、蛋白质热解产物等多种污染食品的诱变物和致癌物;食品容器包装材料中污染物有金属与塑料、橡胶、涂料等高分子物质的单体及加工中所用的助剂;食品添加剂的使用也陆续发现一些毒性可疑及有害禁用的品种。至20世纪70年代中期在防止食品污染和促使我国食品卫生发展到一个历史新水平。

按食品污染的性质来分,有微生物性污染、化学性污染、放射性污染、寄生虫污染;按食品污染的来源划分有原料污染、加工过程污染、包装污染、运输和贮存污染、销售污染;按食品污染发生的情况来划分,有一般性污染和意外性污染。目前,以畜禽肉品残留激素或兽药的问题日益突出,可能成为21世纪的重点食品污染问题。国际上使用的兽药达40多万种,激素使用品种发展也很快。对此,许多发达国家已建立起畜禽肉品中激素兽药的检测方法和残留标准,我国在这方面已建立了部分标准。

目前的食品污染问题很多是由于蓄意污染或人为破坏造成的。犯罪分子利用食品进行犯罪或恐怖活动给食品安全带来新问题。WHO对"食物恐怖"的定义为:以化学性、生物性、放射性等有害物质,蓄意污染食品,导致人群伤亡或死亡,破坏社会经济或政局稳定的行动或危险。"9·11"事件后,美国总统签发了

《2002年公共卫生安全和生物恐怖应对法》,根据该法案,美国FDA先后发布了《食品、饲料企业注册法规(草案)》《进口食品、饲料提前通报法规(草案)》《食品、饲料企业记录建立和保持法规(草案)》和《可疑货物行政扣留法规(草案)》等4个法规。2003年10月10日,FDA正式发布《食品、饲料企业注册法规》和《进口食品、饲料提前通报法规》。法规中规定,对生产、加工、装箱或贮藏在美国消费的食品企业所有者、经营者或代理人,必须于2003年12月12日之前注册。未登记注册的外国食品和饲料将被扣关,不得进入美国市场。在我国,犯罪分子利用食品进行犯罪的案件也时有发生,2002年9月发生在南京的特大鼠药投毒案就是一个典型的案例,投毒的物质主要是剧毒急性鼠药(如毒鼠强)。2008年我国对日出口食品发生的"饺子事件""毒豆角事件",使人们更多地关注在"食品安全"的背景下,防止食品受到蓄意污染或人为破坏的食品防护问题。食品防护着重于保护食品生产和供应过程,防止产品遭受到化学、生物制剂或其他有毒、有害物质的蓄意污染,能够帮助企业把食品受到的蓄意污染或人为破坏的危险降到最低。

(4)食物中毒的研究与发展

①微生物性食物中毒 近年来,由致病性微生物引起的食品卫生问题,非但没有像一些主要的人类传染病那样逐步被消灭,而且越来越多地威胁着消费者的健康,从而引起政府部门、学术界和企业界的重视。由于微生物学检测手段的发展,现在可以用脉冲场凝胶电泳方法确定引起食物中毒的$O_{157}:H_7$大肠杆菌的分子亚型,并据此追踪和回收已进入流通领域的同批中毒食品。李斯特单核增生菌中毒症状严重,甚至造成死亡。此菌的特性是能在低温条件下生长和繁殖,奶制品是主要的中毒食品。近来更不断有由于能耐受一般消毒的寄生虫污染饮水和食品而引发胃肠道疾病暴发的报道。其中有两种寄生虫所引起的人类疾病受到广泛的关注,一种是隐孢子虫,另一种是圆孢子虫污染水、蔬菜、水果等。两者相加引起的腹泻病例在北美每年报道近万人。

②化学性食物中毒 在环境污染物对食物链造成的污染方面,重金属、农药等是常见的污染物。随着生产的发展,人们生活方式的改变,对这些污染物的认识在不断加深,在已有污染源被基本解决后又出现了新问题。例如,工业生产及食品包装材料和垃圾焚烧中产生的二噁英,不仅毒性强,而且具有致癌性、免疫毒性和生殖毒性,是目前所有已知化合物中毒性最大的物质。世界卫生组织1998年将二噁英暂定每日允许摄入量(ADI)定为$1\sim 4pg/kg$。杂环胺是一类在食物烹调过程中由于蛋白质或氨基酸热解而产生的化合物。目前,在烤鱼、烤肉、炸肉和加热大豆蛋白等食物中已发现近20种具有明显致突变作用的杂环胺化合物,其中有些化合物在Ames试验中显示的致突变性为黄曲霉毒素B_1的70~110倍。

(5)食品卫生学的成就与任务

食品卫生学作为一门实用性很强的自然科学,最近几十年的进步和发展是与多学科和多部门合作分不开的。在取得食品卫生重大科研成果以及解决重大食品卫生问题中,化学、物理学、微生物学、毒理学、流行病学、统计学乃至法学等都是不可缺少的重要科学手段。例如，化学的发展使现代分析技术的检出限可达到 10^{-12} 的水平，而这正是研究污染物的先决条件。分子生物学技术在毒理学中的应用使科学家能在动物和人体的 DNA 和 RNA 水平上研究致癌作用。同时，大量事实表明政府、企业和学术界的共同努力是解决任何一个重大食品卫生问题的关键。例如，在食品辐照作为一种有效的食品保藏方法的推广使用中，制定了辐照食品的有关规定和标准。但是，应该承认目前还有一些世界性的卫生问题没有很好地解决，各国学者还正在研究中。例如，用生物工程技术生产的转基因食品的安全性（包括致敏性）及其评价方法，在奶牛中使用牛生长激素来增加牛奶产量对消费者的安全问题等。

食品卫生学的主要任务有：

①以现代食品卫生监督管理最新理论和技术成就，不断制修订和落实各项食品卫生技术规范。

②不断完善法律、法规，加强法制管理，明确执行机构人员的职责。

③研究食物中毒的新病原物质，提高预防食物中毒的水平，提高食品卫生合格率。

④进一步以危险性分析理论与方法和质量控制体系完善各种食品污染物、食品添加剂、保健食品等安全性评价和标准制定。

⑤进一步扩大研究新的食品污染因素，各种食物致癌源、新的食品及加工过程中食品卫生问题，采用 GMP 和 HACCP 管理系统。

⑥提高食品毒理、食品微生物、食品化学等各种检测分析方法水平。

⑦不断用食品卫生科学教育人民群众，提高自我保护意识，不断加强 WTO 协议中所规定的食品安全与食品质量的执行力度。

7.3.3.2 食品卫生学评价及食品卫生标准

食品卫生学评价一般包括现场卫生学调查、流行病学调查、实验室检验结果是否符合卫生标准等。

食品卫生标准一般包括感官、微生物、理化等3个方面指标。感官指标是对食品和食品用产品的感官性状的技术规定；微生物指标是对食品和食品用产品的菌落总数、大肠菌群近似数、致病菌的规定；理化指标是对食品和食品用产品的成分组成、农药残留、重金属离子、霉菌毒素、食品添加剂等的规定。

各类食品的卫生及需注意的一些问题：

①粮谷和蔬菜卫生　粮谷贮存的卫生要求。

②肉类食品卫生　屠宰后肉品的理化变化和常见病畜肉的鉴定与处理。

③奶类食品卫生　奶的消毒及卫生标准。

④水产品卫生　鱼类的主要卫生问题、鱼类的保鲜方法和变质鱼的鉴别。

⑤蛋类食品卫生　鲜蛋贮存方法及卫生质量鉴定。

⑥食用油脂卫生　油脂酸败的原因、鉴定和预防措施、霉菌毒素以及其他有害物质污染及控制措施、食用油脂卫生标准。

⑦酒类和罐头食品卫生　蒸馏酒、发酵酒与配制酒的卫生问题及其控制措施、罐头食品灭菌要求、卫生鉴定与处理。

⑧冷饮食品卫生　冷饮食品主要卫生问题、冷饮食品卫生标准（细菌指标）、冷饮食品卫生管理。

食物中毒与预防及需注意的一些问题：

①食物中毒的概念、特点、分类。

②细菌性食物中毒　细菌性食物中毒的特点和发生中毒的原因，常见细菌性食物中毒（沙门氏菌属、副溶血性弧菌、变形杆菌、葡萄球菌肠毒素、肉毒梭菌毒素等食物中毒）病原、流行病学特点和临床表现，细菌性食物中毒的诊断和治疗原则，细菌性食物中毒的预防措施。

③有毒动植物中毒　河豚鱼中毒，鱼类引起的组胺中毒、苦杏仁中毒、四季豆中毒、发芽马铃薯中毒。

④化学性食物中毒　亚硝酸盐中毒。

⑤食物中毒的调查处理　食物中毒调查的目的，食物中毒调查的步骤和方法。

⑥食品卫生监督和管理　食品从业人员健康检查、健康检查的对象、健康检查的内容、合法健康证明、卫生许可证的发放与管理。

⑦饮食业与集体食堂卫生监督　饮食业与集体食堂经常性卫生监督的内容和要求，食具洗涤和消毒的程序、方法和消毒质量监督。

⑧食品卫生质量鉴定　食品卫生质量鉴定的步骤和方法，食品采样的原则和方法，鉴定后食品的处理原则。

⑨食品卫生标准及法律规范　食品卫生标准中有关指标的食品卫生学意义，食品卫生执法遵循的原则，违反食品卫生法的法律责任，食品卫生监督行政处罚的程序等。

7.3.4　食品质量评价的质量控制

食品的卫生理化检验是一项非常认真和仔细的工作，检验分析的质量经常受到实验室环境、样品、试剂、仪器设备、操作过程、结果计算等多种因素的影响。为保证检测结果的质量，应分析检测过程中的关键因素并进行严格控制，除通过管理体系的运行保证合同评审、样品、检测方法、检测、数据处理与控制、结果报告受控外，通常还结合食品检测的特点针对不同的检测方法对关键因素加以控制。检验分析的质量控制应从以下几方面予以重视和严格控制。

(1) 样品的采集与制备

采样应遵循两个原则，第一，采集的样品要均匀，有代表性；第二，采样过程中要设法保持原有的理化指标，防止成分逸散或带入杂质。样品制备的目的是保证样品的均匀性，可采用粉碎、混匀、缩分等方式。样品的均匀性和代表性是检验的重中之重，是数据准确的基础，应严格按国家标准和其他规范进行样品的采集与制备，确保数据的科学可靠。

(2) 基础质量控制

任何检验分析的质量控制必须建立在实验室的基础控制之上，没有基础质量控制的保证，检验分析的质量控制便无法保证，也就是所有试验条件必须满足检验分析的要求，否则很难保证检验结果的准确性。

①试验环境　实验室应布局合理，尽可能避免不同测试项目的交叉污染和相互干扰。不同的检验设备应按照检验分析要求放置于不同的检验场所或环境中；实验室周围环境及室内应随时保持整洁，实验室的空气洁净度、温度、湿度等应符合检验分析的要求。

②仪器设备

- 试验用仪器设备必须能满足检验分析项目的要求，如检验项目所需的仪器设备的精密度或分辨率、量程范围、检出限、灵敏度等各项性能指标的误差和偏差应在标准规定的允许范围内；
- 天平、分光光度计、恒温培养箱等用于检验的设备必须按照检验的要求每年由计量检定部门进行定期检定；检验分析项目使用的标准试剂（属于计量器具）准确、有效，具有可溯性，必须保证所有分析测试使用的仪器设备是经过检定合格，并在有效期内的合格检测仪器设备；
- 大型精密仪器操作人员必须经过专业培训、考核合格后方能进行操作，操作人员必须严格按照仪器设备说明书的规定程序操作，并做好每次操作的使用记录；
- 检验分析用的所有仪器设备应进行定期的维护和保养，并进行仪器设备的运行检查。

③试验用具及清洗　试验用玻璃量器，尤其是配制标准溶液、制作校正曲线、取样用的滴定管、移液管、刻度吸管、容量瓶等器皿应选用合格产品并经过检定合格。贮存和处理样品所用的器皿，如烧杯、瓶子、研钵、比色管、玻璃棒等由于材质的原因或未经洗涤干净可能污染了样品，从而影响到检验分析结果的准确性，所有检验分析用的玻璃器皿必须按照分析方法的要求进行清洗和处理，特别要注意清洗过程中的交叉污染和未严格按照清洁步骤清洗而引起的污染。

④试验用水、试剂　试验用水和试剂的纯度直接影响到检测结果和空白值的测定，其质量应以试验条件、分析方法和分析结果的准确度为依据恰当地选用不同规格的水和试剂，所以试验用水和试剂的纯度必须符合检验分析的要求。例如，在光度分析法中，要结合具体的分光光度法的原理，抓住关键步骤，对标准溶液的配制、显色反应等，应使用能满足方法检出限要求的水和试剂，尽量减少空白值的影响。

(3) 分析过程中的质量控制

①标准溶液配制和标定　在标准溶液的配置中，需要对试剂进行准确的称量，在实际工作中，其称取量与需要量之间的误差不得超过1%，配置好后严格按照滴定方法标定浓度，其浓度按实际称量数和标定后的浓度来计算；标准溶液应确保其浓度是在有效期内，放置太久或已经出现沉淀的标准溶液不能继续使

用，应重新配制。

②物品的称量　称量物品时应严格按照检验标准的要求选取相应感量和称量范围的天平，称量时应尽量避免使用纸称量，因纸上物品很难全部转移至容量瓶或规定的玻璃容器中；对稳定且不易挥发的物品可用小烧杯来代替称量瓶，这样易于加热和快速溶解样品，同时也便于转移样品至容量瓶中。

③分析方法的选择　可根据测定的目的与实验室的条件选用不同的分析方法，但必须是标准中规定的检验方法或国家统一推荐的方法。

④常规的质量控制　每次检验分析样品时都应进行空白试验、平行样品测定或加标回收率的测定。

- 空白试验的测定：空白试验的目的在于估计出样品中被测物质外的各种因素对组分分析的影响，并确保能消除这种影响，以确保检验结果准确可靠；
- 平行样品的测定：在测定过程中为了避免随机误差过大，需增加对同一样品的测定次数，平行样品测定结果的相对偏差应确保是在最大允许值的范围内；
- 加标回收率的测定：向样品中加入一定量的标准物质与样品同时测定进行对照以观察加入的待测物质的回收率，加标回收率一般应达到 95%～105%。

⑤样品的滴定　在滴定分析中，平行样间的滴定速度应尽量保持一致，避免滴定速度过快，出现连滴现象，特别是在氧化还原滴定和沉淀滴定反应中，应确保平行样间的滴定速度的一致性，否则会引起检测结果的较大误差。

⑥标准曲线的绘制　标准曲线依据不同的分析方法确定不同的点数，按照与样品测定相同的步骤测定各浓度的相应值，据此值绘制标准曲线或计算出回归方程，标准曲线的相关系数大于等于 0.999，相关系数越接近 1，表明检测结果的准确度越高。

(4) 检验分析后的质量控制

样品检测完毕后必须检查检验分析数据是否记录准确，计算结果是否在误差允许的范围之内，检验结果是否进行了复核，检验报告是否准确出具和签名等。

思考题

1. 简述发达国家食品安全质量法制体系的现状。
2. 举例说明超量使用食品添加剂带来的危害。
3. 中国的食品质量标准的组成部分有哪些？
4. 简述我国食品安全标准体系的框架结构。
5. 简述食品感官分析主要类型。
6. 在产品营销过程中有哪些运用感官嗜好影响的成功案例？
7. 试述食物污染的研究与发展概况。
8. 简述食品卫生学的主要任务。
9. 常用的理化检验方法有哪些？
10. 各类食品的卫生及需注意的问题有哪些？

推荐阅读书目

食品卫生检验技术．王叔淳．化学工业出版社，1988．
食品卫生质量检验与监督．夏玉宇．北京工业大学出版社，1993．
食品质量检验．马兰，李坤雄．中国计量出版社，1998．
食品与营养学．金龙飞．中国轻工业出版社，1999．
食品成分分析手册．宁正祥．中国轻工业出版社，1998．
美国生物恐怖应对法案与食品饲料反恐法规(上下册)．王凤清．中国科学技术出版社，2003．
食品防护计划的建立与实施．刘卓慧．中国大地出版社，2008．

相关链接

食品安全法律　http://www.emagister.cn/
多角度审视食品安全　http://www.cdcbj.org.cn
应加快完善食品安全保障体制　http://news.tom.com.
我国积极应对日本欧盟食品安全新法规　http://www.instrument.com.cn/news/2006/009794.shtml

第8章
食品安全与危机管理

重点与难点
- 了解危机与危机管理理论的起源、发展和应用概况；
- 掌握食品安全危机的发生、发展和演化特征，掌握引发食品安全危机的主要原因；
- 了解食品安全危机管理的主要内容和过程；
- 了解建立食品安全危机管理机制的主要任务和工作。

8.1 危机与危机管理概述
8.2 食品安全危机
8.3 食品安全危机管理机制的建立

公共危机，是在社会运行过程中，由于自然灾害、社会运行机制失灵而引发的，可能危及社会公共安全和正常秩序的危机事件。

有效的危机管理是一个国家捍卫自身安全、维护自身利益的重要手段。世界著名政策科学家叶海尔·德罗尔（Yehezke Dror）在《逆境中的政策制定》中曾经说："危机应对（危机决策）对所有的国家都具有潜在重要性，对许多国家则具有极大的现实重要性。危机越是普遍或致命，危机应对就越发显得关键。"国家无论大小，经济无论强弱，在经济社会发展过程都难免会遇到形式各样的突发危机，建立和完善危机管理机制，对保障国家、经济和社会安全运行有着十分重要的作用。

中国自古以来就重视对危机的预防，在博大精深的中国古代文化中，对危机管理有过充满辩证思想的论述。例如，"存而不忘亡、安而不忘危、治而不忘乱"；"思所以危则安矣，思所以乱则治矣，思所以亡则存矣"；强调的是"居安思危，思则有备"的思想。又如，"长将有日思无日，莫等无时思有时"，强调的是"无时防有，有备无患"的思想。再如，"凡大事皆起于小事"，"听于无声、见于未形"，强调的是未雨绸缪、预防在先，"从小危机防患大危机"的思想。此外，谋划也是危机管理思想的重要内容。《孙子兵法》《计篇》指出："夫未战而庙算胜者，得算多也；未战而庙算不胜者，得算少也"。庙算而胜，实际也就是"先为不可胜"，先"立于不败之地"，先做好一切准备了。用现代危机管理理论讲，就是预案在先，各级政府部门、各个企业都应有一套危机处理预案，遇到紧急情况可以自动运作，避免危机扩散。

8.1 危机与危机管理概述

8.1.1 危机的概念、特征及其发展演化

8.1.1.1 危机的定义

危机（crisis），是一种对组织基本目标实现构成威胁，要求组织必须在极短的时间内作出关键性决策和进行紧急回应的突发性事件。例如，2002年我国暴发的"非典"（SARS）疫情、2008年"三聚氰胺事件"、2009年4月发生的全球性甲型流感疫情而引发的中国食品安全危机，都是典型的危机事件。

8.1.1.2 危机的类型

危机分类方式不同，其类型也不同。危机有很多种分类方式，按照危机发生后其影响的范围，可以将危机分为：①国际危机，②国内危机，③区域危机，④组织危机。按照危机的发生、发展与结束的速度，可将危机分为：①急性型危机，即危机突然发生后会很快平息，来去匆匆，不会给社会带来长久的影响；②亚急性型危机，这种危机发展酝酿有一个过程，但暴发后很快结束；③慢性型危

机,这种危机开始缓慢,逐渐升级,甚至没有明显的暴发过程,结束也很缓慢。

危机类型的划分是相对的,不同类型的危机在一定条件下可相互转化。例如,单个食品企业的食品安全危机,在其暴发后如果应对不好,可能从单个企业的危机扩大为整个行业危机,也可能从一个区域性市场危机,逐渐上升为多国市场危机,进而升级为国际危机,如果危机进一步发展演化,可能从食品安全危机扩大到政府的政治危机。

8.1.1.3 危机特征

危机暴发后,从其所引发的对组织造成的冲击和影响角度看,通常具备以下特征。

(1) 突发性

危机通常是由于组织管理不善或其他方面的疏忽,由一系列小事件逐渐发展起来的,最终积累导致暴发。由于组织内部因素所导致的危机,组织往往对危机发生的前兆未加以重视,从而丧失危机预防的良机,使危机的暴发出乎人们预料。例如,食品生产企业对于偶发的食品卫生安全管理事故没有足够的重视,未采取任何有效的预防控制措施,最终由于偶发的个案问题累积而导致食品安全危机的发生,从而呈现出突然暴发的态势。

(2) 隐蔽性

危机在暴发前,各种因素的作用还处于量变的过程,表面看似平静,但引发危机暴发的各种因素已经在起作用,属于潜在危机过程。潜在危机由于表现不明显,容易被组织忽略,暴发后所带来的危害往往难以化解。外在危机表现明显,容易早发现,早预防,即使危机暴发也容易早解决。在现实中,危害最大的危机大多是那些尚未被认识和察觉的危机,这种危机通常都具有一定的隐蔽性和欺骗性。例如,食品安全危机由于影响因素多,表现形式多样,往往被人忽略,因此带有很强的隐蔽性。

(3) 危害性

由于危机的暴发具有突然性,往往在组织毫无准备或准备不足的情况下突然发生,容易给组织造成混乱和惊恐,从而造成决策失误而带来巨大的损失。对于企业而言,不仅会造成企业正常生产经营秩序的破坏,动摇持续发展的基础,甚至威胁企业生存。食品安全危机的危害性最为明显。对于政府而言,不仅造成信任危机,还可能导致政府执政形象受到损害。

(4) 紧迫性

危机一旦暴发,组织将面临很紧迫的应对任务。危机潜伏期所积蓄的危害能量在很短的时间内迅速释放出来,并呈快速蔓延之势,要求组织必须采取快速果断的措施予以应对处理,任何延迟都将带来更大损失。

(5) 双重性

危机暴发后对组织带来严重的冲击危险,但同时也孕育着机遇。危机的暴发使组织成为公众注目的焦点,如果组织处理措施得当,则可迅速提高组织的知名度、信任度。危机暴发使组织认识到自己的不足,如迅速应对、对症下药、有效克服、汲取教训则可能变危机为转机。如果应对不及时或错误应对,可能造成组织的严重受损。

(6) 关联性

危机的发生不是孤立的,一个危机的发生可能引发另一个危机的发生,就如平静水中投入的石头,如果这块石头足够大时,在泛起阵阵涟漪的同时可能会带来波涛。单个危机将产生一系列破坏,这种连锁反应就是危机的关联性。在实际中,单个企业食品安全危机,可能引发行业性危机,进而可能引发政府的危机。

8.1.2 危机管理

8.1.2.1 危机管理定义

危机管理是为了避免或减少危机所造成的损害而采取的危机预防、信号识别、紧急反应、应急决策、处理以及应对评估等管理行为。目的是为了提高对危机发生的预见能力、危机发生后的应对能力以及事后的恢复能力。由于研究的侧重点不一样,不同学者对危机管理做出定义也不尽相同。

8.1.2.2 危机管理现状

现代危机管理理论起源于 20 世纪 60 年代的美国,首先创立于政界,后来又被应用于商业领域和企业,目的在于以最快的时间和最适当的方式处理一些突发性问题。目前在欧美国家,特别是美国、加拿大、英国等已形成了危机管理系统学科和应用体系,许多大学开设了危机管理课程,一些国家和地区还成立了专门的危机管理机构,为各行各业以及政府部门提供专业、系统、全面的危机管理服务。

美国"9·11"事件发生后,亚洲国家也开始重视危机管理。在 SARS 事件中,新加坡政府的快速反应就得益于他们的危机管理机制。我国政府以及企业对危机管理重要性认识以及危机管理的应用起步较晚,经历过 SARS 事件和其他相关的重大危机事件后,危机管理的研究和应用已经在国内逐步开展,特别在最近的几年时间,危机管理在我国得到快速、全面的应用,当前我国政府相关职能部门、企业以及某些行业组织都建立了基于危机管理科学为基础的应对紧急事件的工作预案。

危机管理理论在食品卫生安全控制领域也逐渐得到重视和应用。美国 USDA、FDA 通过十几年的管理变革和法规建设,已经初步形成了一套危机管理体系。欧盟兽医委员会也专门对相关食品安全法规进行修订,完善相关食品安全预警和快速反应的法规。2003 年 9 月 1 日,日本农林水产省设立"食品安全危机管理小组",负责应对重大食品安全危机事件,制订《危机管理手册》,指导和规范全国食品安全危机处置。由于经济发展和综合国力提高,食品安全问题也日益引起我国消费者关注和政府的重视,食品安全危机管理显得更加重要。在借鉴国外食品安全管理和危机应对的基础上,我国对食品安全和危机管理体制进行了一系列的改革，陆续出台了《农产品质量安全法》《食品安全法》，理顺管理机构，加大食品安全危机管理投入。这些工作，为今后我国食品安全危机管理科学的快速发展和提高打下坚实的基础。

8.1.2.3 危机管理原则

有效的危机管理必须遵循某些基本原则。

(1) 预防原则

为达到危机管理的最佳状态，危机管理应从事前防范做起，通过建立危机管理体系并保持体系的有效运转，在机制上避免危机的发生。在危机的诱因还没有演变成危机之前就将其平息，危机管理最高境界就是防患于未然。

(2) 全局原则

任何一个组织在危机管理过程中想取得长远利益，在处理危机时应更多地关注各利益相关者的利益和长远利益，而不只关注局部利益和短期利益，应将公众的利益置于首位，局部利益要服从组织的全局利益，以组织长远发展为危机管理的出发点，从全局的角度来考虑问题。

(3) 主动原则

当危机发生时，组织应立即承担第一消息来源的职责，在第一时间内主动与媒体沟通，主动配合媒体的采访和公众的提问，掌握对外发布信息的主动权，通过媒体充当发言人的角色，主动向社会和消费者说明存在的问题、拟采取的解决方案以及承诺等，主动承担企业的社会责任，展现出组织敢于负责、勇于负责的社会形象。

(4) 快速原则

危机的突发性特点要求组织对危机的处理必须迅速有效。危机一旦发生，伴随着传媒关注和介入，必将立即引起社会公众的关注。组织必须以最快的速度调动危机处理机构，调集训练有素的专业人员，配备必要的危机处理设备或工具，迅速调查、分析危机产生的原因，评估危机的影响程度，全面实施危机管理计划。在危机发生后的 24~48h 的黄金时段内发布有关信息，以便有效地避免各种谣言的出现，防止危机的扩大化，加快重塑组织形象的进程。

(5) 集中原则

危机紧急应对时，既要求有反应迅速、决策灵活、处置果断的集中指挥中枢，同时也要有在指挥中枢领导下的其他各职能机构的庞大体系。指挥中枢的危机处理体系能在第一时间"紧急出动"，贯彻指挥系统的决策，调动所有社会资源，按照应急预案控制、化解危机，呈现出集中控制的表征。

8.1.2.4 影响危机管理的主要因素

(1) 决策核心

危机管理要求决策核心具备很强的决断力，决策层中最高领导人的决断力是最重要的，除了领导魄力以外，决策者个人的知识结构、身体能力以及经验也是影响决策的重要因素。

(2)信息系统

危机中最缺乏的资源就是信息,在占据充分信息的基础上,危机管理者可能作出正确的决策,很多危机由于缺乏权威、正确的信息而造成错误的危机应对。专业的情报收集、范围、途径、传递、评估和反馈等对危机管理有着至关重要的作用。此外,危机管理决策者应尽量利用"外脑",建立听取和吸收专家学者建议、意见的制度,听取第三方技术咨询机构、研究机构、大学学者等专家意见。

(3)处理机制

危机暴发后,如果与危机暴发相关的责任单位互相推诿,则危机管理必将失败,甚至危机危害还可能进一步扩大。如果责权明确,组织内各部门事前可以制订预案,危机一旦发生时预案自动运行,专门的危机处理部门可以迅速将信息汇报给最高决策者,同时调动和集中各种必要的资源,听取各种渠道的意见,协调和统率与危机有关的各部门的行动。

8.1.2.5 危机管理过程

危机管理一般划分为4个阶段:预防(prevention)、准备(preparation)、应对(response)和恢复(recovery)。

(1)预防

危机管理的首要工作,是建立起危机管理指挥中枢,在系统内所有部门的协同下,按照相应组织结构运作要求,建立相应的预防机制,从而对危机进行预防。完善的危机管理系统应包含中枢指挥系统、执行系统、信息管理系统等,在指挥中枢的统一指挥协调下,开展危机管理的各项工作。

在预防阶段,危机管理主要的工作是对危机信号的分析评估和监测预警。分析评估是危机管理的基础和前提,目的是确认危机管理对象,运用层次分析法和德尔菲技术调查的形式,并按顺序对这些对象进行排列。监测预警阶段的主要作用是发现可能存在的危机,为防范危机提供依据。通过模拟危机情势,对危机进行中、长期的预测分析,充分发挥危机监测系统的作用,及时掌握危机变化的第一手材料,探寻危机根源并随时对危机的变化作出分析判断。对监测得到的信息进行鉴别、分类和分析,对未来可能发生的危机类型及其危害程度作出估计,必要时在相应的范围发出危机预警。

(2)准备

准备指根据监测和预警情况,对可能发生的危机进行预先的控制和防范,以防止危机的发生,减轻危机发生后的危害后果。

预防、准备的重点是制订各种应急计划,制订相应的预案,做好防止危机暴发的准备工作,提前设想危机可能暴发的方式、规模,编制各类危机的应急预案。一旦危机暴发,可以根据实际情况选择预案。应急预案编制工作是预防、准备阶段的一项重要工作,将为下一阶段的应急处理提供决策依据。应急预案要按照危机最严重的情况打算,不能留下盲点。

(3) 应对

对已经发生的危机事件，根据事先制订的应急预案，采取应急行动，实施管理和控制，消除正在发生的危机事件，减轻危机损害。

由于危机暴发时刻是危机对组织冲击最大的时刻，通常来势猛、速度快，人们能作出有效反应的时间短。因此，应对是危机管理中最引人关注的阶段，是危机管理的核心。

危机应对时应把握的两个原则是：

①遏制危机　要达到这个目标，危机管理部门要在极端困难的情况下为决策者提供准确而必要的信息，决策者依靠这些信息迅速找到危机要害，及时出击，在最短的时间内遏制危机的冲击。在遏制危机时，一要根据危机事件大小，合理确定应急队伍及装备、设施；二要根据危机事件暴发的特点，合理确定应急防范的范围。

②隔离危机，避免危机蔓延　隔离危机的一种途径是通过快速有效的危机反应防止危机进一步扩大，另一种途径则是加强媒体管理，在防止不利于危机管理谣言流传的同时，向受危机冲击者及时发送出准确权威的信息。

(4) 恢复

当危机已经处于可控范围内时，危机管理工作转入危机恢复阶段。恢复阶段是对危机造成的后果进行评估，在评估的基础上做好恢复与重建工作。

在评估恢复阶段，所有应对处理阶段启动的应急措施应逐步撤销，常态措施开始逐步应用。在通过一系列的危机监测后表明所有危机已经过去，整个组织的运行系统应恢复到正常状态，此时，所有在应对阶段实施的应急措施应完全撤销，新的监测预警过程又重新启动。

在危机管理过程中，"预防、准备"对应的是危机潜伏期，"应对"对应着危机的暴发期和持续期，"评估恢复"对应的是恢复期和恢复期以后的阶段。

8.2　食品安全危机

8.2.1　食品安全的定义

《食品安全法》对食品安全的定义是："安全食品是指食品无毒、无害，符合应有的营养要求，对人体健康不造成任何急性、亚急性或者慢性危害。"食品安全包括食品的卫生和安全两个方面，即食品成品不得含有对人体健康可能产生损害的物质，在生产过程中也应确保食品卫生和干净。

8.2.2　食品安全危机概述

食品安全危机是指因食品安全问题而引发的危机，并由此对组织造成冲击并对组织的目标构成短期或长期的威胁，要求组织必须在极短的时间内作出关键性决策和进行紧急回应的食品安全突发性事件。食品安全危机有企业层面的食品安全危机，也有政府层面的食品安全危机。本章所讲的食品安全危机是指组织（企业、贸易公司)的食品安全危机。

引起食品安全危机暴发的原因各不相同，有的是单个原因导致的，有的是多种原因综合作用的结果。同一种食品安全危机的发生，产生的原因也各不一样，有自控体系原因、公共体系原因。

(1) 自控体系原因

企业自控体系失效导致的食品安全危机发生表现为：SSOP、HACCP体系存在严重缺陷，原料安全卫生控制不严，企业生产过程安全卫生控制不严等。这些原因导致食品生产企业自控体系失效，导致食品卫生安全存在隐患，在未加防范的情况下，进而引发食品安全危机。自控体系原因导致的危机属于企业的内生型危机，是导致食品安全危机暴发的最常见原因之一。企业自控体系失效引发的危机，其特点是波及的范围较小，往往为个案发生，危机暴发后恢复也较容易。

(2) 公共体系原因

政府的公共卫生控制体系是食品卫生安全的基础之一，公共体系包括：动物源性食品的动物疫病防控体系、药物残留监控体系、加工过程的官方监管体系以及海域区划和海洋监测等。这些公共体系对于保证农产食品的卫生安全起着极为关键的基础作用，如果公共控制体系存在薄弱环节，同样可能引发食品安全危机。此类原因所引发的危机，将导致某个地区、某种产品甚至某个行业的食品安全危机。此类危机涉及面广，危机发生后恢复也较慢，影响时间长，损失也较大。

8.2.3 食品安全危机的发展和演化

企业食品安全危机的发生具有一定的规律和连带效应，危机不会保持一成不变的态势。根据危机发生、发展的一般规律，食品安全危机的发展演化也存在4个阶段，即：潜伏期、暴发期、持续期、恢复期。4个阶段是食品安全危机的一般特征，不是所有食品安全危机的必经阶段。有些食品安全危机的暴发可能没有任何征兆，或者征兆持续时间极短，跳过了潜伏期；有些危机在潜伏期就被监测发现并迅速采取相应的措施，危机被遏制在萌芽状态，不再进入暴发期；有些危机没有得到妥善应对，最终导致企业的破产、倒闭，而无恢复期的阶段。在不受到干预的情况下，食品安全危机演化发展有这4个阶段：

(1) 潜伏期

由于危机的发生发展是一个从量变到质变的过程，潜伏期是导致危机发生的各种诱因逐渐积累的过程。在潜伏期，企业的食品安全危机虽然没有暴发，但已经表现出某些征兆，如企业的自控控制体系退化，卫生管理不良，原料来源不明，无追溯体系，产品检测时经常发现食品安全危害等。

由于处在潜伏期的食品安全危机强度处于一个较低水平，是危机的可控阶段。在潜伏期内，如果企业及时发现危机的各种征兆并提前采取应对措施将危机遏制在萌芽状态，此时的危机管理可以收到事半功倍的效果，避免了危机可能造成的进一步危害。

8.2 食品安全危机

(2) 暴发期

当危机的诱因(如加工过程的卫生控制缺陷、个案产品的安全问题)积累到一定的程度,则可能导致食品安全危机暴发。危机暴发后,打破组织原有平衡,正常工作程序被破坏,企业形象受损。此时,如果组织能够及时处理和应对,危机也将很快被控制并解除。如果处理延误和失误,危机则可能进一步升级,造成的影响范围和影响强度有可能进一步扩大。

(3) 持续期

在危机的持续期,危机的影响在持续。这个时期要求相关组织着手对危机进行应对,开展危机调查、危机决策,控制危机危害范围与影响程度,实施危机沟通,开展各种恢复工作等。危机持续期是企业因危机暴发所造成影响的强烈震荡的时期,涉及资源调配、人员调整、机构改组等。在这一时期,危机处理的决策水平和决策速度至关重要,如果危机处理得当,则会转入恢复期;否则,危机进一步发展至无可控制的状态,企业的损失将更惨重。

(4) 恢复期

危机事态和影响已得到控制,危机暴发后所引发的各种显性问题得到解决,组织承受的压力减弱,产品在消费者的形象得到初步提升。恢复期是危机管理和企业恢复的重要时期之一,具有承前启后的作用,是一个危机结束和另一个危机发生中间阶段。在恢复期,组织可以从中学习很多危机管理经验,并应用到组织内部,如果未妥善处理,可能该危机在尚未结束时又重新暴发,或引发新一轮危机。

◆◆◆ 近年来世界各国食品安全危机事件 ◆◆◆

近年来,世界范围内比较典型的因二噁英、噁喹酸、氯霉素、硝基呋喃、金属异物、转基因、辐射、致病菌等食品安全卫生问题引起的全球食品安全事件主要如下:

- 1993年,美国发生肉类食品大肠杆菌中毒事件;
- 1996年至今,肆虐英国和欧洲的疯牛病,目前该病尚未得到彻底控制;
- 1997年和2001年,侵袭香港的禽流感造成6人死亡,12人感染,130万只鸡扑杀,人们谈鸡色变;
- 1998年,席卷东南亚的猪脑炎;
- 1999年,比利时的二噁英风波;
- 1999年,欧洲可口可乐含有害物;
- 2000年,日本"雪印"奶制品大肠杆菌 $O_{157}:H_7$ 事件;
- 2001年,猪肉及副产品的盐酸克伦特罗残留事件,导致世界各国对中国猪肉及其产品的关注;
- 2005年2月18日,英国食品标准署就食用含有添加可致癌物质苏丹红色素的食品向消费者发出警告,并在其网站上公布了30家企业生产的可能含有苏丹红一号的 359 个品牌的食品,此消息一经传出,全球哗然,并引起中国的高度关注。
- 2006 年年底,由于中国媒体曝光多宝鱼药残和苏丹红有毒咸鸭蛋,引发消费者对上述产品的恐慌;
- 2008 年,爱尔兰惊爆毒猪肉事件,猪肉中二噁英含量超标 200 倍,全世界对爱尔兰猪肉进行封杀;日本毒饺子和有毒大米事件爆发,引起消费者恐慌;
- 2008 年 7 月 17 日,美国疾病控制和预防中心宣布,在美国 42 个州肆虐的沙门氏菌已导致至少 1 220 人患病,这是美国 10 年来最严重的沙门氏菌病疫情。

8.3 食品安全危机管理机制的建立

食品安全危机管理是企业是一项系统工程。食品安全危机暴发的开端和危机冲击融合为一个以危机反应为基础的整体。按照危机发生、发展的基本规律,可以从危机发生的事前、事中、事后 3 个阶段来建立食品安全危机管理机制。

8.3.1 建立危机管理的组织机构

食品安全危机管理不仅涉及企业,还涉及行业组织以及政府等部门,是一项系统工程。企业为有效地应对食品安全危机,应在企业内部设立专门的食品安全危机管理机构,明确职责,赋予该机构足够的指挥权限。该机构的主要职责是负责企业食品安全危机事件的处理和综合指挥与协调。

企业食品安全危机管理组织机构的成员可来自于企业的各个单位,组长应由最高管理者担任。食品安全危机管理机构负责日常工作及政策的执行,负责危机的信息收集、预警、咨询和对外信息沟通。

8.3.2 建立食品安全危机信号的侦测、预警和通报机制

8.3.2.1 食品安全危机信号侦测

食品安全危机处于潜伏期时,某些危机的信号已经显现,但是由于危机尚未暴发,很容易被人们忽略。处于潜伏期的食品安全危机隐蔽性要求企业建立危机预警系统,否则,企业已陷入危机,也难以知晓。危机预警系统主要是不断监测食品安全环境的变化信号,收集整理并及时汇报可能威胁组织的危机信息。只有这样,才可能对食品安全危机进行准确的侦测和预警。

食品安全危机主要是因食品安全事故而引发的,所以其危机信号的表现形式有:①政府主管当局通过新的食品安全法规或提高新的有毒、有害物质的限量指标;②官方通报的食品安全问题;③食品安全卫生检验数据异常;④官方日常监管时发现企业存在大量安全隐患;⑤其他与食品安全有关的监控数据异常。

畅通、健全的食品安全信息收集途径,是确保食品安全危机信号侦测的基本

保障。食品安全信息收集包括以下几条途径：相关部门的食品安全风险评估信息、政府主管单位的监管信息、社会公众以及媒体反映的信息等。

8.3.2.2 食品安全危机预警与通报

危机预警机制是组织危机管理的基本手段和策略之一。食品安全危机发生前，通过侦测发现的危机先兆，通过某种渠道通知到相关机构，以引起其重视。

建立食品安全危机预警机制，通常有5个方面要求：组建危机管理和决策组织小组、风险分析掌握情况、预警与通报、良好的互动协作关系、畅通的信息反馈系统。

在食品安全危机管理中，根据危机信号侦测的强度大小，可以将危机信号处置划分为预警与通报。强度较小时采用通报，较强时采用预警。预警和通报的内容包括以下6个方面：危机发生事由（包含食品安全危机的原因、来源、现象），应应对的产品，应对预控策略，确定预防潜在危机的改进措施，危机管理机构组织形式，跟踪、监测危机和信息报告制度。

8.3.3 建立食品安全危机管理的应急预案制度

食品安全危机管理的最主要工作就是在危机暴发后，危机管理机构能紧急响应并启动危机应急预案。在建立食品安全危机管理组织机构的基础上，建立决策机制，组织专家编制食品安全危机应急预案是非常必要的。

应急预案的主要内容应包括总则、组织体系、运行机制、应急保障、监督管理等内容。危机管理应急预案应明确危机管理的目的、危机分级、应急预案的适用范围、应急措施等。在组织体系中应规定危机应对的领导机构、指挥机构和工作机构，同时应规定危机管理部门和应急保障部门的工作。在运行机制中，应规定危机监测、预测与信息报告、预防、预案启动和预警发布、指挥与协调、应急响应、危机的恢复和学习等内容。应急保障是危机应对的物质基础，对危机处理有关的所有人员、通信、交通、技术、资金以及其他物质保障等内容进行规定。

制定食品危机管理应急预案时应考虑的原则有以下几点：

①预防为主　高度重视食品安全危机管理工作，常抓不懈，防患于未然，增强忧患意识，坚持预防与应急相结合，常态与非常态相结合，做好应对的各项准备工作。

②统一领导　建立健全分类管理、分级负责管理为主的危机管理体制。

③快速反应，协同应对　加强应急处置机构建设，建立联动协调制度，依靠行业组织、技术机构力量，形成统一指挥、反应灵敏、协调有序的应急管理机制。

④依靠科技　加强食品安全危机管理的研究和技术开发，充分发挥专家队伍和专业人员的作用，提高应对的科技水平和指挥能力。

应急预案制定后，组织应对应急预案的相关内容进行模拟演练，目的是在应急预案指导下，在现场模拟出相关部门的工作环境和工作情况，验证危机管理组织机构各级部门的分级响应、指挥协调、紧急处置、响应终结以及后期处置等能力。在食品安全危机应急预案的模拟演练中，其最主要的是危机管理部门的互动和工作情况。通过演练，查找出应急预案的不足，以便进一步的修正，从中获得如何做好应急响应的启动、处置实施和行动终止3个阶段，学会如何面对媒体和新闻界，学会如何实施产品召回，学会危机的恢复过程，学会与对方沟通的技巧等。

8.3.4 建立食品召回制度

缺陷食品召回是国际通行的一种食品安全事后监管的有效措施，既保障消费者生命健康安全，又能有效避免可能的食品安全危机发生，同时明确产品质量责任主体，体现食品生产加工企业负责任的态度，维护企业产品的社会形象。在食品安全危机管理机制的建立中，任何企业都应建立一套完整的产品召回程序。

缺陷食品召回，即食品生产者按照规定程序，对由其生产或其他原因造成的某一批次或类别的不安全食品，通过换货、退货、补充或修正消费说明等方式，及时消除或减少食品安全危害的活动。缺陷食品或称不安全食品，是指有证据证明对人体健康已经或可能造成危害的食品，包括已经诱发食品污染、食源性疾病或对人体健康造成危害甚至死亡的食品；可能引发食品污染、食源性疾病或对人体健康造成危害的食品；含有对特定人群可能引发健康危害的成分而在食品标签和说明书上未予以标示或标示不全、不明确的食品；有关法律、法规规定的其他不安全食品。

食品召回制度的主要体现是制订食品召回程序，召回程序的主要内容包括目的、职责、范围、启动召回程序、召回产品的范围和处置、调查和分析、报告以及相关记录等。

缺陷食品的召回通常分为以下两种情况。

(1) 主动召回

食品生产者必须向政府主管当局提交相关食品召回计划，主要内容包括：停止生产不安全食品的情况；通知销售者停止销售不安全食品的情况；通知消费者停止消费不安全食品的情况；食品安全危害的种类、产生的原因、可能受影响的人群、严重和紧急程度；召回措施的内容，包括实施组织、联系方式以及召回的具体措施、范围和时限等；召回的预期效果；召回食品后的处理措施。出厂的食品一旦确认属于应当召回的不安全食品范畴，食品生产者应当立即停止生产和销售不安全食品，予以召回并向社会发布召回有关信息。

(2) 强制召回

相对于主动召回而言，有3种情况属于强制召回：第一种情况，是食品生产者故意隐瞒食品危害，或者食品生产者应当主动召回而不采取行动的；第二种情况，是由于食品生产者的过错造成食品安全危害扩大或再度发生的；第三种情况，是国家监督抽查中发现食品生产者生产的食品存在安全隐患，可能对人体健康和生命安全造成损害的。食品生产者在接到责令召回通知书后，应当立即停止生产和销售不安全食品。

根据食品安全危害的严重程度，我国食品召回级别分为3级：一级召回是对已经或可能诱发食品污染、食源性疾病等对人体健康造成严重危害甚至死亡的，或者流通范围广、社会影响大的不安全食品的召回；二级召回是对已经引发食品污染、食源性疾病等对人体健康造成危害，危害程度一般或流通范围较小、社会影响较小的不安全食品的召回；三级召回是对已经或可能引发食品污染、食源性疾病等对人体健康造成危害，危害程度轻微的，或者是含有对特定人群可能引发健康危害的成分而在食品标签和说明书上未予以标示，或标示不全、不明确的产品的召回。根据不同的召回级别，对食品召回的具体行动规定了不同的时限要求。主动召回中，自确认食品属于应当召回的不安全食品之日起，一级召回应当在1日内，二级召回应当在2日内，三级召回应当在3日内，通知有关销售者停止销售，通知消费者停止消费。

鉴于进一步完善食品安全监管体系，有效消除或降低食品安全危害以及迅速处理食品安全突发事件等方面的迫切需要，国家质量监督检验检疫总局于2007年8月27日正式颁布实施《食品召回管理规定》，这是我国首次以国家的名义出台食品召回相关办法。

作为食品安全危机管理的重要环节，对产品召回程序进行模拟演练也是危机管理机制的内容之一。

8.3.5 建立媒体公关机制

媒体在食品安全危机管理中起着举足轻重的作用。正确的舆论导向能够及时化危机为转机。错误的舆论导向将使危机恶化，不利于事态的发展。因此，正确引导媒体报道危机发生的真相，并实时将危机处理结果向媒体通报，建立新闻发言人制度、建立与媒体的沟通与危机信息发布制度具有十分重要的意义。

危机的4个阶段，可以看做是烧水的过程：从不断加温的潜在期，到水沸腾的突发期，在持续一定时间后，或者锅被煮漏，或者被从火上拿开，总之危机得到解决。媒体在危机发展的不同阶段，起着不同的作用。媒体介入危机不同阶段所产生的作用是不同的。在危机潜伏期，如果媒体能够及时发现危机存在的前兆并传递潜在危机的信息，引起有关部门的注意，把潜在危机处理在萌芽状态之中，就会防范危机的暴发。另外，媒体有可能成为危机发生的"助燃剂"，对危机的发生起到推波助澜作用。

在危机暴发期，媒体必然对危机事件积极介入，但只是危机传播的第一步。媒体如何引导舆论是危机管理有关各方必须高度重视的问题。一旦危机事件发生，应该引导媒体正面积极面对，把社会公众对危机的舆论引导到有利于危机解决的正确方向上来。如何发挥媒体的积极作用，正确引导舆论，取决于科学的危机管理机制和危机处理者的智慧。

建立与媒体的沟通与危机信息发布机制十分重要。危机暴发后，应该在国内外的主要媒体，包括主要的平面媒体、立体媒体以及互联网等及时披露危机管理的相关情况。在适当阶段，如危机发生阶段、应对阶段、恢复阶段，通过新闻发布会、报纸、答记者问、专访等方式将真相或所采取的措施及时向媒体发布，同时邀请媒体参观危机处理的结果，使媒体在第一时间内掌握正确的信息，形成危机管理者与媒体间深入的沟通、协调和合作，构建两者之间的良性互动，同时通过媒体将情况向大众发布。通过这种方式，有助于社会公众了解正确的信息，避免猜疑或不实信息的传播。

8.3.6 建立科学支撑作用机制

食品安全技术服务是指由食品安全专业技术机构和专家依靠自己的专业知识或者技能对受托的特定专业事项进行检验、检测、监测、评估、评价、鉴定等，并出具技术意见的专业技术活动。在知识经济时代，由于社会分工，任何人都无法通晓各种专业技术知识，都必须充分借助其他专业技术人员的协助和支持。食品安全技术服务是服务于社会的第三方，而企业往往是食品安全技术服务活动的最终成果使用者。

由于技术机构在人才、信息及对外技术交流上的优势以及其第三方的角色，在企业食品安全卫生控制和食品安全危机管理中能够发挥重要作用，可为企业提供咨询、技术支持，并参与企业解决危机管理措施的决策。

8.3.7 建立与协会和政府的沟通协调机制

行业协会代表成员企业利益，是在企业与政府之间发挥"桥梁"和"纽带"作用的民间组织，政府可以通过协会更好地了解行业的有关情况，可以通过协会向成员企业征询决策的科学性、合理性，并取得更好的实施效果。因此，行业协会能够有效提高企业群体的组织化程度，在危机管理的对外交涉、谈判中能够发挥不可替代的作用。

行业协会在食品安全危机管理中的作用主要体现在以下几方面：

①提供信息　随着我国行业协会同国内外同行业协会间的交流日趋频繁，行业协会所掌握的信息量也日趋增加，在危机的侦测阶段，行业协会可以提供一些有益的信息，以便于对危机的侦测、预防。

②参与对外交涉　行业协会可以利用其非政府组织以及其对国外同行业了解、熟悉等特点进行对外交涉，加快危机结束的步伐。

③发挥行业自律　在食品安全危机管理中，为了有效应对危机，行业协会可以出台一些加强行业内部管理、维护行业整体利益的规定，促进企业正面形象的提升。

8.3.8 建立学习机制

每一次危机既可能是失败的根源，也孕育着成功的种子。成功的危机管理不仅在于危机发生和暴发后的干预，更重要的在于建立排除可能导致危机发生机制，从根本上防止危机的再次形成和暴发，也就是"防患于未然"，这就是危机善后和学习的真谛。

食品安全危机发生后，经过企业积极应对，危机危害强度开始减弱，危机进入恢复期。在恢复期内，一方面要继续进行危机信号的侦测，防止其他危机的发生；另一方面建立危机学习制度，吸收经验，防止同样的危机再次发生。

在食品安全危机管理中，应急响应所采取的临时管理措施（如对食品加严检验、企业停产等措施）在危机的恢复期应考虑给予解除并恢复常态。如果一味采用加严措施，没有解除命令，也不符合危机管理的科学性。食品安全危机的善后和学习具体体现在危机管理的每一个阶段，其核心目标是总结经验教训，学习在危机应对中所取得的经验，完善危机管理体制。

思考题

1. 什么是危机和危机管理？
2. 简述危机的发生、发展和演化特点。
3. 简述危机管理的主要内容。
4. 简述食品企业如何建立危机管理机制。

推荐阅读书目

如何进行危机管理．许芳．北京大学出版社，2004．
公共危机管理导论．肖鹏军．中国人民大学出版社，2006．
中国危机管理报告(2008—2009)．胡百精．中国人民大学出版社，2009．
企业危机管理的信息机制研究．罗贤春．科学出版社，2009．
企业危机管理与媒体应对．单业才．清华大学出版社，2007．
中国食品安全控制研究．魏益民，刘为军，潘家荣．科学出版社，2008．

相关链接

危机管理研究中心网 http：//www.crisism.com
中国应急管理学院 http：//www.yingji120.com
食品伙伴网 http：//www.foodmate.com

参 考 文 献

陈豪泰. 2005. 疯牛病与新型克雅病研究进展[J]. 基础医学与临床, 25 (12): 1092.
程方. 2006. 良好农业规范实施指南(一)[M]. 北京: 中国标准出版社.
杜相革, 王慧敏. 2002. 有机农业原理和种植技术[M]. 北京: 中国农业大学出版社.
冯力更. 1999. 高品质水果生产与出口的现代管理方式[J]. 食品工业科技(增刊), 174 - 176.
冯力更. 2004. 谈改进食品标签标准[J]. 食品工业科技 (增刊), 51 - 53.
冯力更. 2005. HACCP与案例分析. 北京: 化学工业出版社.
冯宁. 1995. 浅议食品和食品用产品的卫生学评价[J]. 中国卫生事业管理(6): 314 - 315.
顾绍平. 2001. 食品加工的卫生控制程序[M]. 山东: 济南出版社.
国家出入境检验检疫局. 2001. 中国出口食品卫生注册管理指南[M]. 北京: 中国对外经济贸易出版社.
贾英民. 2006. 食品安全控制技术[M]. 北京: 中国农业出版社.
蒋皓. 1996. 中国商检: 面对贸易技术壁垒[J]. 国际贸易(12): 46 - 47.
金龙飞. 1999. 食品与营养学[M]. 北京: 中国轻工业出版社.
李泽瑶. 2003. 水产品安全质量控制与检验检疫手册[M]. 北京: 企业管理出版社.
刘炳智. 1996. 高新技术在卫生学研究中的应用[J]. 军事医学, 10(1): 26 - 28.
刘先德. 2005. 危害分析与关键控制点(HACCP)管理体系在中国的建立和应用研究[D]. 北京: 中国农业大学.
刘先德. 2006. 美国食品安全管理机构简介[J]. 世界农业 (2): 38 - 40.
刘先德. 2007. 我国目前HACCP应用存在的问题和对策[J]. 食品科学, 28(5): 369 - 373.
刘卓慧. 2007. 良好农业规范实施指南(二)[M]. 北京: 中国标准出版社.
卢良恕. 1999. 中国农业与东方食品[J]. 食品工业科技, 6(20): 4 - 5.
卢文恕, 甘宣明. 2009. 试论中国政府的危机管理[J]. 社科纵横(7): 50 - 51, 54.
吕青, 顾绍平, 等. 2009. 美国食品防护计划与HACCP[J]. 食品科技, 34(01): 232 - 235.
吕青, 吕婕, 等. 2009. 食品防护计划在食品企业中的建立与实施[J]. 安徽农业科学, 37 (13): 6225 - 6226.
马兰, 李坤雄. 1998. 食品质量检验[M]. 北京: 中国计量出版社.
宁正祥. 1998. 食品成分分析手册[M]. 北京: 中国轻工业出版社.
秦玉昌. 2006. 疯牛病的研究动态和我国防控体系建设[J]. 饲料工业. 27(1): 2 - 6.
全国质量管理和质量保证标准化技术委员会, 中国合格评定国家认可委员会, 中国认证认可协会. 2008. 2008版质量管理体系国家标准理解与实施[M]. 北京: 中国标准出版社.
全国质量管理和质量保证标准化技术委员会秘书处, 中国质量体系认证机构国家认可委员会秘书处. 2001. 2000版质量管理体系国家标准理解与实施[M]. 北京: 中国标准出版社.

汪东风. 2006. 食品中有害成分化学[M]. 北京：化学工业出版社.
王叔淳. 1988. 食品卫生检验技术[M]. 北京：化学工业出版社.
夏玉宇. 1993. 食品卫生质量检验与监督[M]. 北京：北京工业大学出版社.
苑春阳. 2009. 媒体和政府在危机中的责任与角色[J]. 湘潭师范学院学报(社会科学版), 31(5): 52-54.
张爱军. 2009. 美国危机管理管窥[J]. 大连干部学刊(8): 43-44.
张志强, 王茂起, 包大跃, 等. 1995. 3类企业实施GMP状况的评价[J]. 中国食品卫生杂志, 7(1): 12-16.
中国国家认证认可监督管理委员会. 2002. 食品安全控制与卫生注册评审[M]. 北京：中国标准出版社.
中国国家认证认可监督管理委员会. 2008. 食品防护计划的建立与实施[M]. 北京：中国大地出版社.
中国认证人员与培训机构国家认可委员会. 2005. 食品安全管理体系审核员培训教程[M]. 北京：中国计量出版社.
周瑞华, 徐应军. 2004. 现代营养学与食品卫生学研究进展[J]. 中国煤炭工业医学杂志, 4(7): 291-292.
周应恒, 耿献辉. 2002. 信息可追溯系统在食品质量安全保障中的应用[J]. 农业现代化研究, 23(6): 451-454.
朱依群. 2009. 危机管理与企业持续发展[J]. 经济问题探索(7): 104-107.
《中国质量》编辑部. 2007. 质量术语表(上)[J]. 中国质量(11): 12-24.
《中国质量》编辑部. 2007. 质量术语表(下)[J]. 中国质量(03): 8-20.
GB/T 20014—2008 中华人民共和国国家标准 良好农业规范[S].
GB 4091.1~4091.9—1983 中华人民共和国国家标准 常规控制图[S].
GB/T19000—2008 idt ISO9000：2005 中华人民共和国国家标准 质量管理体系 基础和术语[S].
GB/T19001—2008 idt ISO9001：2008 中华人民共和国国家标准 质量管理体系 要求[S].
ROBERTS C A. 2001. The food safety-information handbook[M], USA：Oryx Press.
MORTIMORE S, WALLACE C. 2001. HACCP[M]. UK：Blackwell Science.
SIERRA E. 1999. The quality-related international trade agreements of the World Trade Organisation and their implications for quality professionals. The TQM Magazine[J], 11 (6): 396-401.
WHO. 2002. Food safety and foodborne illness[C]. January 2002.
ISO15161：2001 Guidelines on the application of ISO9001：2000 for the food and drink industry[S].
ISO22000：2005(E) Food safety management system—Requirements for any organization in the food chain [S].
GOULD W A, GOULD R W. 1993. Total quality assurance [M]. USA：CTI PUBLICATIONS, INC.
LUNING P A. 2002. Food quality management, a techno-managerial approach[M]. The Netherlands：Wageningen Pers.
DONALD J W AND DAVID S C. 1992. Understanding statistical process control [M]. Tennessee.
DALE H B. 2001. Quality control. Philippines.